幽默是一道挡不住的风景，它使人们在笑声中得到启迪。
平淡的生活因为幽默而变得美丽，紧张的工作因为幽默而变得轻松。

幽默的智慧　幽默的心态
幽默的力量　幽默的谈吐

说幽默话
做幽默人

大全集

盛　乐◎编著

立信会计出版社
LIXIN ACCOUNTING PUBLISHING HOUSE

图书在版编目（CIP）数据

说幽默话做幽默人大全集 / 盛乐编著. —上海：立信会计出版社，2011.3

（超值金版）

ISBN 978-7-5429-2791-0

Ⅰ. ①说…　Ⅱ. ①盛…　Ⅲ. ①幽默（美学）–通俗读物　Ⅳ. ①B83-49

中国版本图书馆CIP数据核字（2011）第030960号

策划编辑　蔡伟莉
责任编辑　赵新民
封面设计　久品轩

说幽默话做幽默人大全集

出版发行	立信会计出版社		
地　　址	上海市中山西路2230号	邮政编码	200235
电　　话	（021）64411389	传　　真	（021）64411325
网　　址	www.lixinaph.com	电子邮箱	lxaph@sh163.net
网上书店	www.shlx.net	电　　话	（021）64411071
经　　销	各地新华书店		

印　　刷	廊坊市华北石油华星印务有限公司	
开　　本	787毫米×1092毫米	1/16
印　　张	23.5	
字　　数	470千字	
版　　次	2011年3月第1版	
印　　次	2017年3月第13次	
书　　号	ISBN 978-7-5429-2791-0/B	
定　　价	29.00元	

前　言

幽默是智慧与才华的显露。在平静的生活中，幽默是湖水中的涟漪；在豪迈的奋进中，幽默是激流中的浪花；在失败的困境中，幽默是黑夜里的星光。

自嘲式的幽默让人感受到谦逊和豁达，能使紧张的气氛变得轻松，使陌生的心灵变得亲近。

美国著名黑人律师约翰·马克在发表《要解放黑人奴隶》时，听众大部分是白人，还普遍对黑人怀有敌意，于是，他放弃了原来的开场白，讲道："女士们、先生们，我到这里来，与其说是发表讲话，倒不如说给这个场合增添点颜色。"听众大笑，对立情绪被笑声驱散，此后的几个小时，会场秩序很好。

调侃式的幽默使平凡的事情变得富有情趣，为呆板的生活添了一道风景。

一位棋迷，棋艺不高，但恋棋如命，与人下棋屡战屡败。有人问他战果，答曰："第一盘我没赢，第二盘他没输，第三盘我没有让他，杀得十分激烈，最后，我说和了算了，他还不肯！"这死要面子的调侃让人捧腹，言语中透出一股调皮可爱。

比喻式的幽默能让人体会到学识的渊博，联想的丰富，把你的思绪带到一个广阔的空间。

一位美国记者打电话求见《围城》的作者钱钟书先生，钱先生回答道："假如你吃了鸡蛋觉得味道不错，何必非要去认识一下那只下蛋的鸡呢？"

对抗式幽默体现出机智与敏捷。

一天，德国大诗人歌德在公园里散步，在一条狭窄的小路上遇到一位反对他的批评家。这位傲慢的批评家说："你知道吗？我这个人从来不给傻瓜让路。"歌德微笑着回答："我恰恰相反。"说完闪身让批评家过去。这种对抗式的幽默耐人寻味。

幽默还是夫妻矛盾的稀释剂。

有位业余作家跟妻子吵架后，几天互不说话。妻子一气之下便写下了离婚申请。这位朋友看出问题的严重性，灵机一动，拿起一张铅印退稿单，和妻子开起了玩笑。他写道："来稿收到，经反复研究，不予采用。现将原稿退回，谢谢支持！"其妻看后，忍俊不禁。

幽默给世界带来了许多笑声，幽默使人们在笑声中得到启迪，生活因为幽默而变得美丽，人生因为幽默而变得轻松。幽默是生活中一道挡不住的风景！

衷心希望读者读此书后都能多一份幽默，少一份烦恼，给大家的生活带来无限乐趣。

文中难免有错谬之处，敬请批评指正。

作 者

2011年3月

幽默测试

一、概述

人生总会遭遇无数的痛苦、悲伤及困苦，当然也有欢笑。当我们欢笑时，大多是因为人生道路称心如意，其实，还有一个可以令人开怀的方式，那就是“幽默”。幽默是智慧的体现，是语言的艺术，蕴藏着深刻的内涵。如果没有了幽默，生活就会变得枯燥无味。幽默能化解矛盾，促进和谐，化干戈为玉帛；幽默是克敌的武器，锋芒不露，柔中克刚。具有幽默感的人，拥有乐观豁达、谈笑风生的性格。他们有能力控制严肃、紧张的局势，发现其中幽默的东西，并且很快地扭转形势；当他们发现一些有趣的事情时，会立即与他人分享，使得每一个人都会往好的方向调整自己的情绪……在工作和生活当中，这些人是相当可贵的，在任何地方都备受欢迎——他们可以化解人际交往的许多冲突或者尴尬情境，往往能使人怒气难生，变得豁达，也可带给别人快乐。幽默感来自于自由轻松的心情。它是一种沟通的方式，可以使人开心，引人发笑，对身心健康极为有益。但是，有些人却很难拥有幽默感。因此，我们首先必须意识到幽默的重大价值。

二、目的与功能

本测验旨在帮助被调查者了解自己的幽默程度，管理者也可据此了解下属的幽默程度。了解幽默在日常工作与生活中的重要作用，了解如何才能产生幽默，了解幽默的特点，以便我们今后能让自己更加幽默一些，达到不断改善人际关系，让工作与生活更加和谐的目的。

三、适用对象

本测验适用于想要了解自己幽默程度的人。既可用于自测，也可用于集体测验。

四、使用说明

本测验由三十道题目组成，每道题目均与人的幽默有关。请仔细阅读下面的题目，根据自己的实际情况，实事求是地作出判断，并分别用“3”、“2”、“1”表明自己的观点。其中“3”表示“是”，得3分；“2”表示“不确定”，得2分；“1”表示“否”，得1分。在“得分”栏的三个数字中作出你的选择。请快速作答，不要遗漏。

五、测验题目

题号	题目	得分		
1	大家是否会因为你有很强的幽默感而希望和你一起办公？	1	2	3
2	你是否有利用幽默感帮助自己和他人记住许多重要事情的经历？	1	2	3
3	当工作压力很大时，你是否会运用适当的幽默来提高工作效率？	1	2	3
4	家庭生活的和谐美满是否与你有相当的幽默感有关？	1	2	3

题号	题　　目	得分		
5	他人很少对你发脾气是否是因为你有很强的幽默感？	1	2	3
6	你是否喜欢把幽默的故事拿出来与同事分享？	1	2	3
7	在陌生的环境里，你是否会利用幽默活跃气氛？	1	2	3
8	你是否会有意识地去发现生活中的乐趣，并与他人分享？	1	2	3
9	你的幽默是否有助于创造和保持良好的工作关系？	1	2	3
10	与同事们在一起闲聊时，你是否会因为最具有幽默感而成为中心人物？	1	2	3
11	当工作压力特别大的时候，你的幽默感是否帮了自己的忙？	1	2	3
12	别人讲的有趣的笑话能否很容易把你逗笑？	1	2	3
13	对一些喜剧电影、喜剧演员和其他有趣的东西，你是否格外留心？	1	2	3
14	面对冲突，你是否能利用幽默感缓和气氛，避免危机？	1	2	3
15	你在工作中表现出来的幽默感是否让公司领导把你看成是很有价值的员工？	1	2	3
16	你是否经常有一些幽默的表现而让同事们开心？	1	2	3
17	大家特别愿意与你一起工作，是否是因为你的幽默感能使他们在工作中感到轻松愉快？	1	2	3
18	在交换工作意见的时候，你是否喜欢讲一些幽默的小故事来表达自己的观点？	1	2	3
19	同事和家人是否都认为具有幽默感是你的一个最大的优点？	1	2	3
20	你的幽默是否对每个人都有益？	1	2	3
21	你是否喜欢跟幽默感强的成员（或者领导）在一起工作或者闲聊？	1	2	3
22	你是否会记下一些幽默的话语或者文章？	1	2	3
23	当你想到一些有趣的事情时，是否会笑出来？	1	2	3
24	和同事们一起大声说笑，你是否觉得很舒服？	1	2	3
25	你是否能利用幽默感增强团队的凝聚力？	1	2	3
26	领导和同事是否很欣赏你的幽默？	1	2	3
27	你的幽默性语言是否避免了含有歧视残疾人意味的词语？	1	2	3
28	当遭遇尴尬境地的时候，你是否能用幽默去自我解嘲？	1	2	3
29	他人能否在短时间内发现你非常具有幽默感？	1	2	3
30	你的幽默性行为能否避免含有侮辱人格的意味？	1	2	3

六、结果分析

(一)记分规则

将“得分”栏中的数字相加即为你的总分，它基本上反映了你幽默程度的高低。

(二)测验分数的解释

如果分数高于82分，表明你具有很强的幽默感。

如果分数是70~82分，说明你具有一定的幽默感，但还需继续培养。

如果分数低于70分，则说明你需要好好调整一下自己，努力培养自己的幽默感。

目录

上篇　懂得幽默内涵，做有品位的人

目录

目录

目录

下篇　掌握幽默技巧,做受欢迎的人

目录

目录

上篇 懂得幽默内涵，做有品位的人

生活中，人们往往利用幽默的特殊作用，揭露社会上的种种弊端，在笑声中擦亮人们的眼睛，净化人们的心灵，在笑声中敲响生活的警钟。

幽默可以用来自嘲，但更重要的是用来讽刺别人；可以用于防御，但更主要的是用于进攻。幽默用于讽刺，用于攻击，用于挑衅，之所以比其他方法更能显示出一个人的魅力和风度，是因为它不仅能以含蓄、婉转的力度达到最佳目的，而且在讽刺、攻击、挑衅时总伴随着温和，让人感到尖刻而不鲜血淋漓，让人觉得热辣而又不至灼伤。

第 1 章

幽默的含义

什么是幽默？这永远是一个拉不直的问号。幽默对于我们是一个永恒的话题，但幽默的定义却始终像个谜。美国哲学家索尔•斯坦伯格说：试图给幽默下定义，是幽默的定义之一。没有人能够给幽默下一个精准的定义，而不同的字典给出的幽默的定义也不尽相同。

有的人说幽默是一种修养、一种文化；有的人说幽默是一种润滑剂、一种兴奋剂；有的人说幽默能够在满足中获得前进的动力；有的人说幽默是绝不在抱怨中消弭自己的进取心……

我们对于幽默的理解是：幽默是一种高贵的品质，有着这种高贵品质的人善于拨动自己和他人笑的神经，笑天下可笑之人，笑天下可笑之事，能够容纳世间难容之事。

幽默，你是什么

为什么只要卓别林等喜剧演员一露脸，他们的举手投足便能立即把人们的心弦拨动，使千万人捧腹、喷饭？奥妙就在于：他们的一言一行、一举一动都充满了启人心智、令人愉悦的幽默。

世界上没有一个人不喜欢风趣幽默的语言。在中国传统的文艺晚会上，相声小品之所以一直是最受欢迎的节目之一，就在于它的表现形式离不开幽默，那幽默的语言强烈地感染着观众的心，幽默的话能抓住听者的心，使对方平心静气，也可以将一些深刻的思想更加生动和形象地表达出来。

美国南北战争时期，一位将军从前方给林肯发回电报，林肯觉得电报上的战况太简略，就回电要求今后的战报务必详尽。

这位将军是个急性子，看了电报很不高兴，不久就发了个电报给林肯：缴获母牛六头，请示如何处置。

林肯看了电报，知道将军生气了，立刻回电：速挤牛奶。

将军看了，哈哈一笑，怒气全消。

从这则幽默故事中，我们看到了一位领导者的谦虚和大度。当将军怒气冲冲地发来电报，请求总统处置“六头奶牛”时，林肯没有对这一荒唐无理的要求大发雷霆，反而巧妙地作出回应：“速挤牛奶。”

我们经常会遇到这样那样的尴尬场面，如果处理稍有不慎，就会导致不良后果。假如人人都能像林肯那样，在紧要关头“幽它一默”，那么，我们紧张乏味的日常生活不知会增添多少的情趣呢。

什么是幽默呢？

爱尔兰剧作家萧伯纳说：幽默是一种元素，它既不是化合物，更不是成品。

美国幽默表演大师卓别林说：所谓幽默，在我们就是看来是正常的行为中觉察出来的细微差别。换句话说，通过幽默，我们在貌似正常的现象中看出了不正常的现象，在貌似重要的事物中看出了不正常的事物。

英国作家哈兹里特说：幽默是说话的调味品，并非食品。

列宁曾说过：“幽默是一种优美的健康的品质。”

这里足见幽默这个迷人难测的精灵在不断地寻求自己漂亮的外壳，同时又不断地更新自己的容貌。

幽默感是人的一种比较高尚的气质，是文明的体现。一个社会不能没有幽默。有人形象地说：“没有幽默感的语言是一篇公文，没有幽默感的人是一尊雕像，没有幽默感的家庭是一间旅店，而没有幽默感的社会是不可想象的。”幽默可能发生在社会生活的每一层次，每一个角落。受过良好教育的人，有受过教育的幽默方式；中产阶层的人，有中产阶层的幽默方式；而斗大字不识一个的人，也可以有他们独特的幽默方式。可以说，幽默是一个不拘性别、不拘年龄、不拘社会地位、不拘教育程度的人皆可为之的社会现象。正因为幽默在我们社会生活中是这样普通，同人们太熟悉了，它才被人们所忽视。当人们生活在一个缺少空气的环境中时，才能深切体会到空气对人体的重要。同样，只有当人们生活在一个缺少幽默的社会环境中时，他们才会感到幽默的魅力，感到生活中幽默的力量。

一天，伦琴射线的发明者伦琴收到一封信，写信人请求伦琴寄一些伦琴射线和一份怎样使用这些射线的说明书给他，因为他胸中残留着一颗子弹，需要用射线治疗。

伦琴阅读过信，提笔在回信中写道：“真遗憾，眼下我手头的X射线刚好用完了，况且要邮寄这种射线十分困难。这样吧，请把你的胸腔给我寄来吧！”

“把你的胸腔给我寄来吧”，就是幽默口才的过人之处。

幽默的丰富层面

幽默是人的能力、意志、个性、兴趣的综合体现，它是社交的调料。有了幽默，社交可以让人觉得醇香扑鼻，隽永甜美。它是引力强大的磁石，有了幽默的社交，便会把一颗颗散乱的心吸入同一个磁场，让别人脸上绽开欢乐的笑容。它是智慧的火花，是智慧者灵感勃发的光辉；它是高级的逗笑品，幽默不一定会使你捧腹大笑，却能引起莞尔一笑。

就品种而言，幽默和笑一样丰富多彩，它有善意的、冷酷的、友好的、悲伤的、感人的、攻击性的、不动声色的、含沙射影的、不怀好意的、嘲弄的、挑逗的、和风细雨的、天真烂漫的、妙趣横生的等，不论揶揄也好，嘲笑也好，充满同情怜悯也好，纯属荒诞古怪也好，其意趣必须是从内心涌出，这更甚于从头脑涌出。只有这样，它才以一种生动感、生命感，标志出超卓的心智心力，抖展开心灵的温暖与光辉。

幽默可以分为以下几种类型，不同的人对幽默有各自的欣赏的类型。

1.哲理性幽默

对哲学、宗教等方面有嗜好的人会对此反应强烈。他们往往能对自身弱势进行嘲笑。对这类幽默感兴趣的人并不是自虐狂，而是具有一种能坦率地承认并面对自己的弱点，并超越它们的开阔胸怀，是一种令人感到和蔼可亲的谦卑。

请看下面这则妙语：

大学生请一位著名的经济学家给衰退、萧条、恐慌等词下定义。

“这不难。”专家回答，“‘衰退’时人们需要把腰带束紧。‘萧条’时就很难买到扎裤子用的皮带。当人们没有裤子时，‘恐慌’就开始了。”

一部题为《佳丽可人》的作品更富趣味：

“你最爱我哪一点？”妻子问她的丈夫，“是我的天生丽质呢，还是我动人的身躯？”

“我最爱你的这些幽默感。”丈夫回答。

2.荒诞式幽默

这是以一种出乎意料的独特方式摆脱理性而产生此类完美的“蠢话”。这种幽默绝不会来自傻瓜的头脑，而是高度智慧的结晶。喜欢这种类型的人理性思维较发达，追求精神的自由奔放。

有一次，英国作家狄更斯正在钓鱼，一个陌生人走到他跟前问：“先生，您钓鱼?”

“是的，”狄更斯毫不迟疑地答，“今天，我钓了半天，没见一条鱼；可是在昨天，也是在这个地方，却钓起了15条鱼！”

“是吗?”陌生人问，“那您知道我是谁吗？我是专门巡检偷钓者的，这带湖面禁止钓鱼！”

说着，那陌生人从口袋里掏出一本罚单，要记下名字并罚狄更斯的款。见此情景，狄更斯忙反问道：“那么，你知道我是谁吗?”

当那陌生人还在惊讶迷惑之际，狄更斯直言不讳地说：“我是作家狄更斯，你不能罚我的款，因为虚构故事是我的职业。”

3.社会讽刺小品

这是对社会风气、对人性某些灰暗面的嘲讽，酷爱这类小品的人是在以一种半超然冷漠的态度对待世界，这种幽默的欣赏者往往以一种更开阔的视野——即所谓的“上帝的眼光”来看待自己与人类自身，是自己与人类命运自由而超然的观察者。

1717年，伏尔泰因为讥讽摄政王奥尔良公爵，被囚禁在巴士底监狱11个月之久。出狱后，吃够了苦头的哲学家知道此人冒犯不得，便去请求他的原谅，希望能够不计前嫌。摄政王深知伏尔泰的影响，也急于同他化干戈为玉帛。于是两人都讲了许多恰到好处的抱歉之辞。

最后伏尔泰再一次表示感谢说：“陛下，您真是助人为乐，为我解决了这么长时间的食宿问题，我衷心地再次向您表示感谢。可今后，您就不必再为这件事替我操心啦。”

4.插科打诨式的“胡言乱语”

这是轻松的自我娱乐。那些刚开始体会推理之味、涉世不深的年轻人，可能会对此兴趣盎然。

马克·吐温有一天在美国里士满城抱怨自己的头痛病。当地的一个人却对他说："这可能是你在里士满城吃的食品和呼吸的空气造成的，再也没有比里士满城更卫生的城市了，我们的死亡率现在降低到每天一个人了。"

马克·吐温立即对那人说："请你马上到报馆去一趟，看看今天该死的那个人死了没有？"

幽默形式和品种异彩纷呈，百花齐放，表明了人类幽默艺术的经久不衰和生命力的旺盛。当我们为它的奇光异彩所吸引时，应该看到：一如世上绝大多数事物一样，幽默也有不同品格，有的高贵文雅，启人心智；有的低级庸俗，贻害万年。对发挥幽默力量者而言，理性的判断透视是必要的。

幽默的魅力

幽默存在于生活的方方面面，我们不得不承认，一个善于运用幽默的人是魅力十足的。一位心理学家告诉我们："如果你能使一个人对你有好感，那么，你也就可能使周围的每一个人，甚至是全世界的人，都对你有好感。只要你不是到处和人握手，而是以你的友善、机智、风趣去传播关于你的信息，那么空间距离就会消失。"

幽默的特点就是令人发笑，使人感觉快乐、欣悦和愉快，把这一特点运用到社会生活中，就会得到意想不到的效果。

从下面这个例子中我们就能体会到幽默的功效。

一次，美国总统里根在白宫钢琴演奏会上发言时，夫人南希不小心连人带椅跌落到台下的地毯上。正在讲话的里根看到夫人没有受伤，便插入一句说道："亲爱的，我告诉过你，只有在我没有获得掌声的时候，你才应该这样表演。"紧接着，台下响起了一片热烈的掌声。

本来是一件容易让里根陷入尴尬的事情，在这时如果埋怨或者置之不理都会令人不快，不只是台下的人不快，台上的人更是如此。而里根在危急时刻，运用幽默化险为夷，获得了出奇制胜的效果，显露出他的机智、豁达，拉近了和观众的距离。

幽默是社会活动的必备礼品，是活跃社交场合气氛的最佳"调料"。它能为人们增添欢乐，轻松地拂去可能飘来的丝丝不快，还能巧妙得体地为自己或他人摆脱窘境——这就是幽默的魅力所在。

在一次宴会上，一个肥胖的资本家笑着对萧伯纳说：“哈啰，萧伯纳先生！一见到你，我就知道目前世界上正在闹饥荒。”萧伯纳不紧不慢地说：“先生，我一见到你，就知道了世界正在闹饥荒的原因。”

两人幽来默去，表义明确但含而不露，真是绝妙！

现代幽默理论认为，幽默能在参与者之间产生一种强烈的伙伴感和一致对外的攻击性。幽默能一下子拉近两个人之间的距离，因为一起笑的人表明他们之间已经有了共同的兴趣、爱好，这是社交成功的第一步，也是很关键的一步。

互相敌视的两个人，相逢一笑泯恩仇，因幽默而化敌为友，这种事例举不胜举。真正聪明的人，总是依靠幽默使社交变得更顺利，更富人情味。

如果你希望有所成就，希望引人注目，希望社交成功，希望在现代生活中立于不败之地，那么，你就应该学会和别人来点幽默，来点共同的笑。

深受美国人民爱戴的美国前总统林肯长得很难看，这本来是获得人们喜爱的一个障碍。林肯认识到了这一点，但并没有回避，反而利用它拉近了与人们的距离。

一次，林肯的政敌说林肯是两面派。林肯以平和的态度说：“现在，让听众来评评看，要是我有另一副面孔的话，我还会戴这副难看的面孔吗？”

适时又恰当的幽默，不仅显示了林肯的达观，更体现了他的真诚，表露了人们所需要的人性和人情味，从而赢得了人们的理解和支持。

诚然，幽默不能代替具体的解决问题的科学方法，它不能帮你减肥，也不能帮你长高，不能帮你考高分，更不能帮你进行发明与创造。但它能帮助你调节人际关系。在人生纷至沓来的困惑中，它会帮你化被动为主动，以轻松的微笑代替沉重的叹息。学着慢慢体会幽默的真谛，做一个魅力十足的幽默的人。

幽默的乐趣

随着物质文明和精神文明的不断发展，人们越来越懂得制造和欣赏幽默，以图活得更轻松更愉快些。幽默不仅要引人发笑，还要有意味。真正的幽默，应该是机智百变，妙趣横生，让人越琢磨越捧腹，而且有茅塞顿开之感；反之，就降格为插科打诨了，不过如同伸手到人腋下。幽默是才智积累到一定程度的自然发挥，是反应训练到一定程度的自然表现。要想幽默，只有踏踏实实地丰富自己，提高自己。

美国人特鲁说得很好："幽默是一种特性，一种引发喜悦，以愉快的方式娱人的特性；幽默感是一种能力，一种了解并表达幽默的能力；幽默是一种艺术，一种运用幽默感来增进你与他人关系的艺术；幽默是人际关系的润滑剂，它以善意的微笑代替抱怨，避免争吵，使你与他人的关系变得融洽，更有意义；幽默可以帮助你减轻人生的各种压力，摆脱困境；幽默能帮助你战胜烦恼，振奋精神，在沮丧中转败为胜；幽默能帮助你把许多的不可能变成可能；幽默比笑更有深度，其产生的效果远胜于咧嘴一笑。当你把你的幽默作为礼物奉献给他人时，你会得到同等的甚至更多的回报；幽默能使他人更喜欢你、信任你，因为他不必担心被取笑，被忽视。所以人们希望与幽默的人一起工作，乐于为这样的人做事，而且希望与一位有幽默感的人成为终身伴侣。总之，幽默是一切奋发向上者身上必不可少的力量。"

罗斯福还未成为美国总统之前，有一次，家中遭窃，朋友写信安慰他。罗斯福回信说："谢谢你的来信，我现在心中很平静，这要感谢上帝，因为：

第一，窃贼只偷去我的财物，并没有伤害我的生命；第二，窃贼只偷走部分的东西，而非全部；第三，最值得庆幸的是做贼的是他，而不是我。"

真正懂得幽默乐趣的人，就如同故事中的罗斯福总统，抱着乐观的生活态度去发现幽默、发现幸福，这样我们必然能生活在欢声笑语当中。

有一次，萧伯纳走在大街上，被一个骑车的冒失鬼撞倒在地，幸好并无大碍。肇事者急忙扶起他，连声道歉，萧伯纳拍拍屁股诙谐地说："你的运气真不好，先生，如果你把我撞死了，就可以名扬四海了。"

幽默的机智反应并非只是能言善辩，而是一种快乐、成熟的生活态度，掌握了它等于掌握了智慧的结晶，得到了快乐的源泉。学习幽默，才能"乐观地对待一切，笑看人生"；才能"开口就是智慧，发声就是天籁"。

幽默大师林语堂曾在某大学教授英文。第一天上课时，他手提一个大皮包走进教室，学生都以为是课本，打开一看，却是有壳花生，林语堂则用英文大讲其吃花生之道。

他说："吃花生要吃带壳的，一切味道与风趣，全在剥壳，剥壳愈有劲，花生米就愈有味道。"他还补充说："花生米又名长生果，诸君第一天上课，请吃我的长生果祝君长生不老，以后我上课不点名，但愿大家吃了长生果，更有长性子，不要逃课！"语毕全堂莞尔。

麦克阿瑟将军在为儿子写的祈祷文中，除了求神赐他儿子"在软弱时能坚强不屈，在畏惧时能勇敢面对自己，在诚实的失败中能够坚忍不拔，胜利时又能谦逊温和"外，还祈求上帝赐给他"充分的幽默感"。由此更能窥见幽默在西方社会中得到的充分肯定和被赋予的崇高的价值。

印度诗人泰戈尔收到一位姑娘的来信："您是我敬仰的作家，为了表示我对您的敬意，我打算用您的名字来命名我心爱的哈巴狗。"泰戈尔给这位姑娘写了一封回信："我同意您的打算，不过在命名之前，你最好和哈巴狗商量一下，看它是否同意。"

丹麦童话作家安徒生生活很简朴，常常戴着破旧的帽子在街上行走。有个行路人嘲笑他："你脑袋上的那个玩意儿是什么？能算是帽子吗？"安徒生回敬道："你帽子下边的那个玩意儿是什么？能算是脑袋吗？"

美国政治家查尔斯·爱迪生在竞选州长时，不想利用父亲（大发明家爱迪生）的声誉来抬高自己。在作自我介绍时他这样解释说："我不想让人认为我是在利用爱迪生的名望。我宁愿让你们知道，我只不过是我父亲早期实验的结果之一。"

一天，有人问英国首相丘吉尔，做个政治家要具备哪些条件。丘吉尔回答说："政治家要能预言明日、下月、来年及未来发生的一些事情。"那个人又问："假如到时候预言的事情未能发生，那怎么办？"丘吉尔说："那就要能再说出一个理由来。"

幽默是人际交往的润滑剂，它在人们的生活中占有举足轻重的地位。但我们不能忘记生活是多姿多彩的，所以在使用幽默时，千万不能滥用幽默。一句妙语可以带来轻松与力量，但川流不息的妙语、笑话、讽刺，也能断绝沟通。我们可能会遇到这样的人，让我们不知所措，于是只好赶紧逃开威力过大的幽默轰炸。

有时候我们会遇到妙语连珠的人，但我们不要产生竞争之心，而是要倾听他内涵之语意，学习他的长处。若你心中有不平的意念，一心只想用幽默来压倒对方，就可能使气氛陷入紧张，引发对方的仇视心理，为日后对你的攻击埋下伏笔。幽默能使沟通更加融洽，利用幽默产生的开怀大笑能达到与人交流的目的，从而令气氛非常愉悦。

用心体会幽默的乐趣，你也能一张口开莲花香，一双手勤做善事，一颗心有情有义，一辈子欢喜自在。

幽默就在你身边

有位哲人说过："幽默是我们最亲爱的伙伴。我们的生活需要幽默，我们的人生需要幽默，一个健全的社会更不能没有幽默。没有了幽默，生活将会变得单调而缺乏色彩，岁月将会变得枯寂、干涸。幽默给予我们的是源源不断的甘泉，它滋养着我们的心灵，润饰着我们的生活。幽默使我们在黑暗中看到光明，在绝境中看到希望。它是寒冬里的一盆炉火，它是窘迫时的一个笑容……幽默美妙而又神奇。"

不要抱怨自己或者身边的人缺乏幽默感，其实，只要留意一下，我们无时无刻不身处幽默的氛围当中。

比如，在拥挤的公共汽车上，大家都会幽默地戏称自己"被挤成了相片"。又如，车上人多，乘客没有听见站名，错过站的他便慌慌忙忙敲车门，大喊："售票员，下车！"而售票员正在酝酿几句奚落话，一位乘客及时插嘴："售票员不能下车。售票员下车了，谁卖票呢？"于是，乘客报以微笑，售票员也变得和颜悦色了。

此时的幽默是有效缓解矛盾的润滑剂，能够很好地调节人际关系。

一位车技不高的小伙子，骑车时见到前边有个过路的老人，连声喊道："别动，别动！"那老人站住后，还是被他撞倒了。小伙子赶忙扶起老人，连连道歉。老人幽默地说："原来你叫我别动是为了瞄准呀！"

由于有了幽默、洒脱的态度，矛盾被巧妙化解了。

有一对夫妇去参观新潮美术展览，当他们走到一幅仅以几片树叶遮掩着私处的裸体女像油画前时，丈夫很长时间不肯离开。妻子忍无可忍，狠狠地揪住丈夫道：“喂！你想站到秋天，等待树叶落下来才甘心吗?”

此时的幽默是滑润干涩的高质润滑剂，是托起爱情之舟的安全气垫。

幽默能使我们消除烦恼，化解痛苦，幽默还能美化、“乐化”我们的生活，为生活增添笑声，使生活变得五彩斑斓。

青年人举行婚礼是人间美事，可下面这位小伙子用幽默使其婚礼锦上添花。

小伙子姓张，新娘姓顾，他借着两人的姓做了一次令人叫绝的恋爱经验介绍：

“本新郎姓张，新娘姓顾。我们尚未认识时，我是东‘张’西望，她是‘顾’影自怜。后来我‘张’口结舌去找她，她说她已有所爱，我‘张’皇失措，劝她改弦更‘张’，她说现在只好‘顾’此失彼了。我大‘张’旗鼓地追求她，她左‘顾’右盼地等着我。认识久一点，我就明目‘张’胆，她也无所‘顾’忌。于是，我便请示她择吉开‘张’，她也欣然惠‘顾’。”

小伙子句句挂“彩”，调侃令人喜笑颜开。在这里，幽默是幸福之花，欢乐之果，是刚启封的美酒，是暖融融的春风。

幽默是一种心理体验

幽默的心理体验是通过言行公之于众的，因此表达幽默有有声语言、书面语言、体态语言等手段。幽默的表达贵在自然，某些有做作痕迹的幽默虽然也能激起人们的兴趣，但给人留下的感觉并不怎么好：人们会认为这些装模作样的幽默不过是哗众取宠。可见，富有幽默感，秉持着幽默禀性对每个人是多么重要。而没有这种素质的人一旦意识到幽默的重要性，必然会铤而走险，硬行施展生疏的幽默技法，结果当然很差，给人们的感觉简直与拿腔拿调、忸怩作态的小丑无异。

天灾之年，有一对夫妻三天没吃东西。两人商量，把家里一只养了一年多的叫阿黄的狗杀掉充饥。一家子坐在桌旁吃完了阿黄的肉，收拾桌子时，丈夫对妻子说：“如果把这些骨头给阿黄的话，它会多高兴呀。”

这个幽默对丈夫和妻子都是一种心理体验。丈夫的表达反映了其自嘲自慰、盎然生趣的乐观精神。妻子听了以后心里当然是苦涩的。但他们都不因为生活的艰难而沮丧，而是会心一笑，以微笑品味着生活的艰难。

有时候，我们看到一个很幽默的人或者是一个著名笑星，尽管他没有特意做出什么幽默的动作和表情，但普通的一句话也能使人感受到一股缓缓而来的清新浓郁的幽默意味。

有一次，一位记者到冯巩家采访，冯巩夫妇并肩坐在长沙发上。夫人显得很文静，把说话的机会都让给了笑星冯巩。主持人问冯巩的夫人叫什么，冯巩抢着说："她叫爱卉，换过来说就是'会爱'。"

"你儿子今天没在家，他长得像谁呀?"

"漂亮方面像我，聪明方面像她。"

笑星的应答灵活俏皮，逗人发笑。

幽默的自然性是和动作、姿态、表情的自然性融为一体的。

在一次激烈的保卫战中，斯大林领导的苏联红军打退了敌人最后一次猖狂的进攻，通信兵前来报告："敌人正在撤退!"斯大林马上不假思索地纠正道："不，敌人正在逃跑!"

从斯大林那威严的表情和斩钉截铁的口吻中可以知道，他没有也无心幽默，但这两句话关键词语的更换却传达出了丰富的幽默内涵。

理儿不歪，幽默不来

矛盾、奇巧、意外、反常、失败、错乱是幽默的必然属性。俗话说："理儿不歪，笑话不来。"

幽默不会产生于平庸与苍白之中，而是来自于意想不到的震撼。著名的幽默大师诺曼·N·霍兰德认为幽默的最大特点是不协调性。这是很有道理的。下面这则幽默最能说明这点：

某企业主想请某主教为其作一则广告。但他没有把话完全说明白，只是说请他去说教……

企业主首次出价10万元。

主教只是摇头，而不说话。

“30万。”企业主一下把价格提高到原来的3倍。主教依然摇头不语。

“50万！”主教的头摇得更厉害了。

这时，一位神职人员走上前去，低声对主教说：“主教大人，50万元可以办许多的事情啊！你为什么还不愿意呢？”

主教回答说：“你知道他要我讲教完后说什么吗？他要我不说‘阿门’，而说‘××可乐’。”

企业主的要求很离谱，一个主教怎么能以商品广告来代替严肃的教语呢？正是这种不协调性产生了幽默。

同时，矛盾也可以产生幽默。

树上的两个苹果瞧着这个世界。其中一个说道：“瞧这些人打呀杀呀……总是不能和睦相处，说不定哪一天，这世界要由我们苹果来统治了。”

另一个回答说：“交给我们？是交给红的还是交给绿的呢？”

从苹果的对白中，我们不难感到言行矛盾时所能产生的幽默意味。

奇异也可以产生幽默。新奇意外的表达可给人一种意想不到的感觉，让人倍觉突兀，幽默也由此产生。

有三位朋友同住在旅店的45层楼。一天晚上电梯坏了，他们不愿意另换住处，于是一起爬楼。为了消除疲劳，其中一个人不断地讲笑话。好不容易爬到了43层，大家早已疲惫不堪，于是决定休息一下。一直讲话的人对另一个人说：“现在轮到你了，彼得。由你讲一个长一点的故事，情节要有趣味，最后来个使人伤心的结局。”

于是彼得开口了：“故事不长，却让人伤心极了，因为我把房间钥匙落在了一楼大厅里。”

这个故事的结尾让人倍感意外，因而幽默意味油然而生。

反常也可产生幽默。人类的思维方式一般是恒定的，如果不守常规，一味反常，就会产生不协调感。

有一天，国王问阿凡提："阿凡提，要是你面前一边是金钱，一边是正义，你选择哪样呢？"

"我愿意选择金钱。"阿凡提回答。

"你怎么了，阿凡提？"国王说，"要是我呀，一定要正义，绝不要金钱。金钱有什么稀奇？正义可是不容易找到的啊！"

"谁缺什么谁就想要什么，我的陛下。"

一分钟小幽默大智慧

◎ 妙计

法官："我无论如何也无法相信，这样一位体面的、持重的男子竟能动手打像您妻子那样的一个娇小脆弱的女人。"

约翰斯："可是她骂我，折磨我，使我完全失去了耐性。"

法官："她说了些什么？"

约翰斯："她喊道，'来吧，打我吧，我不怕。来呀，来呀，只要碰我一下，我就把你拉到那个秃头的老傻瓜——法官那里去。'"

法官："本案撤销。"

大智慧 真正的智慧在于举重若轻，能够四两拨千斤，一句话就能够扭转乾坤。动动你的脑筋吧，也许一条妙计就能够反败为胜。

◎ 一语双关

杰拉尔德·R·福特是美国第38任总统。他说话喜欢用双关语。有一次，他回答记者提问时说："我是一辆福特，不是林肯。"

大智慧 众所周知，林肯既是美国历史上一位伟大的总统，又是一种最高级的名牌小汽车；福特则是当时普通、廉价而大众化的汽车。福特说这句话，一是表示谦虚，一是为了标榜自己是大众喜欢的总统。

◎ 保密

记者向基辛格探问导弹和潜艇的情况，基辛格耸耸肩道："我的苦处是，数目我是知道的，但我不知道是不是保密的。"

记者马上说："不是保密的。"基辛格反问道："不是保密的吗？那你说是多少呢？"记者只能"嘿嘿"一笑。

大智慧难以开口时，最好也把对方置于难以开口的境地。

◎ 丑孩子

一名妇女抱着一个孩子坐上公共汽车。司机看了一眼孩子，突然说道："我一辈子都没见过这么丑的孩子！"气愤的妇女走到最后一排，坐下后，对旁边的一名男子说："这个司机刚才侮辱了我！"那人答道："您赶紧去找他算账，我来替您抱这个丑猴子！……"

大智慧表面温和的言语实际藏着杀人不见血的快刀。

◎ 恭维话

达尔文被邀赴宴。宴会上，他恰好和一位年轻美貌的女士并排坐在一起。"达尔文先生，"坐在旁边的这位美人带着戏谑的口吻向科学家提问，"听说你断言，人类是由猴子变来的。我也是属于你的论断之列吗？""那当然喽！"达尔文看了她一眼，彬彬有礼地答道，"不过，您不是由普通猴子变来的，而是由长得非常迷人的猴子变来的。"

大智慧既能坚持自己的原则，又能诙谐地缓解别人对你的敌意，实在不失为一种有效的交际智慧。

◎ 回敬

第二次世界大战时，德国法西斯头目之一戈林问一位瑞士军官："你们有多少人可以作战？""50万。""如果我派百万大军进入你们国境，你们怎么办？"

"那我们就每人打两枪。"

大智慧面对强敌，吹胡子瞪眼是没有用的，最主要的是要让对方在你嘴角的一丝笑容中看到杀机。

◎ 机智地回避

美国影歌双栖女明星卡罗尔·钱宁早年在夜总会唱过歌。接受采访时，一些听众会提出有关她的私生活的问题。有一次，一位男士问她："你记得使你十分窘迫的时候吗？"

"是的，记得。"卡罗尔回答道，"下一个问题呢？"

大智慧当面对尴尬的问题时，你有两种选择：第一，转移对方的注意力；第二，不给对方继续说话的机会。显然，第二种方法比第一种办法更具有杀伤力。

◎ 快乐的叫喊

美国第36任总统林顿·约翰逊很喜欢逗小动物玩。一次，他当着摄影记者的镜头，揪着自己养的小猎狗的耳朵，把它拎起来，小狗尖叫不止。他还说：“我喜欢听它们叫。”

全国动物爱好者协会知道这件事后，发起了游行抗议活动，指责约翰逊虐待动物。弄得约翰逊不得不当众“澄清”这一事实。他别出心裁地解释说：“我敢打赌，这狗叫出的声音不是在喊痛，而是一种快乐的叫喊。”

大智慧 当陷入难以自拔的困境中时，你不妨学一学约翰逊，把矛盾的焦点转向根本无法验证的事实中。

◎ 襁褓中的孩子

一天，某人有意刁难瑞士大教育家彼斯塔洛齐，向他提出了一个问题：“你能不能从襁褓中就看出，小孩长大以后会成为一个什么样的人？”

彼斯塔洛齐回答得很干脆：“这很简单。如果襁褓中的是个小姑娘，长大后就一定是个妇女；如果是个小男孩，长大后就会是个男子汉。”

大智慧 无聊的问题只能以无聊的答案来结束。

◎ 视力没问题

一名妇女万般焦急地来到医院。

“大夫，快给我看看！我今天早晨醒来后，一照镜子，可怕极了，我的头发一根根立着，满脸皱纹，脸色苍白，眼球通红，看上去像个死人。我怎么啦，大夫？”医生对病人进行了仔细的检查，然后说：“嗯，我可以很有把握地告诉您，您的视力完全没有问题！”

大智慧 幽默的语言道出了残酷的现实。怕打击对方但又必须告诉其真相时，不妨采用这种诙谐幽默的方式，至少能减少一点痛楚。

◎ 刷新纪录

有一次，一位记者问塔夫脱总统的准确体重是多少。“我不会告诉你的。”塔夫脱用雷鸣般的声音回答，“但你要知道，有人也问过议长里德，他回答说，真正有教养的人的体重不应超过200磅。可我已刷新这个纪录，达到300磅了。”

大智慧 智者的表达总是能把尴尬的问题平常化，或者把平常的问题有趣化。幽默是一剂良药，最大的作用是拉近距离和缓解矛盾。

◎ 双倍学费

有一个年轻人，去向大哲学家苏格拉底请教演讲术。他为了表示自己有好口才，滔滔不绝地讲了许多话。

末了苏格拉底要他交纳双倍的学费。

年轻人惊诧地问道："为什么要我加倍呢？"

苏格拉底说："因为我得教你两样功课，一是怎样闭嘴，另外才是怎样演讲。"

大智慧这个故事看来是个笑话，事实上却在告诉我们：成功的演讲家，应该是有张有弛的。该讲则讲，不该讲则不讲，点到为止，才能恰到好处。

◎ 物归原主

佛教创始人释迦牟尼经过多次的人生选择，终于在菩提树下顿悟，达到超我境界。与他得道的艰苦经历一样，他的传道也远非一帆风顺。

有一次，一个男子用肮脏的话语谩骂释迦牟尼，打断了他的讲道。释迦牟尼等他骂完后问他："如果一个人送礼物给另一个人，被送礼人拒绝收下这份礼物，那么礼物该归谁呢？"

"当然应该归送礼的人了。"那男子丈二和尚摸不着头脑地回答。"好吧，"释迦牟尼说，"我拒绝接受你肮脏的话语，现在把它归还给你吧。"

大智慧只有让对方出现破绽，才能一举制胜。

◎ 夏娃尝禁果

罗马教皇的大使到法国时，未来的教皇约翰二十三世也应邀去法国出席盛宴。宴会上，一位穿着暴露的女士刚好是约翰二十三世的邻座，他只装作没有注意到女士的穿着。甜食上来时，他挑了一只红苹果递给这位女士，而她却婉言谢绝了。"请品尝一下吧，夫人。"他劝道，"夏娃只是因为吃了禁果后才意识到自己是赤身裸体的。"

大智慧会说话的人总是把讽刺深藏于嬉笑怒骂间。

◎ 小错和大错

有人问马克·吐温，小错误和大错误有什么区别。马克·吐温说："如果你从餐馆里出来，把自己的雨伞留在那里，而拿走了别人的雨伞，这叫小错。但如果你拿走了别人的雨伞，而把自己的雨伞也拿走了，这就叫大错。"

大智慧你看明白了吗？一个对无意疏忽和有意偷窃的精妙论断。

◎ 验方

一个心理学教授对会议主持人说："如果你想让到会的妇女们一下子安静下来，只要向她们提出一个问题：'女士们，你们当中哪个年纪最大？'会场里马上便会变得鸦雀无声。"

大智慧让一个人闭嘴的最好的方式除了封住他的嘴之外，就是问一些他最不愿意回答的问题。让一群人安静的方法则是问一些他们都不愿意公开回答的问题。

◎ 一人买两票

美国钢琴家波奇，有一次，在密歇根州的福林特城演奏时，他发现全场观众很少，还不到半数。他从心里感到很失望。

这时，只见他从容地走到舞台前面，对观众说："你们福林特城的人一定很有钱，我看你们每个人买了两个座位的票，真阔呀！"

话刚落音，全场欢声雷动起来。

大智慧既赞扬了对方，又使自己摆脱了尴尬局面，这正是幽默的魅力所在。

◎ 时装

"这件上衣确实是现在最时髦的吗？"一位顾客问售货员。

"这是现在最流行的时装！"

"太阳晒了不褪色吗？"

"瞧您说的！这件衣服在橱窗里已经挂了三年了，到现在还像新的一样。"

大智慧无论有人如何地巧舌如簧，只要真相还客观地存在着，它就会在不经意的瞬间跳出来说话。

◎ 奥秘所在

一名顾客来到一家饭店，耳朵根上夹着一根芦笋。服务员感到奇怪，但不敢问。

自那以后，这位顾客天天来，而且耳朵根上总夹有一根芦笋。最后，这服务员决定问问那位顾客。果然，这顾客又来了，但他今天耳朵上夹的却是一棵石芹。

服务员说："请原谅，先生。您能告诉我为什么要在耳朵根上夹棵石芹吗？"

"当然能——您知道吗？我今天没有弄到芦笋。"

大智慧抓住时机地提问，可能更容易让我们获得我们想要的答案。

◎ 再来一份

一位顾客在某餐厅吃午饭。他点了一块牛排。快要吃完的时候，他突然发现牛排里有一只苍蝇。他十分气愤地叫来服务员询问是怎么回事。服务员不慌不忙彬彬有礼地说："先生，你抽中了本餐厅再来一份的大奖。"

大智慧机智不仅能够化解你将要面临的麻烦，而且也能让别人出乎意料地忘记了不愉快。

◎ 对付造谣人的妙法

有一天，马雅可夫斯基在路上见到有个头戴小帽的女人，她把许多人集中在她的周围，用各种各样最荒谬的谣言来诬蔑、中伤布尔什维克，马雅可夫斯基很生气，当即用有力的双手分开人群，直扑到这个女人跟前说："抓住她，她昨天把我的钱袋偷跑了！"那女人惊慌失措，含糊地嘟哝着："你搞错了吧？"

"没有，没有，正是你，偷了我25卢布。"

围着那女人的人们开始讥笑她，四散走开了。人们走光以后，那女人一把眼泪，一把鼻涕地对马雅可夫斯基说："我的上帝，你瞧瞧我吧，我可真的是第一回看见你呀！"

马雅可夫斯基答道："可不是吗？太太，您这才头一回见到一个布尔什维克，就大谈特谈起布尔什维克们来了……"

大智慧 "以其人之道还治其人之身。"这是中国的古话，妄议造谣者往往是自己并没有受到这样的惩罚。

◎ 旋风和微风

英国作家、评论家G·K·切斯特顿(1874—1936)身材高大，穿着讲究，可谓仪表堂堂，然而却天生一副柔和的假嗓子。不过他并未被难倒，相反，有时候，他还能因此创造特殊的效果。

有一回，他在去美国旅行前，举行了一次演讲。演讲开始前，主持人用华丽的辞藻，喋喋不休地将切斯特顿介绍给听众。

切斯特顿觉察到主持人的介绍太多太乱，听众似有厌倦之色。于是等介绍完后，他站起身对听众说："在一场旋风过后，随之而来的是一阵平静而柔和的微风。"

大智慧持续沉闷以及一成不变的演讲方式会让人觉得厌烦，在面对公众的时候，要善于观察和选择演讲技巧。

◎ 机智的报幕员

“尊敬的女士和先生们：下面我们将请在国际比赛中多次获奖的世界著名艺术家用小提琴为我们演奏几首美妙的乐曲。”报幕员对观众说。

“可我根本不是什么小提琴家，”艺术家不好意思地对报幕员说，“我是钢琴家”。

“女士们和先生们，”报幕员说，“不巧，小提琴家把提琴忘在家里了，因此，他决定改为大家演奏几支钢琴曲。这机会很难得，请大家鼓掌。”

大智慧 在无关乎原则的当儿，何妨将错就错呢？这样一来，玩笑之间可能反而多了些意外的轻松。

◎ 难回答的法庭审讯

法官问见证人：

“请问，从去年 11 月 14 日到今年 3 月 20 日这段时间你每天都在什么地方？”

大智慧 若是想得到期望的答案，首先还得要看你提出问题的方式。这是一种技巧。

◎ 耳冷眼热

有个叫王文成的人，最近被朝廷封了爵位，同事中有个人很眼馋。有一次，王文成上朝时，戴了一顶两边有垂帛遮住耳朵的帽子。那个同事看见笑话他说：“先生耳冷吗？”王文成回答说：“我不耳冷，先生眼热。”

大智慧 看到别人取得成就，不是虚心学习而是讽刺挖苦，对于这些总存嫉妒之心的势利之人，不能太过于迁就，否则会让他更得寸进尺。

◎ 男人气概

一位卡车司机走进一家餐馆，要了食物后坐了下来。

正在这时，门外来了三个穿皮夹克的小伙子，他们从疾驰的摩托车上跳下来进了餐馆，一个抢走了卡车司机的汉堡包，一个端起他的咖啡，一个吃起了他的苹果饼。卡车司机一句话没说，付了钱就走了。

三个小伙子走到收款小姐面前说：“他不像个好男人。”收款小姐说：“他也不像个好司机，你们看，他轧烂了三辆摩托车。”

大智慧 真正的还击不是停留在原地据理力争，而是在自己前行的途中，在丝毫不影响自己前进速度的基础上，将对手远远地抛在身后。

◎ 年幼无知

妈妈："沙姆，餐柜里今天早晨还有两块蛋糕，怎么现在只剩下一块了？"

沙姆："我怎么知道呢？餐柜那么高，又那么黑，我找来找去也只找到一块。"

大智慧我们自己总是于无形中道出了别人想要了解的一切。对此我们自己还以为"这是个多么令人纳闷的问题"。那些看似"愚蠢"的问话，总是引诱出我们真正愚蠢的回答。

◎ 帮我把石头抬出来

有一位顾客正在用餐，吃着吃着，突然大喊服务生过来。旁边人听到他喊，都扭过头看他。当服务生走到他面前时，他不慌不忙地指着碗里说："请帮我把石头抬出来。"

大智慧日常生活中碰到类似的事情靠冲突和大发雷霆解决不了问题，不妨运用幽默，既能表达我们的意见，又能避免激化矛盾。

◎ 怕你不懂

菲施勒是有名的笑话大王，他几秒钟就能讲出一个笑话。有个人对菲施勒很不服气，问道："你能讲一句话的笑话吗？"菲施勒说："一句话的笑话很多啊！可是怕你听不懂。""哈！我听不懂，真是笑话。"这人说道。

大智慧善用幽默的人都是智者，巧设陷阱、采用激将法，使对手放松警惕，让人不经意间承认了自己的能力，何等的高明。

◎ 底下一样也没有

清代纪昀有个笑话是这样的。一天散朝后，有个老太监和纪昀等人一道走，老太监让纪昀讲一个笑话，纪昀沉思片刻说道："过去有个太监。"说完就再也不说了，老太监等了好长时间听不到纪昀说话，便问："底下如何？"纪昀答："底下一样也没有。"旁边人听后大笑不止。

大智慧一语双关的幽默，哪怕是一个不雅的话题，通过修辞作用，也可以登上大雅之堂，与人交往常常需要这样的智慧。

◎ 喜鹊肉馅饼

乔纳森斯威夫特是英国的讽刺作家，一次外出旅游，到一家客店歇脚，老板娘认出了他，就十分热情地来取悦他。老板娘满脸堆笑地问他想吃什么，“想来点果肉馅饼吗？或者醋栗馅饼？或是李子馅饼？葡萄馅饼？樱桃馅饼？”“老板娘！除了叫喳喳的喜鹊肉馅饼，什么都可以啦！”乔纳森斯威夫特打断了她的话。

大智慧 对于趋炎附势的人，当他们对你献殷勤时，不要被表面的实惠冲昏了头脑，用一个小幽默就让他们收敛。

◎ 今天早上还没有呢

一个从美国得克萨斯州来的爱吹牛的人乘出租车在伦敦观光。

“这是什么建筑物？”得克萨斯人问。

“先生，那是伦敦塔。”出租司机回答。

“我跟你说，在我们那儿两星期就可以建起一座这样的建筑物。”得克萨斯人拉长腔调说。

过了一会儿他又问：“我们刚才经过的是什么建筑？”

“先生，那是白金汉宫，是女王住的地方。”

“是吗？”得克萨斯人说，“你要知道在我们那儿像这样的宫殿只需一个星期就能建成。”

几分钟后他们又经过了威斯敏斯特大教堂，这位得克萨斯人又问：“嘿，司机，那边儿是什么楼？”

“先生，恐怕我也不知道，”司机说。“今儿早晨还没有呢！”

大智慧 当一个人用傲慢与无知表达他自认为的荣耀与显赫时，对他最好的反击就是用更不真实的虚空为他展示出一种梦幻的事实。因为以他的头脑以为你会信服他所陈述的事实的虚无，他们便有足够的愚蠢信服你展示的虚无的事实。

◎ 措辞不同

红衣主教驾车飞驰，一名警察骑摩托车追上把他拦住。

主教问：“我的车开得太快了吗？”

警察：“不，主教大人。您的车不是开得太快，而是飞得太慢。”

大智慧 相对论不仅仅是定律的总结。它在更多的时候是让我们对他人表达的不满通过一种褒扬的方式得以发泄的最好的途径。

第 2 章

幽默的智慧

幽默是智慧的体现。许多聪明人苦于缺少幽默感，归根到底是他们缺少幽默的智慧，缺少幽默的技巧。美国著名心理学家哈维·闵德斯在《笑与解放》一书中指出："人人都可以成为笑的创造者，都可以把幽默感当作一种主动有效的才能，应用在生活的各个方面。"

最理想而又纯正的幽默是那些智者哲人莫逆于心的"会心的微笑"，是一种灵魂的顿悟感，是他们高卓的智慧碰撞出来的火花。他们将这一趣味用一种非常理智的方式表达出来，就形成了机智的幽默。

幽默的形成需要智慧，没有机智的幽默犹如盲人说瞎话，和尚念佛经，整个世界都会黯然失色。机智的幽默，嬉笑怒骂间自成文章。

幽默离不开智慧

幽默不是老老实实的文字，它是运用智慧、聪明与种种搞笑的技巧，使人读了发笑、惊异或啼笑皆非，并从中受到教育的一种能力。幽默不仅是智慧的迸发，善良的表达，它更是一种胸怀、一种境界。正如作家王蒙所说："幽默是一种成人的智慧，一种穿透力，一两句就把那畸形的、讳莫如深的东西端了出来。既包含着无可奈何，更包含着健康的希冀。"

幽默不是油腔滑调，也非嘲笑或讽刺。正如有位名人所言："浮躁难以幽默，装腔作势难以幽默，钻牛角尖难以幽默，捉襟见肘难以幽默，迟钝笨拙难以幽默，只有从容、平等待人、超脱、游刃有余、聪明透彻才能幽默。"

著名作家林语堂说："幽默愈幽愈默而愈妙。"

拿喝茶来说。在最好的茶的品类里，无论是西湖龙井，还是铁观音、碧螺春，都是刚喝的时候好像不觉得有什么特别的好味道，静默几分钟后才品味出茶中"只可意会，不可言传"的妙处。若有人因为铁观音的味道不太强烈，先加牛奶再加白糖，那只能说他不会喝铁观音。

幽默也是雅俗不同，愈幽而愈雅，愈默而愈俗。幽默虽然不必都是幽隽典雅，然而从艺术的角度来说，自然是幽隽的比显露的更好。幽默固然可以使人隽然而笑，失声哈哈大笑，甚至于"喷饭"、"捧腹"而笑，而最值得欣赏的幽默，却是能够使人嘴角轻轻上扬的微笑。

钱钟书的《围城》中，有过这样一个场景：

“甲板上只看得见两个中国女人，一个算不得人的小孩子——至少船公司没当她是人，没有让她父母为她补买船票。”

在描写这个场景的时候钱钟书先生违背了人们正常的思维模式，造成了“人们心理期待的扑空”。“算不得人的小孩子”，人们期待的是从年龄上说明，而作者却从船公司没让她补票的角度揭示，这种揭示出人意料却又合情合理，幽默的意味溢于言表。

幽默是一种智慧的表现，它必须建立在丰富的知识基础上。一个人只有有审时度势的能力、广博的知识，才能做到谈资丰富，妙言成趣，从而作出恰当的比喻。因此，要培养幽默感必须广泛涉猎，充实自我，不断从浩如烟海的书籍中收集幽默的浪花，从名人趣事的精华中撷取幽默的宝石。

这里再列举一个钱钟书先生的例子。

他曾写过这样一段文字：

“晚清直刮到现在的出洋热那股狂风并非一下子就猛得飞沙走石，开洋荤当初还是倒胃口的事……”

这里把抽象的“社会风气”的“风”比喻为自然现象中的“风”，只有这样才能刮得飞沙走石，既形象又风趣，没有大张旗鼓的幽默，但是幽默的味道早已从字里行间显露无遗。

培养机智、敏捷的洞察力，是提高幽默的一个重要方面。只有迅速地捕捉事物的本质，以恰当的比喻、诙谐的语言，才能使人们产生轻松的感觉。当然在幽默的同时，还应注意，重大的原则总是不能马虎，不同问题要不同对待。在处理问题时要极具灵活性，做到幽默而不俗套，使幽默能够为人类精神生活提供真正的养料。

育智慧于幽默之中

幽默是智慧的产物。如果把幽默比拟成一个美人，她应该是内涵丰富、艳若桃花、气质如兰的，她应当能给人带来愉悦的享受。她比滑稽更有气质，也更加耐人寻味。

司马迁在《史记·索引》中曾经把“滑稽”解释为“能乱同异”。即通过巧妙地联想，把客观事物之间的三分之一或四分之一相似转变为全部相等。这种“化异乱同”或者偷换概念就能造成一种“机智的幽默”。

一位少妇对她的丈夫说：“亲爱的，住在咱们家对面的那个男的，总是早上出门前吻他的妻子，晚上回家一进门也是先吻她。难道你就不会这样做吗？”

丈夫回答道：“当然可以，不过我跟她还不是太熟。”

这个聪明的丈夫巧妙地把自己的妻子换成了对门的少妇，偷换了概念，在不经意间显露出机智的幽默。

违反人们正常思维规律，对事物进行巧妙解释，或者说出人们意想不到的大实话，都会很好地达到风趣幽默的效果。

一位顾客在一家餐厅吃饭，米饭中的沙子很多，顾客把它们一一挑出来放在桌子上。服务员见此情景很抱歉地说：“都是沙子吧？”顾客摇摇头，说：“不，也有米饭。”

顾客巧妙的回答，一个违反常人的思维模式，轻松自然地造成了幽默和讽刺的效果。

一个衣衫褴褛的人蹲在积水只有五厘米深的水坑前钓鱼，所有经过的人都认为这个人是个傻瓜。其中一位过路人不禁动了怜悯之心，他和蔼地对钓鱼的人说：“喂，你愿意和我喝一杯吗？”钓鱼的人高兴地接受了他的邀请。他们喝了几杯饮料之后，这个人问钓鱼的人：“你在钓鱼，是吗？”“是的。”“那今天上午你钓到几条鱼呀？”“算上你，已经有八条了。”

看似愚蠢的行为却隐含着戏谑的动机，一旦真相大白之后，自然令人捧腹。

机智的幽默含蓄而又婉转，锋利而又忠厚，让人觉得尖利而又不鲜血淋漓，热辣而又不至灼伤。机智的幽默不是哗众取宠，而是一种乐观的人生态度，它使人在逆境中也能乐观面对现实，在顺境中有忧患之心。

善谈者必善幽默

通常情况下，真正懂得谈话艺术的人，其实就是那些既善于引导话题，同时又善于使无意义的谈话转变得风趣的幽默者。这种人在社交场上往往如鱼得水，左右逢源，可算做社交谈话中的幽默大师。单调的谈话令人生厌，因此，善谈者必善幽默。但这种幽默，并不意味着一切事物都可以拿来打趣。例如关于宗教、政治、伟人以及关于某种令人同情的痛苦等，都是绝不能加以取笑的。在有的人看来，如果说话不够幽默，便不足以显示自己的聪明，这种想法又不免有些偏激。

美国心理学家保尔·麦基认为，幽默感对于人的社交能力的发展起着举足轻重的作用。

与幽默家在一起好比读一本好书，受益无穷，欢乐无限。

有一次，温斯顿·丘吉尔的政敌阿斯特夫人对他说："温斯顿，如果你是我的丈夫，我会把毒药放在你的咖啡里。"

丘吉尔笑笑说："夫人，如果我是你的丈夫，我就会把那杯咖啡喝下去。"

这里，丘吉尔用巧妙的回答讽刺了政敌的攻击，以牙还牙，但并没有正面冲突，用温婉而又有力的幽默给了对方教训。这是值得我们每一个人学习的说话技巧，甚至是做人的技巧。

幽默语言可以使我们内心的紧张和重压释放出来，化作轻松的一笑。在沟通中，幽默语言如同润滑剂，可有效地降低人与人之间的"摩擦系数"，化解冲突和矛盾，并能使我们从容地摆脱沟通中可能遇到的困境。

在社交中，谈吐幽默的人往往能取胜，没有幽默感的人往往会失败。在交际场合，幽默的语言极易迅速打开交际局面。

善于谈话的人，有时候需要常拿自己开开玩笑。美国著名律师迪特是一位善于拿自己开玩笑的人。

有一次，哥伦比亚大学校长登台演说时，先将迪特介绍给听众："他算得上是我国第一位公民！"迪特似乎可以立刻抓住这个难得的机会，大模大样地开着玩笑说："诸位静听，第一位公民要开始演讲了。"不过如果他真那样做，就成了一个没人瞧得起的傻瓜。

那他该如何说呢？他不仅要利用这句介绍词幽默一下，并且还要从中博得听众的好感。他说："刚才校长先生说的一个名词，我起初有些听不太懂。第一位公民——是指什么呢？现在我才想到，大概他是指莎士比亚戏剧中常常提到的公民。校长先生一定是研究莎氏戏剧极有心得的人，他替我作介绍时，一定又想起他的莎氏戏剧了。诸位听众一定知道莎士比亚常常把许多公民穿插在他的戏剧中，这些配角大都只有一两句话，而且多半是毫无口才、没有高明见识的人。但他们差不多都是好人。即使把第一和第二的地位交换一下，也根本不会显示出任何不同之处。”

话未说完，台下便响起潮水般的掌声。

如果我们能够在生活中多运用些幽默智慧的语言，就真的能够使我们身心健康、人际顺畅。我们的人生将到处充满喜悦与新鲜！

幽默的至高境界

事事都求“自然天成”为好，幽默也是如此。有准备的幽默当然能应付一些场合，但难免有人工斧凿之嫌；临场发挥的幽默才更为巧妙，更见风致。

1975年，在巴黎大学的博士论文答辩会上，法国主考人向陆侃如先生提了一个奇怪的问题：“《孔雀东南飞》这首诗中，为什么不说‘孔雀西北飞’？”陆侃如应声答道：“西北有高楼。”

他巧妙地利用古诗十九首里的句子“西北有高楼，上与浮云齐”作为孔雀东南飞的理由。面对刁问能机智作答，其才智令人惊叹。

幽默不是深思熟虑的产物，而是机趣自然的结晶，往往与快捷、奇巧相连。

开往日内瓦的列车上，列车员正在检票。一位先生手忙脚乱地寻找自己的车票，他翻遍所有的口袋，终于找到了。他自言自语地说：“感谢上帝，总算找到了。”

“找不到也不要紧！”旁边一位绅士说，“我到日内瓦去过20次都没买车票。”

他的话正巧被站在一旁的列车员听到，于是列车到达日内瓦车站后，这位绅士便被带到了拘留所，接受审问。

“您说过，您曾20次无票乘车来到日内瓦。”

“是的，我说过。”

“您不知道，这是违法行为？”

“我不这么认为。”

“那么，无票乘车怎么解释？”

“很简单，我是开着汽车来的。”

这位先生真是有“把稻草说成金条”的本事。无可非议，他是无票乘车者，但他能巧妙地运用幽默为自己开脱，列车员能拿他怎么办？

临场发挥是一种技巧，更是一种心智，它需要我们有冷静的头脑，能够保持从容镇定，不慌不忙。在各种晚会、文艺演出中，许多主持人、演员临场应变，妙语连珠，为晚会营造了欢乐的气氛，也赢得了观众的掌声和喜爱。

临场幽默贵在能及时发现并抓住“触媒”，由此巧妙联想，得体发挥。

一个演员唱乐亭大鼓时，鼓板没打几下，那鼓砰然落地，观众哗然。主持人利用演员弯腰捡鼓的时机亲切地说：“诸位，今个儿节目是临时加的，这位演员没来得及带自己的鼓，用的是别人的，看来这鼓有点认生。”

一句话缓解了紧张的气氛，让我们不得不对这位主持人心生佩服。

一位杂技演员表演《踩蛋》时，不小心把脚下的一个鸡蛋踩坏了，观众都看见了，演员很不好意思地又换了一个鸡蛋，主持人连忙打圆场：“为了增加艺术效果，证实鸡蛋是真的，所以演员故意踩碎了一个给大家看。”不巧的是，主持人话音刚落，演员脚下又一个鸡蛋被踩碎了。观众马上转向主持人，这回看你怎么说。只见主持人无可奈何地叹了口气，说：“唉，社会上的伪劣产品屡禁不绝，看来不抓不行了——连母鸡都生产劣质产品！”

这幽默风趣，这不用回家现取的机智，令人钦佩，一时满座粲然。

一分钟小幽默大智慧

◎ 车轮

“昨天，我把车开得飞快，时速竟达到120公里，以致把一只汽车轮子给甩飞了。”

“哎呀！您没被摔伤吗？”

“没有。要知道，甩飞的是一只备用车轮。”

大智慧 生命永远没有备用，它是你人生中最后的赌注。

◎ 路边的风景

在故宫博物院中，有一位太太不耐烦地对她先生说：

“我说你为什么走得这么慢。原来你老是停下来看这些东西。”

大智慧 有人只知道在人生的道路上狂奔，结果失去了观看两旁美丽花朵的机会。

◎ 零比零

一场足球比赛只剩一分钟就要结束了，一位观众匆匆赶到看台。他问邻座说：

“比分多少？”

“零比零。”

“好了！一点也没耽误。”

大智慧 如果看重的只是结果，对人而言，还有什么事情是曾经发生过的呢？

◎ 先知

某人自称是先知。

人们问他：

“你是先知的标志是什么呢？”

他答：

“我能知道你们心里想些什么？”

“我们想什么呢？”大伙儿问。

他答道：

“我知道你们心里在想‘他根本不是个先知，而是个十足的骗子’。”

大智慧 这个世界上真的可以有先知，不是因为他们对未来知道多少，而是因为他们对现有事物的洞察。

◎ 公鸡不识路

朱哈提了一些鸡放在笼里，拿到集市上去卖。他背着鸡笼走了一段路，感到很累。这时他想：“鸡笼里的鸡也许会渴死或热死的，我为什么不放开它们，赶着它们上集市呢？”

于是他打开鸡笼，把鸡放出来，鸡马上四散飞开，到处乱跑。朱哈提着一根棍子，跟在一只公鸡后面，边跑边抱怨：“你这该死的公鸡，半夜里漆黑一片，你能司晨报晓，现在大白天，你却不认识路！”

大智慧不要因为公鸡会报晓就要求它能认路，否则就像赶鸭子上架那样不会有任何效果。

◎ **后顾之忧**

一个庸医把某个人的儿子误诊致死，为了赔偿，他把自己的儿子给了对方作养子。

接着，他又诊死了一个人家的女仆，为了抵偿，他把自己的女仆给了对方。

一天晚上，有人敲他家的大门，说："我内人腹痛不止，请先生往诊。"

这医生把妻子唤出来，嘱咐道："贤妻，你做好离别准备吧！"

大智慧我们应该想着怎样避免坏事情的发生，而不是时刻准备去做一些无用的弥补。

◎ **生存艰难**

伦敦皮卡德利大街有个小型杂技团上演了一个节目：30天关在玻璃箱内绝食之男子。

新闻记者凯西听闻此事，前去采访绝食男子。

她隔着玻璃箱壁问道："你为什么要演这种节目？"

那男人答道："这也是为了混口饭吃！"

大智慧人生有时就是这样具有讽刺意味，在不得不低头的时候，原来你是为了能够扬眉吐气。

◎ **书架**

怀特："啊！你有一个多么漂亮的书架呀，可惜上面一本书也没有。"

布朗："是呀，以前我倒是有很多书的。可是，为了买这个书架，我把书全卖了。"

大智慧对于形式的注重常常让人抛弃了内容本身。

◎ **黑色的羊**

物理学家、天文学家和数学家走在苏格兰高原上，碰巧看到一只黑色的羊。

"啊！"天文学家说道，"原来苏格兰的羊是黑色的。"

"得了吧，仅凭一次观察你可不能这么说。"物理学家道，"你只能说那只黑色的羊是在苏格兰发现的。"

"也不对。"数学家道，"由这次观察你只能说，在这一时刻，这只羊，从我们观察的角度看过去，有一侧表面上是黑色的。”

大智慧越精确的东西，对实际生活越没有用处。

◎ 下雨的概率

我去参观气象站，看到许多预测天气的最新仪器。参观完毕，我问站长：“当你说下雨概率为75%时，是怎样计算出来的？”

站长没有多想便答道：“那就是说，我们这里有四个人，其中三个认为会下雨。”

大智慧众口铄金，有时候，真理不过是大多数人的意见而已。

◎ 奴颜

国王狄奥尼修的一个弄臣把阿里斯提卜领到华丽的宫殿，并警告他不要在这里吐痰。阿里斯提卜便将痰吐到此人脸上，并且说：“我再也找不到一个更鄙陋的地方了。”

大智慧脏在心里，总会写在脸上。

◎ 阅读

友人因自己博览群书而喜欢夸夸其谈。阿里斯提卜就说：“不是广泛的阅读而是有用的阅读导致卓越。”

大智慧读有用的书，越读越明；读无用的书，越读越呆。

◎ 辨别

有人问：“有智慧的人和没有智慧的人差别何在？”阿里斯提卜回答说：“先把他们都脱光，然后送到陌生人中间去，你就会知道了。”

大智慧有智慧的人在任何情况下都能应付自如，而愚蠢的人一遇到尴尬的情况便手足无措。

◎ 喝酒的故事

医生对一酒鬼说：“酒多伤肝，你为什么不自我约束一下？”酒鬼问：“怎么个约束法？”医生出主意：“譬如在酒瓶子上画道线，每次别喝过就行了。”

酒鬼无奈地说：“这个办法我试过，可每次没等到喝过那道线，我就不省人事了。”

大智慧凡事都需要有个“度”，过了“度”就会出问题。中国古代有个成语叫做“过犹不及”，正是这个道理。

◎ **假牙**

在工艺商品店里，一名妇女质问经理：“上个星期你们卖给我的这个象牙盒是假的，我请人鉴定过了，它根本不是用象牙做的？”“请原谅，夫人。如果真有这么回事的话，那么，在科学如此发达的今天，这也不是不可能的。我想，或许那头大象曾经成功地镶过一颗假牙……”

大智慧技术的进步，绝不能掩饰人们对真相的追求。假如技术带给我们的只是虚假，那么原始社会将成为人类的渴求。

◎ **看戏**

从前，有一个瞎子、一个聋子、一个跛子，三个人一块去看戏。三个人一边看戏，还一边评论戏演得好坏。瞎子说：“今天的戏，唱得很好，不过行头不好。”聋子说：“是你看不见，其实行头很好，可惜唱的声音太小了。”跛子接过来说：“你们俩说得都不对，其实今天的戏唱得不错，行头也好，可惜就是戏台搭歪了。”

大智慧世界只有一个，但每个人所感觉到的世界却千差万别。

◎ **无以为家**

有人问：“诗人为什么不像小说家、散文家一样称‘家’呢？”

旁边一人解释说：“诗人很浪漫，要到处去寻找灵感，不能被‘家’拖累。”

“不对！”诗人感叹说，“因为一首诗卖不到几个钱，我们才没能力成‘家’！”

大智慧世界是浪漫的，更是现实的，诗人有超脱的一面，还有世俗的一面。

◎ **批评的权利**

在经过一场激烈的争论之后，作家对厨师说：“你没有从事过写作，因此你无权对这本书提出批评。”

“岂有此理！”厨师反驳道，“我这辈子没有下过一个蛋，可我能尝出炒鸡蛋的味道。母鸡能行吗？”

大智慧发言权往往不是取决于亲身的参与，而是一种触类旁通的洞察和敏锐。

◎ 房子的优点

出售不动产的经纪人说："这所房子有优点也有缺点。我讲讲有哪些缺点。第一，西边半米开外是牛棚，北边是橡胶制品厂，东边的两个区是灌溉区，正南对着酿醋厂。"

"那优点是什么呢？"困惑不解的买主对此十分感兴趣。

"您任何时候都能断定，刮的是什么风。"

大智慧 优或劣之分大概是由人评说的事情，因为各自的出发点全然不同。

◎ 生日礼物

约翰不知该送什么东西给他的同龄女友做生日礼物。于是，他问祖母说："祖母，要是明天是你十六岁的生日，你想要什么？"

祖母欢快地回答："我什么东西都不要了。"

大智慧 孩子心中的希望是快快长大，老人的希望是时光倒流。

◎ 一个会思考的脑袋

一只狮子深深爱上了一个樵夫的女儿。姑娘的父亲说："你的牙齿太长了。"狮子就去找牙医把牙齿拔了。它回来后又找樵夫提亲，樵夫说："还不行，你的爪子太长了。"狮子又去找医生，把爪子也拔了，然后回来要姑娘嫁给它。樵夫看到狮子已经解除了武装，就把它的脑袋打开了花。

大智慧 再尖锐的牙齿，再锋利的爪子，也比不上一个会思考的脑袋。

◎ 总值

警察："你被窃去的大衣，值多少钱？"被盗者："新做的时候，是20元，曾经当过一次，是12元赎出来的，一共32元。"

大智慧 在失去的时候，我们总是在为自己失去的那件东西加价。

◎ 旅客与司机

一位旅客问出租汽车司机：

"请问，从这里到凡尔赛要多少钱？"

"40法郎，先生。"

"太贵了！咱俩换个位置怎么样？我来开车，这样我只收你20法郎。"

大智慧很多时候我们真需要问问自己是谁。

◎ 包办婚姻

在某国首都举行了一个妇女座谈会，参加会议的有各界妇女代表。一位上年纪的妇女在会上发表了她对选择爱人的看法，并说她的丈夫就是她父亲为她选定的，这使她至今都很高兴。

有位妇女不理解她的观点，问她："为什么？""因为，"她说，"如果是自己选择的，我将悔恨终生"。

大智慧在成长的过程中，我们总是嘲笑前段岁月的稚嫩。我们一次次否定自己曾经肯定的作为，一次次肯定自己曾经否定的过去。到最后，我们终于发现，这就是人生。

◎ 足智多谋

亚历克斯质问他的心上人："这么说，你是不愿意嫁给我了？"

"是的，我的丈夫必须要勇敢，并且足智多谋。"

"可是你难道忘了吗，上次你落水的时候是我把你救起来的呢！"

"你确实勇敢，不过这并不意味着你足智多谋。"

"好吧，那你知道是谁弄翻那条船的吗？"

大智慧智慧并不抵触勇敢，但勇敢若缺少了智慧的支撑——就只能是单枪匹马的莽夫。

◎ 眼镜

海伦眼睛不好。过去她一直戴着一副眼镜。可是自从有了男朋友之后，海伦不再戴眼镜了。

她母亲很奇怪，问她为什么不戴眼镜。

她说："噢，妈妈。吉姆觉得我不戴眼镜更漂亮；同时，这样我也可以觉得他好看些。"

大智慧我们大部分的人，穷尽一生在奔波追求，希望寻找生命中最有价值的事物。其实，当我们瞪大眼睛的时候，有价值的东西反而从我们的身边溜走了。

◎ 修理意见

一天，有个上班族将小车开到修理店，对修理工说："我的汽车每次转弯都会发出'嘭'的一声闷响，请你检查一下，下班后我来取。"说完匆匆走了。

傍晚，那个上班族来取车时，拿到了一张修理单，上面打印着：修理费——0 元，修理意见——请勿将保龄球放置于车尾箱内。

大智慧 正确的东西要放在正确的位置，才会现出它的价值；若放在了不合时宜的地方——纵然黄金，也会等同于一堆粪土！所以人生很多时候，去用心发觉自己的准确方位才是首要之重！

◎ 原来如此

一对年轻夫妇去看画展。妻子是一个高度近视眼，她站在一幅大画前仔细地看了老半天，然后大声地喊了起来："我的天哪！这位妇人为何如此难看？"

"亲爱的，别大惊小怪，"丈夫连忙走上前去悄悄地告诉妻子，"这不是画，是镜子"。

大智慧 我们总警戒自己小心别人，因为人心隔肚皮，知人知面难知心——但是，当我们对着镜子的时候，不妨叩问一下自己的心灵，我们真的了解镜中人吗？

◎ 蝙蝠的问题

三个南部的牧师在一家小餐馆里吃午饭。其中的一个说道："你们知道吗，自从夏天来临，我的教堂的阁楼和顶楼就被蝙蝠骚扰，我用尽了一切办法——噪音、喷雾、猫——似乎什么都不能把它们赶走。"

另外一位说："是啊，我也是。在我的钟楼和阁楼也有好几百只。我曾经请人把整个地方用烟熏消毒一遍，还是赶不走它们。"

第三个牧师说："我为我那里的所有蝙蝠洗礼，让它们成为教会的一员……从此一只也没有再回来过。"

大智慧 为什么非要带着敌对的目光来打量身边的事物呢？如果你改变一下看待问题的方式，欢歌笑语就会时常伴随着你。

◎ 别挡住了我的阳光

哲学家第欧根尼这位银行家的儿子放弃了万贯家产，栖身于一只大木桶中晒太阳，捉虱子，思考哲学问题。马其顿国王亚历山大大帝来到科林特市时，拜访了这位哲学家，并且对他说："第欧根尼先生，只要你告诉我你需要什么，我会马上赐给你。"第欧根尼听罢，躺在木桶里抬了抬眼皮，说："那就请你站到旁边，别挡住了我的阳光。”亚历山大对身边的人说:如果有来生的话,我愿意做第欧根尼。

大智慧生活就是这样简单。人们应当善待生命，用大量的时间做自己喜欢的有价值的事情。

◎ 从天而降

朋友们总在劝玛丽:“你年纪不小了,该结婚了。这事你得主动些,难道你还打算坐在家里等你的丈夫从天上掉下来吗?”后来玛丽真的结婚了,和一个伞兵,他在一次跳伞训练时落在玛丽的院子里。

大智慧奇迹是存在的,但我们不能依靠奇迹生活。自己的幸福要自己把握,自己主动去争取,尤其是爱情。

◎ 绝妙的提问

某人问医生:“请问医生,我怎样才能活到100岁?”

“第一,戒酒。”“我从不喝酒。”

“第二,戒色。”“我一点不讨女人喜欢。”

“第三,少吃肉。”“我是个素食者!”

“那么您为什么想活这么久呢?”

大智慧一百年的痛苦不如一天的幸福。

◎ 哭泣的丈夫

三个人死后进入天国。当他们到达时,圣彼得问第一个人,生前是否忠于他的妻子。此人承认做错了两件事。圣彼得说他只能得到一辆小型轿车。然后圣彼得又问第二个人是否忠于自己的妻子,第二个人承认做错了一件事。圣彼得说他可以得到一辆中型轿车。第三个告诉圣彼得,直到死他都一直忠于自己的妻子。圣彼得于是赠给他一辆豪华轿车。

一星期后,三个人开着车外出,碰上红灯,他们全停下来。坐在小型车和中型车的两个人看到豪华车上的人正在哭,于是就问他:“你有了那么好的车,还哭什么?”那人说:“我刚看到我妻子,她只踩了一辆小滑轮车。”

大智慧有时候,了解事情的真相并不一定更快乐,也许是“难得糊涂”吧。

◎ 没有女人的福气

有一男子,总认为自己在女人方面没有福气,于是就去教堂祈祷:“请上帝赐给我一群女人在我身边。”可是非常不幸，他刚刚走出教堂，就被一辆车撞倒住进了医院。躺在病床上的他心想：“上帝怎么这么不公平……”正想到这儿，护士长突然领来20名漂亮的实习生走到他的病床前，并对她们说：“这名患者因交通事故不能动弹了，你们首先要教他如何使用便盆。”

大智慧与健康比较起来，其他的都微不足道，可我们总是抱怨得到的太少。幸福，是需要健康的身体去享受的。

◎ 梦和现实

房东太太发现一个流浪汉睡在公园的长凳上。她大发善心，让他住进自己的旅馆中最好的房间去。

第二天早上，流浪汉来到她的跟前致谢，并说，自己宁愿回到公园的长凳上去。她说：“为什么呢？这里不好些吗？”他回答说：“我多谢你的好意。可是当我睡长凳时，常常梦见自己睡在暖洋洋又柔软的床上；但昨天晚上，我却梦见自己仍然睡在冰冷的长凳上，难受极了！”

大智慧人总是以为梦想实现就是幸福，而事实上却并非如此。

◎ 什么是“快乐”

德国人，法国人和一位俄国人聚在一起谈论什么是“快乐”。

德国人说：“快乐就是你在辛苦地工作完一天后，躺在自己舒服的沙发上，喝着啤酒，看着精彩的球赛……”

法国人说：“快乐是你在星期六的夜晚，与心仪已久的金发美女，共度浪漫良宵……”

这时，俄国人说了：“真正的快乐，是在深夜里，你突然听到急促的敲门声，打开门一看，是一群秘密警察，他们拿着枪指着你说，‘格拉吉夫？你被捕了！’而你告诉他们：‘格拉吉夫住在隔壁！’”

大智慧每个人都有快乐的标准，其实，真正的快乐在心间。无论你是以什么样子存在于这个人世间，自我的体验和感受永远是你快乐的源泉。

◎ 事实验证

某村晚上聚集许多人在那聊天，谈论世事与谈天说地。在谈论中讲到某甲，某乙说，某甲这个人的品德很高，人也很仁慈，只是很可惜也有一个坏处！“什么坏处？”有人问。某乙又说：“某甲虽是一个好人，可是脾气毛躁一点，做事也很鲁莽！”

刚好这时某甲从这里经过,听到有人这样批评他,便冲进门来暴跳如雷地说:“我什么时候毛躁?”于是举手就打某乙。旁人说:“你怎么可以打人呢?”“我怎么不可以,他说我脾气毛躁,做事鲁莽,我什么时候毛躁和鲁莽?你们说?”众人说:“你现在发脾气不是毛躁,举手打人不是鲁莽是什么?”某甲因理屈而不好意思地走了。

大智慧 人一旦太虚荣,爱争面子,必然非常介意别人对自己的看法。凡事在意的态度,便会感到别人都在注视着自己,而自己的言行举动,即刻变得不自在,不自然,不快乐了。

◎ 贪得可怕

从前有个人很贫苦,生平信仰吕祖,吕洞宾为其热诚感动,便下凡来到那人家里,一看他那么穷,很是同情,便伸出个手指点了点庭中的一块磐石,磐石即刻成了灿灿的黄金,吕洞宾问那人:“你想不想要这东西呀?”那人回答道:“不,不想。”吕洞宾高兴地说:“你这人不贪财物,很有诚意,我可传授一些仙道给你。”那人却急忙地说:“不,不是的,我是想要你这个手指头。”吕洞宾一听吓得把黄金变回磐石,拔腿就走,这人要把我手指给剁了,太狠了!

大智慧 人常说知足常乐,本来就可以摆脱贫苦日子,结果因为“贪得可怕”,结果什么也没有得到。奉劝日常生活的人们——知足就好,适度更好!

◎ 幸福的秘诀

西吉斯蒙德(1368-1437)于1411年任神圣罗马帝国君主。有一回,他在宫廷里大谈人生哲学。有一个大臣就问他:“在这个世界上,人是这样的脆弱,而且终究不免一死,那么怎样才能获得较为持久的幸福?有没有什么秘诀?”

君主胸有成竹地回答:“当然有,那就是只要在健康时把那些生病时只好允许别人去干的事都干掉,就会获得持久的幸福。”

大智慧 幸福是缺憾的满足,如果你不断为自己制造缺憾,又不断地满足这些缺憾,那么,你就获得了持久的幸福。

◎ 正直的贼

“做人,到底是正直的好。”

“为何?”

“我偷了一只狗,卖给人家,谁都不要,后来送还原主,他们很高兴,倒给了我十元。”

大智慧 做一个正直的人比做一个卑鄙的人不仅仅快乐得多，也收获的多。

◎ 物价上涨

乞丐甲：最近物价涨得太厉害啦！

乞丐乙：可不是，生意都不好做。

乞丐甲：工作难找，大学毕业生都在家闲待着呢！

乞丐乙：看来我们真幸运，物价上涨、生意难做、工作难找跟我们一点儿关系都没有。

乞丐甲：小声点儿，我们可不能太张扬，否则就麻烦了。

大智慧 没有自知之明着实是一件最悲哀的事情，即使你的情绪在此刻是多么愉快，那终究是一种虚假的快乐。

◎ 大难临头时

一次在海上旅行，威灵顿公爵乘的小船遇上了风暴，有沉没的危险。船长匆匆赶到威灵顿的包舱，说："我们就要完蛋了。"

威灵顿正想上床睡觉，便说："那好，我就用不着脱鞋了。"

大智慧 真正的乐观是"泰山崩于前而面不改色"的冷静，而不是对任何事情都满不在乎的漠然。

◎ 母亲的烦恼

两个妇女在交谈。

"我的女儿无论什么都不对我讲，我简直拿她毫无办法！"

"我的女儿是无论什么全都对我讲，简直让我烦死了。"

大智慧 过与不及都是人烦恼的根源。

◎ 动工

医生：您的胆囊里有结石；您的腹腔里有积水；您还患有沙眼……

病人：大夫，请您再为我检查一下，看什么地方有黏土，那样我就可以动工了。

大智慧 最好的幽默是一种对于生活的乐观和豁达。

◎ 烦透了

"我真烦透了！"上年纪的女仆对年轻的女仆发牢骚，"要知道，我整天都在被迫地重复着一句话:‘是,太太！’‘是,太太！’‘是,太太！’”

“我也烦透了！”年轻女仆回答道,“我也是整天都在重复着一句话;‘不,先生?’‘不,先生！’‘不,先生！’”

大智慧每个人都有自己的烦恼。所以,不要老是羡慕别人,好像别人永远快乐,而你总是陷入烦恼的汪洋大海中不能自拔。

◎ 需要

“如今,豪华的别墅你有了！漂亮的小轿车你也有了！你大概再没什么需要的了。”

“需要……”

“什么？”

“需要证明我不在失盗窃现场。”

大智慧相对于车子、房子、票子等,其实人最需要的是内心的平安。

◎ 青蛙的命运

有一天,一只青蛙给牧师打电话,问自己的命运。

牧师说:“明年,有一个年轻的姑娘会来了解你。”

青蛙高兴得蹦了起来:“哦,真的吗？是在王子的婚礼上吗？”

牧师说:“不,是在她明年的生物课上。”

大智慧过于牵强的虚幻的奢望,只会让我们更加痛苦。太多时候,一种自知之明会让我们获得更加切合实际的幸福。

◎ 担心涨价

“你听说了吗？汉斯,汽油又要大涨价了。”

“你有什么好担心的呢？你又没有汽车。”

“可我有打火机啊！”

大智慧古人道“不以物喜,不以己悲”,可在现实生活中,为微小利益的得失而烦忧的又岂是少数,这些人其实是在一点点剥夺自己的快乐。

◎ 卜卦

巫婆对小伙子说:

“明年你会交好运的,你会娶上个漂亮的黑头发的姑娘,她还会给你带来百万英镑的嫁妆。”

“太谢谢了,太太。我理应加倍付给您卜卦钱,但一时手头拮据,是不是等我结婚时再付给您!”

大智慧对于人来说,幸福的婚姻意味着一个男人找到了他能够相依为命的那个女人,而不是找到了能充当钱罐子的另一半。

◎ 给踢人的驴子一脚

希腊大哲学家苏格拉底,有一天和一位朋友在雅典城里散步。忽然有位愤世嫉俗的人用棍子打了他一下就跑了。

他的朋友看见,立刻回头要找那人算账。但苏格拉底阻止了他,朋友奇怪地问:“难道你怕这个人吗?”苏格拉底笑着说:“老朋友,你糊涂了,难道一头驴子踢你一脚,你也要还它一脚吗?”

大智慧和愚蠢的人较量就会变得更愚蠢,真正快乐的人是超脱于日常生活之上的,他绝不会睚眦必报。笑看世间万物风云,你会变得大智大勇。

◎ 她是我妈

一天,劳森走过悉尼戏院门前,看见一位衣裳破烂的妇女摆摊卖报,她嗓子都喊嘶哑了,怀里还抱着婴儿,婴儿已经睡着了。

诗人想帮帮忙,连忙拿出钱来买她的报纸。

正在这时,又跑来一个小孩,拿着报,用嘶哑的声音喊:“卖报!卖报!”

劳森望望这可怜的孩子,又望望那可怜的女人,不禁踌躇了。到底买谁的好呢?那小孩看出来了,很有礼貌地对劳森说:

“先生,不要紧!是一回事。她是我妈。”

大智慧爱能激发更多的爱,爱能让人超越世俗的利益。

◎ 有力的警告

灯塔管理员订了一份周报。邮递员每次给他送报,心里都不高兴,因为为这份报纸要划一小时船,太麻烦。

这一天,邮递员又满脸不耐烦地把报纸送到灯塔处。灯塔管理员不动声色地说:“下一次请笑着来,否则我马上订一份日报!”

大智慧如果一个人热爱自己所从事的劳动,他就会在自己的劳动过程中感觉到快乐。

◎ 三根头发

有一个人只有三根头发。一天，他到一家非常有名的发型设计店内准备要做个造型：

店员："请问你要设计什么样的发型呢？"

顾客："嗯……我没什么意见，你拿主意好了。"

店员："那我帮你编辫子。"

在绑辫子的过程中店员不小心又弄掉了一根头发：

店员："先生，先生，有一根头发掉了，怎么办呢？"

顾客："哦，不要紧；那请你帮我梳个中分的发型好了。"在梳头发的过程中，又掉了一根头发：

店员："先生，先生，又掉了一根头发了。"

顾客："那算了，我披头散发回去好了。"

大智慧 在乐观的人眼中，无论发生什么事情，后果都是可以接受的，并且，因为接受而心满意足。

◎ 组装

妈妈怀孕了，四岁的小宝百思不得其解，他想知道，未来的弟弟或妹妹是如何生出来的。爸爸耐心地给小宝描绘道："先生出头，再生出身子，最后是两条腿，懂了吗？"

"懂了，爸爸。然后你用螺丝把它们组装起来，对吧！"

大智慧 我们似乎习惯了叫苦连天——生活累啊，人生烦啊——可是有没有想过，是不是我们自己把生活组装得太过复杂？不如抛开那么多繁琐——简单一点吧！

◎ 我也一直站着

这天，柯立芝正埋头办公，忽然一位崇拜柯立芝的夫人闯了进来，对他前一天的演讲表示祝贺并说："那天大厅里人山人海，我根本无法找到一个座位，一直站着听完了您的全部演讲。"

这位夫人用了带委屈的口气说了这话，显然想以此换得几句安慰话。不料，柯立芝冷漠地说："并不是你一个受累，那天我也一直站着。"

大智慧 当我们觉得被别人或生活亏待了的时候，往往顾影自怜。但是，当我们勇敢地抬起头的瞬间，你一定会发现阳光下大家一样真实的影子——顿觉豁然开朗！

◎ 打电话

深夜三点半,电话铃突然响起,“这是洗浴中心吗?”电话那头问。

“这是私人住宅,笨蛋!”王先生被电话惊醒,气恼地说。

“那你为什么只穿裤衩来接电话?”

大智慧别人对我们无来由的恶意的攻击总是因为他们找到了能让他们为之捧腹,我们却无法辩解的事由所在。其实这个时候,我们只要一笑而过,他们便立刻会觉察到他们自己的孤立与无聊。

◎ 宽大为怀

毕加索对冒充他的作品的假画,毫不在乎,从不追究。

看到有伪造他的画时,最多只把伪造的签名涂掉。

“我为什么要小题大做呢?”毕加索说。

“作假画的人不是穷画家就是老朋友。我是西班牙人,不能和老朋友为难。而且那些鉴定真迹的专家也要吃饭,而我也没吃什么亏。”

大智慧君子坦荡荡。宽容有的时候是对别人最大的恩惠,一个小小的不经意的或者有意的宽容都能够让人得到幸福,何乐而不为呢?

◎ 系统不兼容

“麦克实在是个好男人,英俊潇洒,温柔而又活泼,并且事业有成。我再也没见过比他更优秀的男友了,可我们还是吹了。我用MAC,而他却用WINDOWS!”

大智慧生活中没有完全相同的两片树叶,也没有完全相符的两个人。斤斤计较细枝末节的东西,就会因小失大,错失良机。

◎ 不反抗

“您说您遇到了3个歹徒,他们毒打您,撕破了您的衣服、抢走了您的钱包。为什么您当时不反抗呢?”

“我不想同他们一般见识……”

大智慧人的宽容应该有其道德和法律的限度,一味地妥协要么是有意地纵容他人,要么是出于自身的懦弱。

◎ 头一次看见

“法官先生,有人骂我,说我像一头犀牛。我能不能控告他?”

“当然能。他是什么时候骂的呀？”

“一年以前的事儿了。”

“你早该控告他了。”

“可是我昨天才第一次看见犀牛呀！”

大智慧 生活中的一些无知有时反倒能助长你的快乐，或者你能够做到去忽略那些让你不快乐的真相。

◎ 吃猪肉

一个傻子想吃猪肉，但又不知怎么吃法，就跑到肉铺里去请教。

肉铺里的伙计答道：“用刀剁碎，煮熟便可吃。”

“刀在何处买？”

“刀铺里去买。”

于是傻子在刀铺里买了一把刀。他右手执刀，左手拿肉，走在街上。不料，刚出城，猛地从空中飞下一只秃鹫将肉叼去了。

傻子不去追秃鹫，却仰首笑道：“哈哈！这只傻鹫。你没有刀，把肉叼去，我看你怎么吃！”

大智慧 世界上没有两片完全相同的叶子，更何况动物与人。自己的短处不一定是别人的短处，又怎能用同样的标准去衡量呢？

◎ 帽带

春秋时期，楚王请了很多臣子们来喝酒吃饭，席间歌舞妙曼，美酒佳肴，烛光摇曳。同时，楚王还命令两位他最宠爱的美人许姬和麦姬轮流向各位敬酒。

忽然一阵狂风刮来，吹灭了所有的蜡烛，漆黑一片，席上一位官员乘机揩油，摸了许姬的玉手。许姬一甩手，扯了他的帽带，匆匆回到座位上并在楚王耳边悄声说：“刚才有人乘机调戏我，我扯断了他的帽带，你赶快叫人点起蜡烛来，看谁没有帽带，就知道是谁了。”

楚王听了，连忙命令手下先不要点燃蜡烛，却大声向各位臣子说：“我今天晚上，一定要与各位一醉方休，来，大家都把帽子脱了痛快饮一场。”

大智慧 “窥见佣人偷吃，只可咳嗽，不必大叫。”人非圣贤，孰能无过。很多时候，我们都需要宽容，宽容不仅是给别人机会，也是给自己机会。

第 3 章

幽默的能力

幽默不是吹牛拍马，卖弄聪明；幽默不是轻视讥笑，损人找乐。幽默应该是宽容与善意、豁达与乐观。幽默是一个人能力的闪光，幽默是许多成功人士的共同品质，甚至是他们成功的关键因素。凭借这种能力，他们可以在大庭广众之下侃侃而谈，成为众人关注的焦点；他们可以在职场中左右逢源，拓展人脉；他们还可以从客户身上获得商机，赢得老板的赏识、同事的赞赏……

以幽默战胜自我

幽默研究学者张瑞君说：“如同树木需要阳光、空气和水，人需要的是幽默。幽默感是现代人应有的素质。”他还说：“对疲乏的人们，幽默就是休息；对烦恼的人们，幽默就是解药；对悲伤的人们，幽默就是安慰……”对于所有的人来说，幽默就是力量！

幽默是一种言语或行动，它不是刀枪剑棍、武林绝技，也不是排山倒海的兵力，它是智慧与知识的综合。在智慧之力、知识之力的辉映下，幽默也就具有了化险为夷的魔力。当你处于四面楚歌的危急情境、处于受人非难的尴尬处境，幽默都能给你转败为胜的力量。

如何摆脱沮丧悲观、烦恼惆怅的不良情绪，使自己的精神家园阳光灿烂呢？重要的心理疗法就是一种“合理化”或“自我解嘲”式的幽默疗法。它要求人们对生活抱着乐观的态度；要求人们淡化苦难、苦中求乐；要求人们在失望时看到希望；要求人们“猝然临之而不惊，无故加之而不怒”，保持一份平和的心境。做到了这些，你的精神之树就会长青，你心中的信念长城就不至于颓然倒地。我们完全可以这样说，幽默可以给人们精神家园以强大的支撑力，使人们在苦乐交加、曲折变幻的人生道路上百折不挠，实现真正的人生价值。

幽默地对待自己，对自身的优点和荣誉一笑置之。这样会让你得到许多理解。

一次选举会上，一个人获得了胜利，荣任高职，有人祝贺他时，他回答说：“无论如何，巴西足球在上周赢得的那场球赛更值得祝贺。”

他轻描淡写地对待自己的荣升，以他的谦虚来赢得别人尊敬，改善了自己的形象，当然也就更容易进一步和别人接近。

生活当中，赞扬需要幽默，指责更需要幽默，幽默能使指责传达善意。如果双方发生了分歧，其中之一的当事人撇开严肃的态度以幽默的语言来暗示责备，而不至于伤害人，那么即是调侃式的、半宽容的幽默语言也能正确无误地表达出责备，以达到不伤害人的目的和作用。其原因就在于，幽默传达给对方后，对对方产生作用的不完全在于这是些什么话，有很大一部分在于你的幽默给了对方一种什么样的感觉。显然，真诚的、善意的幽默即使传达出责备的信息，通常情况下也是不会引起反感或恶感的。而一本正经的批评指责，引起分歧增大、感情破裂的可能性要大得多。

在死亡面前，丘吉尔幽默地说："我已经准备好去见上帝，可上帝准备了什么来见我呢？"

法国革命家丹东就义前大声喊道："把我的头拿去吧！我的头是值得一看的。"

美国小说家欧·亨利临终前则说："把灯全点上吧，我不想在黑暗中回老家去。"

面对死亡，这些智者保持着一份超然、幽默的态度，这该是多么非凡的气度啊！

苏联学者阿诺欣院士说："我们应该学会用幽默锻炼我们的情感，就像锻炼肌肉一样。"契诃夫也曾告诫人们："朋友，要是火柴在你的衣袋里烧起来了，那么你应当高兴，而且感谢上帝，多亏你衣袋里不是火药库。要是你手指头扎了一根刺，那你应当高兴，挺走运，多亏这根刺不是扎在眼睛里……"美好的精神家园，不妨用幽默去支撑！

以幽默提升能力

幽默作为一种激励艺术，在日常的交往中有着重要的作用。富有幽默气质的领导、主管，很容易聚集一批为他效力的员工，主管的幽默会化解许多尴尬，维护员工的自尊。

美国历史上的许多重要人物，如林肯、罗斯福、威尔逊等，都是善于运用幽默艺术的代表。

有一次，林肯与一位朋友边走边交谈，当他们走至回廊时，一队早已等候多时、准备接受总统训话的士兵齐声欢呼起来，但那位朋友还没有意识到自己应退下。这时，一位副官走上前来提醒他退后八步，这位朋友才发现自己的失礼，立即涨红了脸，但林肯立即微笑着说："白兰德先生，你要知道也许他们还分辨不清谁是总统呢！"就这么一句简简单单的话语，立刻打破了现场的尴尬气氛。

人应该善待自己，善待他人，善待生活中的失败、痛苦，甚至身体的缺陷，如果你换个角度去看，用有趣的思想，轻松的心态去对待，那么你的生活就会充满亮色，你本来忧郁的心情就会变得明朗。

美国一位肥胖的女政治家在竞选演讲中自我解嘲："有一次我穿上白色的泳装在大海里游泳，结果引来了苏联的轰炸机，他们以为发现了美国的军舰。"结果在笑声中，选民反不以其肥胖为碍，使她在竞选中处于优势。

从管理的角度看，幽默不只是孩童的把戏，开心的笑脸，它和提高生产效率应该是相辅相成的。竞争的加剧、经济的动荡使企业员工面对着超乎寻常的压力。对公司而言，如何保持员工的士气，同时又能激发他们的创造性和"突破桎梏的思维"比任何时候都重要。

运用幽默进行管理，管理者往往可以取得很好的效果。据美国针对1160名管理者的一项调查显示：77%的人在员工会议上以讲笑话来打破僵局；52%的人认为幽默有助于其开展业务；50%的人认为企业应该考虑聘请一名"幽默顾问"来帮助员工放松；39%的人提倡在员工中"开怀大笑"。一些著名的跨国公司，上至总裁下到一般部门经理，都已经开始将幽默融入到日常的管理活动当中，并把它作为一种崭新的培训手段。

幽默还可以使人与人之间的关系变得融洽，使公司的内部矛盾得以化解。经济的衰退使公司不得不面对裁员问题时，还可以利用幽默化解裁员过程中可能出现的各种风险。美国欧文斯纤维公司曾在新世纪之初解雇了40%的员工，考虑到可能由此而引起的种种问题，该公司管理层聘请了专门的幽默顾问，利用两个月的时间对1 600多名员工施行了幽默计划，在公司内开展了各种幽默活动。结果，公司所担心的聚众闹事、阴谋破坏、威胁恐吓、企图自杀等可怕后果都没有出现。

人都喜欢与幽默的人一起相处，在西方，没有幽默感的男人，简直就是没魅力、愚蠢的代名词。幽默的主管比古板严肃的主管更易于与下属打成一片。有经验的主管都知道，要使身边的下属能够齐心合作，就有必要通过幽默使自己的形象人性化，那么怎样才能使自己成为一个幽默的主管呢？

博览群书，拓宽自己的知识面显然是必不可缺少的。知识积累得多了，与各种人在各种场合接触时就会胸有成竹，从容自如。除此以外，还需培养高尚的情趣和乐观的信念。一个心胸狭窄，思想消极的人是不会有幽默感的，幽默属于那些心宽气明，对生活充满热忱的人。另外，提高观察力和想象力，要善于运用联想和比喻。作为一名企业主管，要有意识地训练自己对事物的反应速度和应变能力。多参加社会交往，多接触形形色色的人，增强社会交往能力，也能够使自己的幽默感增强。幽默作为管理者的一种优美、健康的品质，恰如其分地运用会激励员工，使之在欢快的氛围中度过与你相处的每一天。

当然，幽默是一种创造性的本领，要随机应变，根据对象、环境以及刹那间的气氛而定，但也需注意以下技巧：一是不要随意幽默。幽默并不是随时随地都可以运用的，应在某些特定的场合和条件下发挥幽默。例如，在一个正式的会议上，当你的下属在发言时，你突然冒出一两句逗人的话，也许大家被你的幽默逗笑了，但发言的那位下属心里肯定认为你不尊重他，对他的发言不感兴趣。二是幽默要高雅才好。三是不幽默时无需硬要幽默。如果当时的条件并不完备，你却要尽力表现出幽默，其结果必定是勉为其难，到底该不该笑一笑呢？这会令彼此陷入更尴尬的境地。

以幽默磨炼意志

在漫长的人生道路上，每个人都难免与逆境狭路相逢。很多人畏惧逆境带来的动荡和痛苦，但从长远看，时常有些小挫折，倒是更能使人保持头脑清醒，经受得住考验，也更能磨砺人的意志。

幽默的人相信失败是成功之母。失败和成功在一定条件下是可以相互转化的，正因为曾经有失败，所以才能在不断总结失败的教训后获得成功。如果一个人一直都被成功包围，那么，偶尔一次小小的失败对他来说可能就是一次相当残酷的考验，失败可能就会如影随形。

幽默中渗透着坚强的意志。有幽默感的人往往是一个奋力进取的弄潮儿。他们面对失败的打击、恶劣的环境，能够抱着幽默的态度，从而做到自强不息。发明家爱迪生就是一个善于以幽默的态度对待失败而又不断进取的人。

爱迪生在发明电灯的过程中，试验灯丝的材料失败了1 200次，总是找不到一种能耐高温又经久耐用的好金属。这时有人对他说：“你已经失败 1 200次了，还要试下去吗?”

“不。我并没有失败。我已经发现1 200种材料不适合做灯丝。”爱迪生幽默地说。

爱迪生就是以这种惊人的幽默力量，从失败中看到希望，在挫折中找到鼓舞。这就是这个伟大的发明家百折不挠、硕果累累的诀窍。有时候，面对失败，我们的意志和信心可能会滑坡，而适时的幽默可以帮助我们避免这一点。

有人打网球打不过他的朋友，他就可以幽默地对他的朋友说："我已经找出毛病在哪里了，我的嗜好是网球，可我却到乒乓球俱乐部里去学习。"

他也可以说："咱们打个平局，怎么样？我不想处处赶上你，你也别想超过我。"

这种幽默不是自欺欺人，也不是要我们像鸵鸟一样在看到危险的时候把头埋进沙子里，这种幽默可以有效地防止我们的意志滑坡，还能在会心一笑中拉近我们同他人的心理距离。

幽默有什么禁忌

幽默以其巨大的功能遍及不同的语境，它能够使人乐于接受真理，有助于人际关系的融洽，还能够化尴尬为轻松，使批评获得良好的效果。但是幽默也要注重时间和场合，还要看准对象，切忌随意幽默。

如果幽默使用的时间和场合不对，不仅不能达到预期的效果，还会引起别人的不快。

一位漂亮的夫人站在丈夫的坟前伤心垂泪，这时一位陌生男子走了过来。他说："夫人，对于您丈夫的不幸亡故我深感痛惜，对于您的不幸遭遇，我深表同情。不过我不得不告诉您，当我一见到您，我就深深爱上了您。"

夫人说："住嘴，流氓！你给我滚开，不然我要叫警察了。"

而另外一位陌生人温柔地说："您千万别生气，夫人，我本不想在这个时候打搅您，更不该在这个时候表露我的心意。但是时机不再来，谁能在您的美丽面前自持呢？"

这位夫人佯嗔说："现在是谈情说爱的时候吗？你应该在我没哭的时候来找我呀！地址在这里。"

这一波三折的趣剧演到这里时已经告诉了我们，不论你多么风趣幽默，如果没有弄清楚时间和场合，别人不但不会被你打动，还会带来反效果。

幽默除了要把握好时间和场合之外，还有国度之别，受民族、时代、审美心理及历史文化传统等条件的制约。

法国巴黎的市场里有一位卖肉的商人，生意特别好，原因是他性格开朗，言语幽默。

他卖肉时嘴里总是亲切地说个不停。

“您好，年轻人！吃点什么？来点烤肉还是小牛肉？我看还是吃点小牛肉好，又嫩又香，吃了小牛肉的男人会特别健壮，您说呢？”而被他称为“年轻人”的先生是一位60多岁的老人。一听到他这样亲切的称呼，心里自然高兴起来。这一笑似乎脸上的皱纹都平展开来，也就买了很多小牛肉。

试想，这位商人如果在中国做生意也用这种方式，那这位被称为“年轻人”的老人一定会怒目相向，拂袖而去。

幽默还要分清对象，对自己身边的人或者比较亲近的人，开几句玩笑往往无伤大雅。但如果是在对方年龄或者身份比自己高的情况下，如长辈、上级或者专家等，那么就一定要慎重考虑幽默的话语和方式，否则是极其不礼貌的行为。

此外，幽默还要注重性别、性格等差异。如与男性开玩笑，空间大、尺寸也好掌握；而对女性，特别是妙龄女性，一定要特别注意，不要引起别人的反感或者误会。对性格外向的人和性格内向的人，也要有所区分。

一分钟小幽默大智慧

◎ 狼与灰鹤

狼吞进一块骨头，骨头卡在喉咙里，咽不下去。于是，狼去找灰鹤，对灰鹤说：“你把我喉咙里的骨头叼出来，我给你报酬！”

灰鹤把头伸进狼的嘴里，用长嘴叼出了骨头后，对狼说：“给我报酬吧！”

狼说：“你刚才把头伸进我的嘴里，我没有把你的头咬下来，你还不满足吗？”

大智慧 面对狼一般的贪婪，也许我们真的应该庆幸自己及时地认识到了什么是不该去相信的。

◎ 蠢人和羊

有一个叫巴基里的人花11个铜钱买了一头山羊。他把羊扛在肩上，用两只手托着往家里送。

半路上，他遇到一个老朋友：“这头羊你用多少钱买来的？”

巴基里没有回答，只是把两只手往前一伸，用十个指头表示“10”，他又把舌头往外一伸，加起来自然是“11”了。

可是，他肩上的山羊早已跳下来，逃得无影无踪了。

大智慧 不善于运用自身最便利条件的人，往往一无所获。

◎ 安全游泳法

最近，在年轻人中间流传着一条新闻：大街上办了个“安全游泳指导处”。

人们三两相聚时，就商量着：“咱们得赶紧去学一学安全游泳法。”

开学了，大家都坐在老师面前，不知会是怎么个学法。正在发慌呢，老师又从里屋恭恭敬敬地取出笔墨来，在大家的膝盖上画上横线，说道：

“我衷心地希望你们：深过这条线的水可千万不能下呀！”

大智慧 站在岸上的人永远学不会真正的游泳，只有深入其中才能得到你想要的才识。

◎ 遵守交通规则的人

一个人在马路上飞快地跑着。别人问他为什么跑这么快，他指着路牌气喘吁吁地说：

“你看，上面写着限制时速20公里，我不能违犯交通规则啊！”

大智慧 不要随意给自己施加压力，因为有些事情是与你毫不相干的。

◎ 取其精华

法国一家出版社的总编，有一天收到一位年轻女小说家的来稿，连同小说原稿寄来的还有一大盒杏仁糖。看完了稿件，总编给她回了一封信：“你的杏仁糖很可口，我们收下了；可是你的小说太糟糕，我们不能收。以后只寄杏仁糖就可以了。”

大智慧 不要试图用一个方面去弥补你觉得尚还不够的方面，这很可能是枉然的，因为你绕开了问题的实质。

◎ 欲擒故纵

在蒙特卡罗作案的老扒手卡鲁，被一个老练的警察逮捕了。

警察叫卡鲁交100法郎的罚款，可他身上只有90法郎。

“先生，就请减免10法郎吧。”

“不行，这是规定！必须交齐100法郎，这样吧，卡鲁，我释放你一个小时。”

大智慧 人总是难免犯这样的错误，因为过于拘泥于手段而忘记了目的本身。

◎ 爱显年轻的夫人

一位夫人已经上了年纪，脸上皱纹密布，但她总想把自己说得年轻一些。有一次，她对一位新近结识的朋友说："你知道吗？我和我妹妹加起来一共60岁。"

"啊哟哟，"朋友惊叫起来，"难道你把一个这么小的妹抹丢在家里放得下心吗？"

大智慧 正所谓"欲盖弥彰"，往往是坦然面对比刻意掩盖更能让人忽视你所不愿意接受的事实。

◎ 三思而后行

一辆耀武扬威的大卡车上立着一块大木牌，上写："本车与他车相撞17次，其中15次大胜，一次平局，只有一次失利。诸车在撞我之前要三思而后行！"

大智慧 在行动之前，你所要想的恰恰是自己，而不是别人。如果所有的人都能照顾好自己，世界就相安无事了。

◎ 量过了才吃

小林到动物园喂猴子，他发现猴子每次都会先把丢进去的花生塞在屁股眼里，然后再拿出来吃。小林好奇地问管理员，为什么这只猴子会有这种举动？管理员答道："因为去年有人丢给它一个大桃子，为了把大桃子的核排泄出来，吃了不少苦头，所以现在它一定先把食物量过了才吃。"

大智慧 所谓的"一朝被蛇咬，十年怕井绳"大概就是这样，猴子尚能如此，为什么我们有的人却在同一个地方重复地犯错。

◎ 推门和拉门

有一位男青年连续数十夜梦到拼命推一扇无论如何也不能推开的门，日间则精神不振，后到心理专家处咨询得到建议：下一次暂且停下来，看一看周围的情况。后来果然又梦到此情形，他暂停下来看时，则见门侧有一标牌，写着"拉"，于是他轻轻拉门而入。

大智慧 从全局分析问题，思考而后行动。

◎ 许愿

马克考试总是不及格。

爸爸对他说：“好孩子，从下个学期开始，你加倍努力读书，成绩及格了，我就给你买一辆小轿车。”

第二个学期结束了，马克还是不及格。爸爸火冒三丈！

“没用的东西，这个学期你干什么去了？”

“我学开小轿车去了。”

大智慧事情总该有个轻重缓急，作为前提的部分还没有实现，后面的就无从谈起。

◎ 谦逊

有位官员前去看望自己病中的上司。病人沉重地叹息一声，说：“我们两个都老了，还常常闹病。我们两人当中究竟谁先离开这个世界呢？”这位以谦逊著称的官员习惯地恭敬回答道：“当然是您，是您。”

大智慧当你希望以某种“品质”来赢得更多的时候，可要小心了，因为一个不经意就能让你全盘皆输。

◎ 诚实的店员

哈洛到一家商店当店员。上班的第二天，一个老店员吩咐他把装在塑料袋里的垃圾拿出去扔掉，他却一动也不动。老板问他为什么不听老店员的话，哈洛说：“如果我听了他的话，就违背了您的话。您昨天对我说：‘你在我的店里，一定要十分诚实，绝不要往外拿店里的东西。’”

大智慧刻板的遵守应该是不太讨人喜欢的，即使是在那些制定规则者的眼里。

◎ 再加一步

一位斯巴达人对母亲抱怨说，他的剑太短了。母亲回答说：“儿子，你前进一步你的剑不是就长了吗？”

大智慧主观的努力是对客观不足最好的弥补，要知道抱怨是解决不了任何问题的。

◎ 理由

有几位绅士在一个酒店里喝酒，酒后没什么可消遣的，有人就提议赌博。有一位绅士站起来说道：“我有14条理由反对赌博。”大家问他是哪些理由，他说道："第一条，我没有钱……"那个提议的人马上打断他的话，说道："你老兄就是有400条理由的话，也用不着说第二条了。"

大智慧一旦决定性的前提因素被取消，那么这件事便无从谈起了。

◎ 拔牙

牙医对病人说："你不要害怕，来来，喝一杯酒镇静镇静。"等病人喝下酒，过了一会儿后，医生问："你现在觉得如何？""看谁还敢拔我的牙？"病人红着眼恶狠狠地对医生说。

大智慧我们眼中的一个因，往往会产生与我们初衷相反的另一个果。事与愿违的事情，从来就不是最开始可以被料到的。而我们能做的就是考虑得周全些，再周全些。

◎ 要的就是这个

将军发现，一个士兵举止怪异：他总是拿起一张用过的纸，看一看，然后扔到一边，同时喃喃地说道："不，要的不是这个！"

将军命令心理医生给士兵看病。心理医生检查以后写道：此人有心理障碍，不宜当兵。士兵拿起诊断书，高兴地说："对了，要的就是这个！"

大智慧经济学中有"合理规避原则"。当我们想要拒绝事情或者想要达到自己的目的的时候，利用规则来巧妙地实现往往比直接对抗会有更好的效果。

◎ 游泳的故事

有两个男子结伴去游泳，他们害怕出现意外，便问旁边一个正在钓鱼的孩子："这水里有鲨鱼吗？"

孩子认真地说："没有，绝对没有！"

话音刚落，两人已跃至水中。这时，孩子又认真地说："这里没有鲨鱼，可是有鳄鱼呀！"

大智慧对复杂事物的了解与判断，对突发事件的处置与预防，千万不能就事论事，否则会遇到新的难题。

◎ 热情

"摆脱忧郁，"心理医生嘱咐病人，"让热情充满你每天的生活，热情满怀地起床，上班……总之，热情地去做每一件事。"

一周以后病人又回来了，看起来比过去更加忧郁，医生问他是否遵医嘱做了。

“这正是问题所在，”病人答道，“我满怀热情地起床、吃饭、然后与妻子吻别，以至于我上班晚了两个小时，被解雇了。”

大智慧“过犹不及”，故事告诉我们做任何事情都要平衡，不能极端。

◎ 一加一等于几

一家银行招聘会计主任，面试时只有一道十分简单的考题：一加一等于几？所有抢着回答的人均没有被录用。只有一个默不作声的应聘者入选了。原来，他等众人散去之后，关上房间的门窗，把嘴凑到经理的耳边问道：“您看应该是多少？”

结果，这个人被录取了。

大智慧处大事者，须深沉详察；幽默的人，有可能在处事拘谨者未曾想到的地方获得成功。

◎ 打劫

深夜两点，一条寂静的街道尽头。

“对不起，你也许能告诉我这儿是否有警察？”

“不，这儿没警察。”“那么，是否能在附近很快找到一位警察？”

“我想不会有警察。”“好了，那么请您把手表和钱都给我。”

大智慧单纯并不是我们值得骄傲的名词。复杂些，并不是故弄什么玄虚，也许只是为了保护自己。

◎ 修门窗

房屋修缮队的几个工人来为经理宿舍修门窗。一小时以后。他们打电话给经理：

“头儿，门和窗户已经刷好了。门框和窗框还刷吗？”

大智慧做事情的不仅是双手，还应该有头脑的参与。

◎ 晚点

铁道拦路杆前停着一长串汽车。值班员从铁路岗棚的窗口探出头，对大家说：

“请大家耐心地等一等，刚接到通知，火车晚点40分钟。”

大智慧一切都不是固定不变的，只有随机应变才行得通。

◎ **到底谁无聊**

甲：“世界上就是有那么无聊的人……”

乙：“为什么这么说？”

甲：“有一个人从早上八点钟开始钓鱼，一直到下午四点，一条也没钓到……你说无聊不无聊？”

乙：“真够无聊的……可你是怎么知道的？”

甲：“因为我从头一直看到他走。”

大智慧只有真正无所事事的人，才会发现别人的无所事事。

◎ **裸体画**

一位夫人到画商那里去，想买一幅人物画。她挑来挑去，总是不满意。她对画商说：“画家画的女人，为什么都是裸体的？”

画商说：“穿了衣服就不方便了，因为过了几个月，这服装样式可能就不流行了。”

大智慧“以不变应万变”是条永不过时的法则，尤其是面对无知的人。

◎ **弄巧成拙**

晚宴上，约翰的女秘书喝醉了，约翰只好驾车送她回家。回到自家后，约翰怕妻子不理解，没将这事告诉妻子。

第二天下午，约翰驾车陪妻子去看电影，猛然间，他发现妻子脚边有一只女人皮鞋，他趁妻子眼睛看车窗外的一瞬间，拾起这只皮鞋将它扔到窗外，这才松了口气。不料，此时妻子转过头来，用脚碰了碰约翰，问道：“约翰，你看到我的另一只鞋子了吗？”

大智慧世上本来就没有鬼，如果有鬼，也是在你的心中。

◎ **不会失业**

有一个人这样说：“如果把所有的男人放在某一个岛上，所有的女人都放在另一个岛上，就会解决失业问题。”“为什么？”“因为人人都忙着造船，没有一个人会空闲。”

大智慧人做事的动力更多地源自于潜意识里的强烈欲望，善于利用自己合理的欲望，会使你时刻充满信心与希望。

◎ **不论朝代**

儿子："爸爸，张飞与岳飞比武，谁会打胜？"

爸爸："当然是张飞。"

妈妈："张飞与岳飞不在一个朝代，怎么打得起来？"

哥哥："嗨，打起来了还论什么朝代！"

大智慧 理论上我们可以有无限自由的想象空间；但是现实永远约束着幻想——所以，凭空幻想若作为一种无大意义的心情快慰，倒也无可厚非。不过，我们永远是活在伸手可触的现实人间！

◎ **左手吃饭**

一天，至聪木匠为财主家干活。吃饭时，财主想捉弄他，有意把筷子摆在碗的左边。至聪木匠就用左手拿筷子吃，吃得很慢，大半天过去了，还坐在席上。财主急了。至聪木匠笑道："老爷，对不起，我师傅从没教过我用左手吃饭。"

大智慧 "聪明反被聪明误"。爱耍小聪明的人往往最后吃了哑巴亏。反过来，对待那类爱耍小聪明的人，最好的也是最有反击力度的不是拆穿他，而是将计就计。

◎ **明年同岁**

杂货商新添了一个女儿。一天，朋友来给他的小千金说媒，讲明对方只比女孩大一岁。

商人与妻子私下商量这门亲事，他说："女儿刚满周岁，而那男孩已经两岁了，比女儿大了一倍。等到女儿20岁出嫁时，他该有40岁了。我们怎能忍心让闺女嫁给这么一个老头子呢？"

他的妻子笑了笑说："你真够笨的！现在我们的女儿一岁，明年她不就同那个男孩同岁了吗？"

大智慧 "横看成岭侧成峰，远近高低各不同。"尝试着多角度考虑问题，否则，永远不会认识事情的真相。

◎ **我烧的是废纸**

小王把写好的稿子放在桌上，出门办事去了。中午回家，发现桌子已被收拾得干干净净，那一叠稿子却不翼而飞。当他闻到一股烟味时，忙问妻子："你烧的是什么？"

妻子回答："你以为我这么傻，会把没用过的纸烧掉吗？我烧掉的是那些写过字的废纸。”

大智慧谁都想成为聪明人，哪怕经常一知半解，哪怕一厢情愿地认为自己很聪明。但是，很多时候，真正的智慧不是精心算计，而是发现和坦承自己的无知！

◎ 狼的诙谐

药商市介是个奸商，人们老是挖苦他，说他吃人喝血。

有一天他行商回家，经过一条幽暗的山路，忽然从林里跳出一头大狼，向他直扑过来，要咬他的喉咙。

“别吃我，我的肉味不好！”

狼说：

“味儿不好？人们说你老是吃人，味儿一定很美！”

大智慧哪怕你不愿意做一个很善良的人，也要为自己留一条后路，要知道有一天你对待别人的方式就是你被对待的方式。

◎ 金口难开

美国第13任总统约翰·卡尔文·柯立芝以少言寡语出名，常被人们称作“沉默的卡尔”。艾丽斯·罗斯福·朗沃思就曾说柯立芝“看上去像从盐水里捞出来的”。由于柯立芝总统的沉默寡言，许多人便总是以和他多说了几句话为荣耀。

一次宴会上，坐在柯立芝身旁的一位夫人千方百计想使柯立芝和她多聊聊。她说：“柯立芝先生，我和别人打了个赌：我一定能从你口中引出三个以上的字眼来。”“你输了！”柯立芝说道。

大智慧无论到哪里，请保留你的本色，因为唯有本色能给人以记忆。

◎ 反对到底

富尔顿第一次公开展示他发明的蒸汽船时，没有人相信这东西动得起来。两岸群众不断鼓噪说：“动不了，动不了，绝对动不了！”没想到船一下子发动了，夹着蒸汽和鸣声向前驶去。群众张口结舌看了好一会儿后，改口说：“停不了，停不了，绝对停不了！”

大智慧人应该坚持自己的想法和行为，有时候，旁观者更多的是看笑话的。

◎ 疯子和呆子

一个心理学教授到疯人院参观，了解疯子的生活状态。一天下来，他觉得这些人疯疯癫癫，行事出人意料，可算大开眼界。

想不到准备返回时，发现自己的车胎被人卸掉了。“一定是哪个疯子干的！”教授这样愤愤地想道，动手拿备胎准备装上。

事情严重了。卸车胎的人居然将螺丝也都卸掉了。没有螺丝，有备胎也装上不去啊！

教授一筹莫展。在他着急万分的时候，一个疯子蹦蹦跳跳地过来了，嘴里唱着不知名的欢乐歌曲。他发现了困境中的教授，停下来问发生了什么事。

教授懒得理他，但出于礼貌还是告诉了他。

疯子哈哈大笑说：“我有办法！”他从每个轮胎上面卸下了一个螺丝，这样就拿到三个螺丝将备胎装了上去。

教授惊奇感激之余，大为好奇：“请问你是怎么想到这个办法的？”

疯子嘻嘻哈哈地笑道：“我是疯子，可我不是呆子啊！”

大智慧其实，世上有许多人，由于他们发现了工作中的乐趣，总会表现出与常人不一样的狂热，让人难以理解。许多人在笑话他们是疯子的时候，别人说不定还在笑他呆子呢。做人呆呆，处事聪明，在中国尤其不失为一种上佳做人姿态。

◎ No Smoke.exe

一位先生刚刚从电脑商店里买了一台电脑。没几天，电脑就出现了冒烟现象。他请教了稍懂点电脑的人，别人告诉他去改一下 DOS 下的批处理文件。他试了半天没成功，于是打商店电话问该怎么办，商店的经理说：“您把电脑拿来换一台就行了。”

可这位先生硬是坚持说：“我的朋友说只要把 DOS 下的批处理文件改一下就可以了，何必那么麻烦。”

商店经理对这个“杠头”无可奈何，于是便和他开了个玩笑：“那我告诉你一个微软未公开的技术吧！你在批处理文件中加入一行命令 NOSOMKE·EXE，这样就没事了。”

过了几天，这位先生又打来电话，说：“不行呀，我加入了那条命令后，电脑还是冒烟。”商店经理说：“你的 NOSOMKE 版本太低，你与微软服务部联系一下吧。”

又过了几天，这位可怜人再次打来电话，他告诉商店的经理说：“微软的人说了，我的电脑上的电源与他们的 NOSOMKE·EXE 不兼容！”

大智慧如果我们自己愿意把自己当成傻瓜，那么所有的人都会欺骗你。虚心并不是弱点，固执己见才会让自己受辱。

◎ 打妻

母猪下崽一窝，只只肥憨。夫算计指日可市，窃喜。

一日回家，发现消失一只，问妻。答曰：让狼叼走。甚怒。又一日归家，再失一只。妻曰狼又来矣。遂不敢稍出，果数日无狼患。

夫又遇急事外出，嘱妻悉心看护。出村口，忽忆起一事，折回家中。见妻正于厨间忙碌，一脸烟灰不顾。小猪已将熟矣，大怒。打妻。妻一旁啼哭。夫趋前揭开锅盖，香味扑鼻，尝之大喜，连呼好香。妻忙止住啼哭："尚未放姜，放姜更香。"

大智慧 对一些事物深恶痛绝的同时，又默默地享受着这些事物所带来的实惠。这时候，你是否还能坚持自己的原则？

◎ 躲债

汤姆来找吉姆要账，吉姆躲在家里不敢露面。汤姆见吉姆的鞋放在门旁，知道人一定在家，便上前敲门。可屋里一点动静也没有，他就大声说："吉姆，我知道你躲在家里，你的鞋子还放在门边呢？"

从里面传来一个声音："不，我可以光着脚出去。"

大智慧 自以为做的聪明的事，在别人看来也许并不聪明。小聪明总会露大马脚，做人还是厚道一点为好。

◎ 惊讶

"爸，你能帮我找找最小公分母吗？"

"什么，人们还没找到它？我上学时就已经开始找了！"

大智慧 有时候我们惊讶的原因可能并不是事件本身的不可思议，可能只是我们个人的缺憾，让我们对本来他人习以为常的事情产生了疑惑而已。

◎ 露富

有一个有钱人去国外旅游，住在一个大饭店里。但是，他发现那里的人都好像不注意他是一个有钱人。于是，用早餐的时候，他故意大声喊道："服务员，请来一份20法郎的早餐。"服务员过来后说："先生，我们这里不卖半份早餐。"

大智慧 当一个人过于自以为是的时候，其标新立异的手段就会成为让他陷入更严重的尴尬之中的催化剂。

◎ 能言善道

女:“亲爱的,你的确喜欢我吗?”

男:“嗯?”

女:“你认为我长得非常漂亮是不是?”

男:“嗯?”

女:“你觉得我的眼睛,像天上的星星那样明亮。我的容貌,如盛开的樱花般美丽。体态是如此的轻盈适度。声音是如此的美妙悦耳,不知要比世界小姐美丽多少倍,是不是?”

男:“嗯?”

女:“哦?真太谢谢你了?你是那么会赞美,我真高兴!”

大智慧 可以自信,但绝不能自恋,自恋的人必定自怜,也就最容易受伤。

◎ 作品参展

“我为画展画了点东西。已经挂出来了,就在入口处旁边最醒目的地方。”

“祝贺你,画的是什么?”

“一块标牌,往左走的路牌。”

大智慧 真正有实力的人往往都很安静,因为他们懂得实力就是最有力的声音;反而最浮浅的家伙却张扬得很,因为他空虚得可怜。

◎ 麻雀

麻雀们在百鸟朝凤音乐大赛舞台上,蹦蹦跳跳唧唧喳喳。听众道:吵死了。麻雀答:真是没文化,这是现代最时尚的摇滚劲舞啊!

大智慧 标新立异没有错,但是前提必须是尊重和了解现实的境况。

◎ 病人差劲

有一位医生,他总不走运,来找他看病的人总是治不好。

他老婆问他道:“我说,你给人看病怎么总是无效呢?这么说,你的医道是很差劲啦。”“不不,我的医道是高明的。可是病人都差劲,所以治不好。”“具体说,病人怎么个差劲法呢?”“我是照医书上写的施行治疗,可是病人们却不按医书上写的那样生病。”

大智慧 任何时候事实都是唯一的出发点,否则你就是一个流于空洞的无用的人。

◎ 指示牌

一名妇女漫不经心地将汽车停在禁止停车的指示牌下。

交通警赶忙跑到她的车前，问：

“夫人，您知道这个指示牌是什么意思吗？”

“不知道，”妇女回答，“如果你对它有兴趣的话不妨去问问路旁小摊的女售货员。”

大智慧惯于我行我素的人大概很少认为自己会有什么不恰当的地方。

◎ 以退为进

有人劝法国政论家、哲学家马伯利竞选国家研究院院士，马伯利坚决不肯。他说：“如果我真当选了院士，人们就会说，‘哼，他怎么当选院士了，一定是……’但我宁愿让人们说，‘他应当是院士。’”

大智慧当名誉和地位不可兼得时，正直的人选择名誉，贪婪的人选择地位。所以前者受人景仰，后人遭人唾骂。

◎ 行乞

一个“盲”乞丐在墙角向路人请求施舍。当没有路人时，他便把地上的硬币逐个拾起，然后放进衣袋。

“你别装相了！”一个路人识破了他的诡计，愤怒地说：“你根本就不是盲人。”

“是的，先生。我只是来替换每天总是坐在这里的那个真正的盲人，他今天去看电影了，所以请我来替换他。我实在不是盲人，我只是一个哑巴。”

大智慧为了掩盖一个谎言，人往往不得不再说一个谎言。结果陷入谎言的汪洋大海不能自拔，也就无法摆脱永无休止的痛苦和烦恼。人还是真诚一点好，最起码能得到心灵上宁静和心理上的平和。

◎ 乞丐也应有休假的权利

贝尔纳脾气不好，可心地十分善良。曾有个老乞丐摸透了贝尔纳的脾气，每天在某一时间就守在贝尔纳的门口，每次都能如愿以偿。贝尔纳实在受不了，可又无法拒绝施舍。终于有一天，贝尔纳从钱包里掏出来的不是往常的小额银币，而是一张大票面的钞票，老乞丐惊喜得不敢相信。贝尔纳把钞票放到老乞丐的帽子里，对他说：“我明天去诺曼底，要在那儿耽搁两个月，这钱是预付给你两个月用的，你也有休假的权利。”

大智慧 人善之所以被人欺，是因为善良的人不会拒绝。

◎ 学生的提问

调皮的布朗因上课常开小差，在老师的提问面前总是哑口无言，所以被同学们称为“不知道先生”。

有一次，布朗想报复一下老师，向老师提问：“我看见一样东西，没有腿，从厨房的地板上溜过，老师，你说那是什么呢？”

老师想来想去，终于说“不知道”。

布朗一本正经解释道：“那是水。”

大智慧 智者千虑，必有一失；愚者千虑，必有一得。不要总是嘲笑别人不知道，生活中的事情有很多事你也不知道，谦虚的学习态度是最重要的。

◎ 一堂礼貌课

一位太太上了电车，车上所有的座位都坐满了。有位先生站起来让座，这位太太一声不吭地坐下了。

这时，那位先生转身问道：“太太，您说什么？”

“先生，我什么也没说呀！”

“喔，对不起，太太，我还以为您说‘谢谢’呢。”

大智慧 一个有修养的人，不但拥有良好的心态与向上的生活观，同时还是一个懂得感激的人。

◎ 威士忌

有一天晚上，丈夫吃请回来，高兴地对妻子说：“今天我们公司的经理请一部分职员吃饭，大家都开怀畅饮，席间，经理拿出三瓶威士忌，对大家说，‘在座的诸位，你们谁一生中从没有背叛过自己的妻子，这三瓶酒就归他所有’，结果没有一个举手，你说奇怪吗？”妻子听后好奇地问：“那你怎么不举手？”丈夫慌张地说：“你是知道的，我向来喜欢喝啤酒，而不喜欢喝威士忌。”

大智慧 想得到太多，不满足于眼前，或者因为其他各种各样的原因，终于有很多人选择了不去诚实地面对他人。

◎ 望文生义

洋人：“你们中国人的确是一个勤奋的民族。”

中国人:“怎见得?”

洋人:“每当我早晨经过街道,常常可以看到路旁的招牌写着‘早点’两个大字,提醒过路上班的人,不要迟到。”

大智慧 生活的真实并不回避和蒙骗我们,但是为什么我们常常被生活捉弄呢?因为实在是我们自己很浅薄和无知——所以还是谦虚和诚恳的进入真实的生活吧!

◎ 请假

某新兵常常请假,请到最后找不到理由,便在单子上写我妈分娩。班长大怒:你妈分娩是你爸的事!你回去干什么?

新兵:喔!我爸爸早前出车祸死了!我可怜的妈妈已经守寡七年了……

大智慧 诚实是人的美德,说谎是一种恶习。而且经常说谎的人往往不能够自圆其说,总会在某一个时候露出马脚,那个时候就是谎言被揭穿的时候。

◎ 密码电报

“这是将军发来的一封电报。”一个士兵前来报告,“是发给您个人的,上校。”

“您念吧!”上校命令道。

通信兵念道:“我们这次失利首先应归罪于你的愚蠢与无能!”

“这是一份密码电报,立即把它译出来!”上校严肃地指示道。

大智慧 知错就改,善莫大焉。知道自己的错误就勇敢地承认,畏惧错误就是毁灭进步,逃避错误永远不可能正确地做事。

◎ 如此软盘

小张去参观电脑展,逛到世界知名厂商 3M 的展位前,突然听到两个中学生的对话…

甲:“哼!骗人!”

乙:“怎么了?”

甲:“软盘的容量明明只有 12M 和 144M 两种,哪有 3M 的?”

大智慧 知之为知之,不知为不知,是知也。对于不知道的事物,我们只有谦虚地去学习,虚心地请教,才能不断地进步。如果自以为是,反而贻笑方家。

◎ 君子风度

老师问小哈默:“地球是什么形状的?”

小哈默答道："它是圆的。"

"你怎么知道它是圆的呢？"

"那就算它是方的吧。你是老师，我不想为了这个引起一场争论。"

大智慧当需要你站出来的时候，不要退缩在后面。当需要表现的时候就要表现，不需要容忍的时候就要努力争取。君子的风度并不仅仅意味着不争执。

◎ 不认自己

里克刚刚由上尉晋升为少校，他急忙换上新制服，对着穿衣镜照来照去，洋洋自得地问自己的妻子："你看看镜子里是谁？"

妻子使劲唾了一声说："呸！你连自己都不认得了！"

大智慧谦虚是人的美德，不能因为一点点的进步就沾沾自喜，也不能因为一点点的成绩就洋洋自得，要时时刻刻注意保持谦虚谨慎的作风。

◎ 飞机

记者到一个偏僻的乡村采访，他望着村外弯弯曲曲的小路问一位老农："这地方没来过汽车吧？"老农一听不满地说："哪里话？连飞机都来过哩！"老农边说边朝天空比划着，"来来往往多少回了，就是没下来过"。

大智慧不要嘲弄别人，三人行必有我师焉，以为别人才疏学浅见识短，便瞧不起别人，这样的人往往是一个没有修养的人。

◎ 腹中空

有个小偷到各个寺院偷盗，偷神物的灵心。去了好多的寺院，只有土地庙没去。有一天，他来到土地庙，把神像打开一看，吃惊地叹道："看它头戴冠巾，一副堂皇的样子，却原来腹中空无一物。"

大智慧有些人表面上装得满腹经纶，实际上没有任何的学问。不可否认，学问、学历是身份或档次的一种外在表现方式，但若是没有这些，就应潜心、踏实地充实自己的内心。

◎ 卖弄

有个人极爱卖弄，带着儿子在街上走，心里十分得意。迎面碰到一个熟人，不认识他儿子，问他："这位是谁？"他眉飞色舞地大声介绍说："这个人虽然是朝廷极宠爱的吏部尚书的真正外孙的第九代的嫡亲女婿，却是我的儿子。"

大智慧显示自己的优点和特长无可厚非，但超过一定的限度效果会适得其反，卖弄就变成了一种愚蠢的行为。

◎ 可以杀了它吗

“妈妈，我的海龟死了。”儿子眼中含着泪水对妈妈说。“别太难过了，我们用纸把它包上，放在盒子里埋在后院，再给它举行一个葬礼，好吗？葬礼结束后，妈妈带你去吃冰激凌，再给你买那只你最喜欢的宠物狗，你不要太……”妈妈正在安慰儿子时，突然发现海龟动了一下，“儿子！海龟没有死哎！”

“我可以把它杀了吗？”儿子失望地说道。

大智慧喜新厌旧也许是人的本性，所谓旧的不去，新的不来。但是我们不能为了得到新的东西而不择手段，要坚持做人的基本原则。

◎ 示范

在实弹射击训练中，有个士兵连发几枪都脱了靶。教官怒气冲冲地夺过士兵的枪，声色俱厉地说：“笨蛋！你瞧我的。”

他瞄准射击，可子弹飞到了靶外。他气势汹汹地转身向士兵吼道：“瞧，你就是这样打枪的！”

大智慧人应当宽以待人严于律己，那些对别人严格对自己宽容的人是不会有很大进步的，他们只会对别人吹胡子瞪眼，却不知道自己也是一样。

第4章

幽默的心态

人的一生不可能一帆风顺，不可能事事顺心，不可能没有苦难，也不可能远离尘世。幽默左右心态，心态决定成功。用幽默使自己乐观、豁达，让烦恼和苦闷离你而去；用幽默来激发你的思维活力，使生活多一份味道；用幽默调节你的心绪，帮助你战胜困境、超越自我、走向成功。

幽默是灰心丧气的克星

生活中令我们灰心丧气的事情很多，比如，早上没有赶上班车或者没有挤上电梯，这些看似微不足道的小事都有可能令我们烦闷一整天。而烦恼对于寻求快乐的人来说，是很危险的情绪，稍不留意它就可以将我们拖向精神崩溃的边缘。因此，聪明的人不能不思考解脱之道。

幽默可以改变我们灰暗、消沉的心境，帮助我们找回自信、激情和兴致，使我们精神爽朗、心情舒畅。幽默的力量在于调节，它能在领悟全部人生内涵之后，创造新的气氛，以带来心理平衡。

美国著名的剧作家考夫曼，20多岁的时候就挣到了一万多美元，这对于当时的他来说是一笔巨款。为了让这一万美元产生效益，他接受了自己的朋友、悲剧演员马克兄弟的建议，把一万美元全部投资在股票上，而这些股票在1929年的经济大萧条中全部变成了废纸。但是，考夫曼却看得很开，他开玩笑似的说："马克兄弟专演悲剧，任何人听他的话把钱拿去投资，都活该泡汤！"

面对这么一大笔损失，考夫曼没有怨天尤人，而是运用了假托埋怨、苦中作乐的方法面对痛苦和困境，不失为一个乐观豁达的智者。

有时候痛苦会突如其来，危险会从天而降，这个时候你是否有苦中作乐的从容心态呢？

迈克先生用攒了好几年的钱好不容易买了一辆汽车。有一次，他教太太开车，车下坡时，煞车突然失灵了。

"我停不下来！"太太尖声大叫，"我该怎么办？"

"祷告吧！亲爱的。"迈克先生也大叫，"性命要紧，不过你最好找便宜的东西去撞！”

车撞在路旁的一个铸铁垃圾箱上，车头撞坏了。然而他们爬出车子时，并没有为损失了一大笔财产而沮丧，反而为刚才的一段对话大笑起来。目睹此事的行人以为他们疯了，或者就是百万富翁在以离奇的方式寻找刺激。有人走过来问：“你们想把车子撞坏吗？”迈克先生说：“我太太看见了一只老鼠，她想把它压死。”

虽然迈克先生和他的太太撞坏了昂贵的汽车，但是他们却获得了更大的财富。幽默可以让人在危难之时变得豁达和从容，幽默产生的时刻，也正是人的情绪处于坦然开放的时刻。幽默还能帮助别人和自己从烦恼中解脱出来，深具幽默感的人，能够将别人心中的阴霾一扫而光。

一个日本旅游团在我国南方某省旅游，时值梅雨季节，他们觉得很扫兴，然而幸运的是他们遇到了一位善解人意，风趣幽默的导游。导游在车上说：“你们把雨从日本带到了中国，可雨在车外；你们把日本的太阳也带来了，它就在车厢里。”妙语一出，掌声一片。其中有位老妇人游武夷山时，由于裙子被蒺藜划破，泄气地坐在了地上。“老人家，您别生气，”导游和颜悦色地说，“这是武夷山有情，它请您不要匆忙地离去，叫您多看几眼呢！”这话疾风般吹散了老人家脸上的愁云，使她重新恢复了游兴。

我们都熟悉那个永远乐呵呵的大肚弥勒佛，他的信条是：大肚能容，容天下难容之事；笑口常开，笑世上可笑之人。我们应该学学这位乐观的智者，在我们遇到烦恼的时候，不妨笑一笑，来点幽默，不要把它看得太严重。

幽默可以减轻病痛

说幽默可以减轻病痛，也许你认为有点夸张，不过据美国芝加哥《医学生活周报》报道，美国一些医院已经开始雇用“幽默护士”，陪同重病患者看幽默漫画及谈笑，把它作为心理治疗的方法之一。因为幽默与笑声，往往可协助病人解除一些病痛。

在实际生活中，当你患病、住院或遭受意外伤害时，幽默的确能够帮助你减轻痛苦。即使在最简单的情况下，幽默也能够帮助你改变生病时的烦闷心情。这一点你可以向下面这位生病的老妇人学习。她在幽默的诉说中减轻了自己的痛苦，也宽慰了朋友。

有一位老妇人在雪地上滑了一跤，不但左臂骨折，更让她痛苦的是肩关节脱臼。但她还是能够笑着对朋友说："如果你有机会滑跤，宁愿跌断手臂，也要护住你的肩膀。"

的确，疾病对人造成的打击并不小，但一个有超脱、潇洒生活态度的人却不会因此而失去生活的希望和欢乐。

幽默和笑是密不可分的，"笑"是幽默的产物。自古以来我国就有这样的谚语"笑一笑，十年少"，"笑口常开，百病不来"。有这样一个故事，正印证了这些谚语：

古代有一位巡抚，长期患有一种精神忧郁症，看了许多医生，都未见效。一天他因公坐船经过山东台儿庄，忽然犯了病，地方官员即推荐一名当地有名的老医生为他治疗。医生诊脉后说："你患了月经不调症。"巡抚一听，顿时大笑，以为他是老糊涂了。以后他每想起此事，就要大笑一阵，天长日久，他的病竟自己好了。过了几年，这位巡抚又经过台儿庄，想起那次有病之事，特意来找老医生，想取笑一番。老医生说："你患的是精神忧郁症，无什么良药可治，只有心情愉快，才能恢复健康，我是故意说你患了'月经不调症'，让你常常发笑。"

人们常说"病由心生"，看来心情不好确实能够影响健康。最新的医学研究也发现，笑口常开也可以防治传染病、头疼及高血压等病，可以减轻过度的压力。因为幽默的笑声，可以增强血中的氧分，并刺激体内的内分泌，对抵抗病菌的侵袭有很大帮助。而不爱笑的人，患病几率较高，且一旦生病之后，也常常是重病。

美国作家卡森斯曾担任《星期六评论》杂志的编辑。他长期日夜操劳，患了一种严重的病——结核体系并发症，这种病的症状是身体虚弱，行动不便，痛苦万分。虽然多方求医，但收获甚微，不少名医诊断其为不治之症。

后来，卡森斯听从了一位朋友的劝告，在除了必要的药物治疗外，决定采用一种奇特的幽默疗法。他搬离了医院，住进了一家充满欢乐气氛的旅馆，常常看到一些幽默风趣的喜剧片，和一些风趣幽默的朋友进行交谈，听人们讲一些幽默故事，使自己整天都处于一种轻松欢快、无忧无虑的状态，每天都出声笑上好一阵子。卡森斯发现，一部10分钟的喜剧片可以带给他两个小时无痛苦的睡眠。他还惊喜地发现，笑可以减轻发炎症状，而且这种“疗法”可持续很久。与此同时，他还辅以适当的营养疗法。几个月后，奇迹出现了，卡森斯居然恢复了健康。

卡森斯总结自己战胜病魔的经验时，开出了一张“幽默处方”，并风趣地取名“卡森斯处方”。其中有这样一些内容：

“请认清每个人都有内在的康复功能这个事实，具有充实内在的康复能力。利用笑制造一种气氛，激发自己和周围人的积极情绪。发展感受爱、希望和信仰的信心，并培养强烈的生存意志。”

这一处方的核心是以笑来激发生活的力量、生存的意志、康复的能力，进而增强精力，战胜疾病。

生活经验和科学研究都证明，身体健康的重要保证是“心乐”。有健康的心理，才会有健康的身体。幽默常在，精神开朗，身体就容易康复；反之，如果忧愁悲伤，萎靡不振，疾病就会乘虚而入。

附：《祛病歌》

人或生来气血弱，不会快乐疾病作。
病一作，心要乐，心一乐，病都祛。
心病还须心药医，心不快乐空服药。
且来唱我快乐歌，便是长生不老药。

故作精细“幽”一把

生活中有些模糊之处，本不需要精细，比如每天吃多少粒米饭，每天走多少步等，这些事情要是也精细统计起来，就显得十分可笑了。故作精细就是在无须精确计算之处，却用非常精确的数字表达，或者应该模糊之处却做了精确划分。

有一个从未管过自己孩子的统计学家，在妻子要外出买东西时，勉强答应照看一下四个年幼好动的孩子。当妻子回家时，他交给妻子一张纸条，上面写着：

“擦眼泪11次；系鞋带15次；给每个孩子吹玩具气球各5次；每个气球的平均寿命10秒钟；警告孩子不要横穿马路26次；孩子坚持要穿过马路26次；我还想再过这样的星期六0次。”

统计学家很精确，因为不精确，他的科学研究就无法进行。可是“精确”成了他的习惯动作，成了他的职业病，所以，即使是在看小孩子这样的“非科研问题”上，也要进行精确统计，这不仅不协调，也十分可笑。

比尔违反制度，上班时间去理发，恰巧被经理发现。

经理说：“我看见你上班时间在理发。”

“是的，先生。”比尔平静地说，“可头发是在上班时间长的呀。”

“不全是这样。”经理说，“有些头发不是上班时间长的。”

“先生，您说得好。”比尔客气地说，“所以我只剪掉了上班时间长的那部分，而业余时间的还留在头上没剪掉呀！”

比尔平时肯定是个松松垮垮、很不严谨的人，但是他在这场论辩中却很严谨，很精细。经理的口才实在不高明。比尔说头发是在上班时间长的，本是一句诡辩，经理没有及时指出其谬误，反倒顺着谬误的思路走下去，说有些头发不是上班时间长的。这下可给比尔抓住了话柄，比尔以此推理，精细划分：有些头发是上班时间长的，那么另一些就是业余时间长的，而我只剪掉了上班时长的头发，业余时间长的都留着呢。

比尔把头发分为上班时间长的和业余时间长的，以此来为自己辩护，精细之中见出其论辩的智慧和幽默。

幽默是一颗“开心果”

幽默是一种才华，是一种力量，或者说是人类面对共同的生活困境而创造出来的一种文明。它以愉悦的方式表达人的真诚、大方和心灵的善良。它像一座桥梁拉近人与人之间的距离，弥补人与人之间的鸿沟，是奋发向上者和希望与他人建立良好关系者不可缺少的东西，也是每一个希望减轻自己人生重担的人所必须依靠的“拐杖”。

当作为一名自然人生活在社会中时，你就自觉不自觉地非成为一名社会人不可，这并非决定于你的意愿。固然，幽默的力量不会使你长高或变瘦，不会帮你付清账单，也不会帮你干活，但它的确能帮助你解决人际关系中的种种难题。当你希望成为一个能克服障碍、赢得他人喜欢和信任的人时，千万别忽视这股神奇的力量。因为，幽默是你进行社交，进行沟通的桥梁，是一颗随时随地让你开怀的“开心果”。

社交场合，正是幽默力量最活跃的时刻。一些夫妇懂得这样的诀窍，在赴宴迟到的情况下，夫妇间可以互相推诿，指责对方有责任，例如妻子衣服换了一件又一件，丈夫走了弯路了，等等。但是如果把角色对换一下，就会取得更好的具有幽默性的效果。

例如，妻子说：“对不起，我们来迟了。都怪他，照镜子就花了一个小时。”原本有些尴尬的局面在这位妻子的幽默言语中消失不见了。

发挥你的幽默智慧吧，平息怒气、消除争端、摆脱困境。例如，要平息餐桌上的争论，你不妨这样来说：“不要吵了。该不会是刚吃下的鸡在作怪吧？那可不是斗鸡。”有时为了达到目的，非得用幽默的力量刺激他人不可。

作家欧希金在他的《夫人》一书中提到，一天晚上，芙蓉制品公司的大亨鲁宾斯坦女士在家里宴请宾客。席间一位客人不断地批评她说她的祖先烧死了‘圣女贞德’。其他客人听了都不舒服，几次想使他换个话题都没成功。谈话越来越令人难以容忍。最后鲁宾斯坦女士自己说：“好吧，那件事总得有人来做。”

现代社会生活中，一个人的社交活动已经扩展到了无所不及的范围。从某种程度上可以说，凡是有人生活的地方，就有社交活动。同样，凡有社交活动的地方就少不了幽默和幽默力量，幽默俨然已经成为我们生活中不可缺少的一部分了。

一分钟小幽默大智慧

◎ 不敢不乐

明代有一个孝廉名叫陈琮，性情洒脱。他曾在一个叫二里冈的地方建了一所别墅。这地方在城的北面，别墅前后密密麻麻，排满坟墓。有人到他别墅拜访后说：

“眼睛中每天看的是这些东西，心情肯定不快乐。”

而他却笑道：“不，每天都看这些东西，就使人不敢不快乐！”

大智慧 你是否快乐，并不取决于外在事物，而是取决于你看待外在事物的心态。

◎ 丑角双薪

有一次，一个很傲慢的观众在演出幕间休息时，走到俄国著名的马戏丑角杜罗夫身边讥讽地问道："丑角先生，您非常受观众欢迎吧？"

"还好。"

"是不是想在马戏班中受欢迎，丑角就必须具有一张愚蠢而丑怪的脸蛋呢？"

"确是如此，"杜罗夫说，"如果我能生一张您那样的脸蛋的话，我准能拿到双薪！"

大智慧真正的丑不是指相貌丑陋，也不是因为扮演"丑角"，而是一种不健康的心态。

◎ 自我消解

克尔从小梦想自己有一辆摩托赛车。上大学的时候，他终于买到了一辆。当天他开车出去时，突然被一辆大卡车撞倒，摩托车全坏了。克尔回到学校，仍然很平静，同学们都说他人很通达。克尔自嘲地说："我小时候想，总有一天我会有辆车，看起来，还真的有这么一天，心满意足了。"

大智慧豁达的心态是我们面对困难和灾难的最好方式。

◎ 作家选择决斗的武器

乔治·库特林，是法国知名的剧作家和幽默作家。有一次，一位自命不凡的年轻作者想一鸣惊人，便写信给库特林，借三个微不足道的理由向他提出决斗，但这一封信实在上不了桌面，因为字迹潦草，甚至有许多拼写错误。

库特林很快给他写了回信："亲爱的先生，因为我是伤害你的一方，该由我来选择决斗武器。我要用'正字法'来决斗。在接到这封信之前你就已经失败了。"

大智慧是否能够做好一件事情是一回事，态度是否端正又是另外一回事。如果态度不端正，你还没有开始就已经失败了。

◎ 舞会上

在用电唱机播放舞曲的舞会上，一个人携舞伴飞速旋转。舞伴头晕目眩以至跌倒在地。

"先生，为什么您要旋转的这么快呢？要知道这是慢四步啊！"

"什么慢四步！"那个人喊了起来："那唱片上明明写着一分钟33转嘛！"

大智慧人生也是一个舞台，需要每个人找到适合自己的节奏和步调，如此才能跳得精彩和从容。

◎ **馊主意**

医生问患者：

“是谁给您出的这个馊主意？告诉您蓖麻油可以治咳嗽？”

“是我的一个朋友。他对我说，我只要喝两小勺蓖麻油，我就会把咳嗽忘掉。”

（注：蓖麻油为泻药）

大智慧有时经历了一种程度更甚的痛苦，人回过头来时就会发现那些曾经觉得忍无可忍的问题并不是想象中那样严重。

◎ **掉头发**

“大夫，我总掉头发，您说是怎么回事？”

“一般情况，这是因为焦虑过度引起的。您说说看，目前您总在考虑什么问题呢？”

“我总在想，我的头发掉得太厉害。”

大智慧焦虑的可怕之处在于它带给人一种坏情绪的恶性循环，要知道，焦虑唯一的能耐就是让人更加焦虑。

◎ **运气真好**

一个骑自行车的人撞倒了一个行人。

“您的运气真好啊！”骑车人安慰被撞的。

“你怎么不害臊！难道你没看到，我的腿被你撞伤了么？”

“不管怎么说，您的运气真不错！今天我休息，我平时是开大卡车的。”

大智慧在遇到坏运气的时候，我们不妨告诉自己：还好，事情没有更糟！

◎ **假的好处**

甲：“任何假的东西都不会给人带来好处。”

乙：“你说得不全对，我的假牙给我带来了莫大的好处。”

大智慧如果说假的东西意味着生活中的不完美，那么，不完美才是人生的真实写照。在任何工作中，在任何事情上，都难免有不尽如人意的地方，但是只要你懂得享受生活，知道用另外的眼光来看待生活，就会发现，原来的缺陷之处也能衍生出美丽的花朵。

◎ **感谢上帝**

一个人发现自己的毛驴丢了，便大声呼喊，“感谢您，上帝！”

周围的人问他：“为什么你丢了毛驴还感谢上帝？”他答道，“幸亏我没骑在上面，要不，连我自己也会丢的。”

大智慧换一种角度去看待人生的失意与不幸，对生活时时怀一份感恩的心情，则能使自己永远保持健康的心态、完美的人格和进取的信念。这不纯粹是一种心理安慰，也不是对现实的逃避，更不是阿Q的精神胜利法，而来自对生活的爱与希望。

◎ **奇遇**

阿比和阿弟到酒吧买醉，里面仅有两个女客人，领头的阿比忽然跳出来，低声跟阿弟说道：“快走吧！想不到我太太和情妇都在里面。”阿弟探头一看，脸色大变道：“奇怪！我太太和情妇也在里面。”

大智慧生活充满了奇遇和巧合，是天造，抑或人为，并不重要，重要的是要坦荡做人，用一颗忠诚的心经营婚姻。

◎ **数羊**

某人被失眠困扰，于是便求助于医生。

医生问：“没有试着数羊吗？”

病人回答：“当然有，当我数到5 648只的时候，刚好天亮……”

大智慧这么多只羊在心头萦绕，是不是说明我们心灵堆积的东西太多了呢。或许，甩掉一切杂念，空无一物，才是心睡正酣……超脱一点吧，心灵原本纯洁无瑕！

◎ **哭丧**

在百万富翁的丧礼上来了许多人，其中一个年轻人哭得死去活来。

“想开点吧！”不明真相的人们安慰他，“故去的是您的父亲吗？”

“不是，”年轻人哭得更厉害了，“为什么他不是我的父亲啊……”

大智慧生活最会和我们开玩笑，想要的没有，不在意的却自来——还是宽慰一下自己吧：不必烦恼，是你的想跑也跑不了；不必徒劳，不是你的想得也得不到！

◎ **自信的老祖父**

老祖父上卫生间的时候，地震了，当人们把他从废墟中挖出来的时候，他哈哈大笑着："太有意思了，我一拉马桶盖，房子就倒了！"

大智慧我们也许无力左右困顿的出现和灾难的发生——但是，至少我们还可以操控自己心态的方向盘——未来究竟驶向何处？乐观和积极向上才是最明朗的指针！

◎ **幸运**

某商店有强盗光顾，第二天，店主对来查案的探员说："感谢上帝，幸好强盗不是前天晚上而是昨晚来的。"

"这有什么不同？"探员问。

"昨天早上，我把全部商品降价40%，要是前天晚上来，我的损失可大了。"

大智慧事物自身的价值是客观固有的，人内心的价值是无法衡量的。对于损失而言，乐观者将其无限降低，悲观者将其无限扩大。

◎ **诊费太贵**

心理医生："我最近过于急躁，精神过于紧张，得找个心理医生看看。"

朋友："可是，你不是同行里最出色的医生吗？"

心理医生："我知道，可是我的诊费太贵。"

大智慧可以很好地解决别人的问题，却往往解决不了自己的问题。精明强干的人，也需要一片释放心灵的空间。

◎ **倒霉**

"天啊！你的冰淇淋里掉进了一只苍蝇！"

"算它倒霉，它会被冻死的！"

大智慧站在不同的立场，可以得出不同的结论，好事可以变坏事，坏事也可以变好事。最重要的是拥有一份好的心态。

◎ 把狗叫进来

书房里，吉米在做作业，他爸爸在画画。两人都非常专注。

吉米正抄到有关大雨的几个形容词，忽然想起妈妈吩咐过，下雨时要把晒在院子里的被子收回来。于是，他问父亲："爸爸，外面有没有下雨？"

爸爸说："我不知道。但有个办法很简便：把狗叫进来，看它身上湿不湿就知道了。"

大智慧 专注于某件事情时，常会把其他的事情想得很复杂。其实很简单：站起来，推开窗，外面就是一片天。

◎ 专注目前

有一位年轻人，到马戏班拜师，要学习走钢丝的功夫。

几个月后，师傅认为年轻人已掌握了基础技巧，便要年轻人走上钢丝，正式练习。虽然地面已装有安全网，可是在十多尺的高台上，心里实在战战兢兢。走了十多步之后，那年轻人往下看，越看心里越惊慌，差点失去重心。

就在这时，师傅在地面大声喝了一声："向前看！"

大智慧 你就是自己的师傅，当面对逆境和挑战，记得对自己说："向前看！专注眼前，专注之中有力量。"

◎ 报仇

在马德里，一场斗牛赛刚刚结束。在这场比赛中，一位著名的斗牛士受了重伤，刚刚被抬进医院不久，他又全身多处缠着绷带从医院走了出来。

"我一定要报仇！"斗牛士向聚集在医院门前的众多崇拜者大声疾呼。然后他开始沿街向前走去。人们紧跟着他，不知他要做什么。

斗牛士走进了一家酒馆，坐在一张桌子旁，然后吩咐侍者：

"给我上两份烤牛肉，烤得越焦越好！"

大智慧 所谓勇气是直面的抗争，而不是旁敲侧击的发泄。

◎ 巴尔扎克与小偷

巴尔扎克一生写了无数作品，却常常手头拮据，穷困潦倒。有一天晚上，他正在睡觉，有个小偷爬进他的房间，在他的书橱里乱摸。巴尔扎克被惊醒了，但并没有喊叫，而是悄悄地爬了起来，点亮了灯，平静地微笑着说："亲爱的，别翻了，我白天都不能在书桌里找到钱，现在天黑了你就更别想找到啦！"

大智慧面对生活的困窘而坚持自己圣洁的追求，并保持着足够的乐观和心灵的平静，这就是伟人超越凡人之处。

◎ 负数

数学家、生物学家和物理学家坐在街头咖啡馆里，看着人们从街对面的一间房子走进走出。他们先看到两个人进去，时光流逝，他们又看到三个人出来。

物理学家："测量不够准确。"

生物学家："他们进行了繁殖。"

数学家："如果现在再进去一个人，那房子就空了。"

大智慧一些简单的问题，何必搞得那么复杂？

◎ 绿灯时我们总是第一个

一个人搭了辆出租车到一个郊区不大熟悉的地方。

一路上，他和司机有说有笑。但不知为什么，一路上连续遇到五六个红灯。眼看快到路口了，又碰到了一个红灯。这个人随口嘟囔着："真倒霉！一路都碰到红灯，就是差那一步。"

司机转过头，露出一个很自信的笑容："不倒霉！上帝很公平，绿灯时我们总是第一个走！"

大智慧你的人生旅途，可以看见红灯也可以看见绿灯。红灯是让我们停下来思考和欣赏的，人生旅途并不是一味地往前冲。红灯时可以驻足观赏，绿灯时可以一如既往，人生旅途，应如此面对。

◎ 逮野鸭

"怎样才能逮住野鸭子呢？"

"去菜市场买一只，在家里养上半年，到时候就好逮了……"

大智慧完成一件事情，最大的喜悦应该来自于对困难的克服。如果为追求结果而绕开难点，即使最终做到了也已没有了最初的意义。

◎ 答复

父亲要出远门，临走前对儿子说："如果有人来问'令尊在家吗？'你便答复因事出门了，你要是记不住，就看看这张条子。"

父亲走了3天无人来访，儿子就把纸条随手扔了。

第4天，有客临门问："令尊在家吗？"

儿子在怀里找了半天，找不到父亲留下的条子，自言自语道："没了。"

客人吃了一惊，忙问道："怎么没了？"

儿子道："昨晚被我扔了！"

大智慧 情绪上的焦虑和不安总是让我们忽略了正在面临的问题。所以，处乱而不惊是才是解决问题的必要前提。

◎ 不便直说

一办事员叫住老板，不安地说："董事长，我猜有您的电话。""猜想？是我的就是我的，还猜想什么！"办事员更加窘迫，结结巴巴地说："来电话的人说，让那个老……老混蛋听电话……"

大智慧 当我们得到一个似是而非的答案时，最好不要迫切地追究真相，也许那正是我们最不想知道的。

◎ 果断回答

一位年轻军官想打个电话，但他没有零钱。于是他拦住一位过路老兵："你手头有没有零钱？上士。""我给你找找看。"老兵伸手去掏他的钱包。"你是这样回答少尉的吗？重来一遍。你手头有没有零钱？上士！""报告长官，没有！"老兵果断地答道。

大智慧 凡事欲速则不达。当你越是着急做一件事情的时候，你距离目标就越远，心平气和地去做，可能会事半功倍。

◎ 军训趣事

军训时，夜里常有紧急集合。今天又传来了夜里集合的消息。大家严阵以待，都在床上假寐到深夜。凌晨两点时，一声长啸划破夜空，于是穿衣的穿衣，叠被的叠被，大家匆匆来到操场上，却不见教官的身影。正当大家疑惑之际，二楼一个学生探出头说："各位对不起，泡面的水开了！"

大智慧 紧张的时候最容易忙中出错。当你的情绪处在紧张的状态中，每一根心弦都绷得很紧的时候，就是你最容易出错的时候。

◎ 了解和亲昵

在阿拉曼战役之前夕，丘吉尔召见了他的得力将领蒙哥马利将军。在谈话中，丘吉尔提议他应该研究一下逻辑。疆场勇士蒙哥马利担心自己会陷入纠缠不清的逻辑命题中，便找了个借口推托。他对丘吉尔说："首相先生，你知道，有这样一句谚语："了解和亲昵会产生轻蔑。"也许我越是研究逻辑，便会越加轻视它。"丘吉尔取下烟斗说："不过我要提醒你，没有一定程度的了解和亲昵，什么也不会产生出来的。"

大智慧 "绝知此事要躬行"。在对一件事物了解之前，不要武断地表达自己的好恶，因为你根本没有资格。

◎ "礼"尚往来

克妮莉亚·奥蒂斯·斯金纳，美国影星和作家，出演过多部名剧，广泛受到欢迎。她与萧伯纳的口舌之争让人难忘。

那还是在她年轻的时候，斯金纳出演萧伯纳戏剧《康蒂姐》的主角，她早有名声，在这次演出中更是登峰造极。演出结束后，萧伯纳发来了电报："最好的，最伟大的。"

女演员以为是对她的嘉奖，便很快回电说："这么高的荣誉实在过奖了。"

没两天，萧伯纳又发来了电报："我指的是剧本。"

斯金纳小姐也迅速地回电说："我指的也是那本东西。"

大智慧 不要把底牌过早地摆在你的对手面前，这样，你什么时候都会有反击的余地。

◎ 过去的好时光

一天下午一个年轻人在高尔夫球场准备开球，这时过来一个年老的绅士，询问是否可以和他一起打几杆。因为年轻人是独自一个，就爽快地答应了。开球以后，老人打的一点也不赖，虽然球击得不很远，但却是扎扎实实地前进，几乎没有浪费时间。当他们来到第九洞前时，年轻人看到一棵枝繁叶盛的大树挡住了球路。年轻人反复观察测量，想找出避开大树的方法。几分钟后，老人开了腔：

"年轻人，知道吗？我在你的那个年纪，就会狠命一击，把球从树顶上打过去。"

被老人一激，年轻人玩命挥杆，向球击去。不幸，球直接飞进了树冠，然后掉下地面，又滚到了眼前。这时，老人又说道："当然了，我在你的那个年纪的时候，这棵树只有两米来高。"

大智慧 容易冲动是年轻人的通病，冲动必然考虑不周，易犯错误。能克服这点，保持冷静的人立刻会成为同龄中的佼佼者。

◎ 忙中出错

董事长为参加宴会,在公司门口急急忙忙地跳上一辆的士,同时大声说:“我要赶时间,开快点!只剩下20分钟了!”说完便打开手上的晚报来看。一直看了十几分钟,他才抬起头来,一看,车子还在公司门口,他大为生气,正要找司机发火时,才发现车上根本没有司机。

大智慧 越是忙的时候越要保持冷静,不能犯错,否则就真的应验了那句老话——欲速则不达。

◎ 误会

有一小型飞机中途引擎失灵,驾驶员在一条人车稀少的州公路降落。驾驶员跳出来向唯一看到的一辆汽车走去,希望能搭便车到最近的出口。这辆汽车缓慢地停在路旁,坐在驾驶座的女人探出头紧张地说道:“我会马上开走的,先生,只要你告诉我怎么回到公路上。我会把车子尽快开离飞机场的!”

大智慧 越是在陌生的环境,越是要保持冷静的头脑。不能随便选错了参照物。

◎ 得来不易

被告人向他的辩护律师许诺说:“如果你有本事使我可以只蹲半年监狱,那么你将得到额外的一千块钱酬金。”被告人终于如愿以偿。

律师一边收钱一边说:“这可真是棘手的活,本来法官们想判他无罪释放。”

大智慧 有时候,妄下断言和结论往往会把事情弄得更糟。

◎ 恶毒的语言

法官:“他在打你以前,你有没有设法阻止他?”

原告:“有啊!我用各种最恶毒最难听的语言去阻止他,可是他仍然狠狠地揍了我一顿。”

大智慧 用油浇火,只会使火燃烧得更加热烈。不要妄图以为恶毒的语言只属于道德的范畴,只要它足够严重,等待你的,将会是侮辱、诽谤的罪名。

◎ 顺序有误

在某外交官的晚宴上,一位刚到美国的法国外交官有点局促不安,因为每个人都要站起来讲几句话,但是他的英语实在不行。先有贵宾说:“我们来敬东半球的女性一杯。”后来又有人敬西半球的女性一杯。轮到那法国外交官讲话时,他站起来说:“各位,让我们为女性的两个半球干杯吧。”

大智慧 当你不是很有把握的时候,真的不要鲁莽从事。要知道,适当的谦卑比逞强装懂更能让人接受。

◎ 责怪

经理责怪秘书:

“谁让你把我写字台上的灰擦掉呢?我在那上面记了好几个电话号码,现在一个也找不见了。”

大智慧 在指责别人的同时,是否应该自己需要先想一想,也许自己一开始就已经错了。

◎ IBM 和波音 777

波音 777 是有史以来第一架完全在电脑虚拟现实中设计制造的飞机，所用的设备完全由 IBM 公司所提供。试飞前,波音公司的总裁非常热情地邀请 IBM 的技术主管去参加试飞,可那位主管却说道:“啊,非常荣幸,可惜那天是我妻子的生日,所以……”

波音公司的总裁一听就生气了:“胆小鬼,我还没告诉你试飞的日期呢!”。

大智慧 没有弄明白整个情况之前,不要过早的暴露自己的想法,让自己陷于被动。

◎ 确认身份

一名男子去银行兑付支票。工作人员对他说:“好的,不过必须先要确认一下您的身份。”

这名男子照了照镜子,点头说道:“对,这是我?”

大智慧 在搞清楚问题之前,最好不要冒失,武断的采取行动——不如确认一下问题的关键所在!

◎ 不划算

在一次宴会上,一位火箭专家热情地向朋友们宣告:“最近,我们将把几只老鼠送到一个遥远的星球去。”

话音未落,一位女士插嘴说:“哟,这样去消灭老鼠,不是太花钱了吗?”

大智慧 当我们面临着一场与惯常情形不同的情形时，唯一该做的就是附带思考的观察与总结。不要任由自己的惯常思维脱口而出。

◎ 难以从命

爱发牢骚的老头布朗先生老是抱怨他的发型，愤愤地指责他的理发师。一次刚理完发，他说："我要我的头发从中间分开。"

"我不能这么做，先生。"理发师说。

"为什么？"布朗先生咆哮道。

"因为您的头发是奇数的，先生。"

大智慧 无来由的抱怨久了的时候，并不是我们的发泄得到了最完全的体现。相反，事情的结果往往就是他人于惯常中轻易地寻找到了足以让我们更抱怨的方法，并以此来攻击我们。

◎ 新兵跳伞

新兵在接受跳伞训练。由于是第一次，新兵都心惊胆战，不敢往下跳，教官便抓起一个新兵从飞机上扔了下去。当抓到第二个士兵时，那位士兵挣扎着，教官不容他说话，也把他扔下去了。

这时，其余的新兵笑了起来。教官训斥道："笑什么？胆小的家伙！"其中一个新兵解释道："你把驾驶员扔下去了。"

大智慧 在没有弄清楚事实的情况下，切忌冲动地作出决定，否则出现上述教官那样荒唐的行为时，后悔为时已晚。

◎ 如此送站的两个傻瓜

火车准备开动，三位男士匆匆忙忙跑向站台，发现火车已经开始启动，这三个男士便沿着站台箭步追赶上去。

跑在最前面的两个人终于在最后一刻跳上了车厢，剩下一个真的追不上了，只好停步下来，看着火车缓缓离去。

突然，那人哈哈大笑。站台工作人员不解地问：

"先生，你赶不上火车还有什么好笑的？"

"不是啦！"那人边笑边说："本来坐火车的是我而不是他们，他们只是来送站的。"

大智慧 不必焦急，是你的想跑也跑不了；不是你的想得也得不到！

◎ 英雄气短

一位太太把支票递进银行的窗口并难为情地说道："对不起，我丈夫的签字有点儿难认。我没想到，他见我拿着手枪，会吓成那个样子……"

大智慧 我们想要获得的东西，在我们不惜一切将要获得的时候，总是很容易将那种可能并不高明甚至被禁止的获得手段于将要胜利的亢奋中不经意间告知他人，并因此而使我们远离了想要的结果。

◎ 高雅的宫殿何人去

伊萨克·巴罗·雪(1630—1677)是英国著名的数学家，曾任剑桥大学数学教授，对几何学颇有建树。他还是位名教士，著有大量久负盛名的布道文。他为人谦和可亲，然而却与当时的国王查理二世的宠臣罗切斯特伯爵结下了难解之仇，只要遇到一起，终免不了舌战。

据说，罗切斯特曾将巴罗教士讥为"一座发霉的神学院"。

某日，巴罗为国王作祈祷后与罗切斯特狭路相逢。罗切斯特向巴罗深深地鞠了一躬后，语带讥讽地说："博士，请您帮我系上鞋带。"

巴罗答道："我请您躺到地上去，爵爷。"

"博士，我请您到地狱的中心去。"

"爵爷，我请您站在我对面。"

"博士，我请您到地狱的最深层去。"

"不敢，爵爷，这样高雅的宫殿应留给您这样有身份的人啊！"说完，巴罗耸耸肩走开了。

大智慧 唇枪舌剑也需要技巧，毫无目的的谩骂和讽刺往往不得要领，甚至会由于理智不清、情绪高涨而被对方抓住弱点和破绽。

◎ 你叫什么名字

一次亚历山大偕同妻子出国。在边防检查护照时，检察官问他妻子叫什么名字。

这时他怎么也记不起来她叫什么。检察官怀疑地看着亚历山大。正在这时，他的妻子进了检查站的屋子，亚历山大马上对她说："卡佳！看在上帝的面上，你叫什么名字来着？"

大智慧 生活中经常有这样一种现象：如果过于熟悉一种事物，总是让我们于情急中对它的记忆一片空白。但是，也正是由于这种过分的熟悉，我们于不经意间将其摆脱。

◎ 广告

在美国某城市的大街上贴着一张广告:“如果你给我寄来一百美元，那么我就告诉你得到一千美元的办法……”有人真的寄去了一百美元和一封信，得的回答是:“你找十个像你这样的傻瓜！”

大智慧 在诱惑面前,要学会保持冷静、清醒的头脑,否则你可能得到的收益只能是——花钱买教训。

◎ 回家之路

警察看见一个醉鬼摸着一个大木桶的边在绕圈子,便说:“你怎么啦？”

“没事！我回家,这木头围栏的尽头就是我的家。”

大智慧 我们是不是也时常走进人性的死角,即使碰得头破血流也不愿回头？所谓山重水复疑无路,柳暗花明又一村——还是冷静和变通一下吧！

◎ 报警

一天深夜,值勤的警官罗伯特接到一个报警电话。打电话的人自称在第十三街区,他从夜总会出来后,发觉自己车里的方向盘、刹车、加速器等等都让小偷给卸去了。

罗伯特表示立刻前往出事地点。

就在他开动巡逻车准备出发的瞬间,电话铃又响了起来,罗伯特只好下车再拿起电话筒。

打电话的仍是刚才那位报警的人:“实在对不起,先生,您用不着来。我喝多了,刚才一阵冷风吹来,我才发现自己原来是坐在车内的第二排座位上。”

大智慧 当我们发现自己一无所有的时候，可能并不是事实的真相。让自己冷静下来,也许你会发现,一切还是老样子。在自己的森林中迷路,并不代表你失去了属于你自己的森林。

◎ 可怜的老先生

一天,一位老先生沿街缓慢地行走,看见一个小男孩正要按一个门铃,但门铃太高,他按不到。老先生心地善良,就停下脚步对孩子说:“我来给你按铃吧。”然后他使劲儿按铃,整个房子里的人都听到了铃声。

那个小孩对老先生说:“现在咱们逃走吧,快！”

老先生:“……”

大智慧看到困境中的人，即使你怀着善良的心愿，最好也要搞清楚怎么回事再付诸行动。

◎ 结婚礼物

一对刚结婚不久的夫妻，有一天一个妻子的挚友海伦到他们家吃饭，不知怎么着弄断一根叉子。妻子正在处理时丈夫安慰海伦道："海伦，不要太在意，那套餐具是便宜的烂货。"

妻子立刻回头大叫道："那是海伦送我们的结婚礼物啊！"

大智慧生活中经常有好心办错事的情况，原因就是我们太轻易发表意见，太冲动去行动。三思而后行，才能行之有效。

◎ 近视

一个近视眼看见高高的杆子上挂着一块牌子。他瞅了半天也没看清上面写的什么内容，索性爬了上去，一直爬到一个窗台上，靠近牌子，仔细一瞧，原来上面写的是：

"小心烟筒！"

大智慧不要随便就满足自己盲目的好奇心，当你看清楚那其实是一个陷阱的时候，很可能已经晚了。

◎ 鱼死网破

生产队有一位社员种了一株南瓜，几个月来辛辛苦苦栽培，可结的头一个南瓜就被人偷摘去了。种瓜者一见火冒三丈，盛怒之下，用镰刀把这郁郁葱葱的南瓜株劈得粉身碎骨，边劈还边骂："种瓜吃不到，大家都不要。"

大智慧不劳而获的窃贼是应该受到谴责的，但因丢蛋而杀鸡的做法明智与否也值得商榷：盗贼是可防可捉的，丢了瓜也还是可以再长的，仅因丢了一个瓜而逞一时之气，把盛花期的瓜株毁灭，岂不可惜？

◎ 马、鹿与人

一匹马找到一块丰美的草地，常到这里饱餐一顿。可是后来，一只鹿也发现了这个秘密，趁马不在时，也跑来吃点草。

马发现了这件事，觉着鹿侵占了自己的利益，想报复鹿，但自己又无能为力，就请人来帮忙。人说："我也没办法，除非你套上辔头，我骑上你，才能追上它，惩罚它。"

人骑着马,惩罚了鹿。之后,便把马拴在了槽头。

这时,马才醒悟过来,长叹道:“我真傻,为着一点小事而图报复,反而使自己沦为奴隶。”

大智慧 逞一时意气之快,睚眦之怨本就不可取,为了打击报复又不择手段,终会让自己付出沉重代价。

◎ 笨蛋

一次,英国首相丘吉尔在公开场合演讲,有人从台下递上一张纸条,上面只写了两个字“笨蛋”。丘吉尔知道台下有反对他的人等着看他出丑,便神色从容地对大家说:“刚才我收到一封信,可惜写信人只记得署名,忘了写内容。”

大智慧 成功的人往往不是最聪明的,而是能够控制自己情绪的人。控制自己的情绪,你才可能控制自己的未来。

第5章

幽默的力量

与世界上所有的力量一样，幽默的力量也不是万能的。可是，幽默的力量对你的生活确有实实在在的帮助。它帮助你以新的眼光看待周围的环境和个人的生活，帮助你正视并恰当地估计和应付那些困扰你的难题，帮助你同他人的关系充满温暖与和谐，帮助你把许多的不可能变为可能……

保持一颗平常心

现代社会环境瞬间变化，速度效率急剧加快，因而现代人时常感受到一种莫名的心理压力和焦虑，而幽默是最好的"减压阀"。它不仅能使你的心情变得轻松愉悦，谈笑风生，笑口常开，而且有助于你交际中左右逢源，事业成功。不少有眼光、有见识的公司经理、董事长，都喜欢选用那些能自我解嘲、改善环境、创造欢乐气氛的人。因为这些人容易取得人们的信任，人们也就乐于接受他们的看法和他们推销的产品。

英国著名的天文学家詹姆斯·布拉法莱，被任命为英国格林尼治天文台台长时，英国女王看他的薪水低，要给他增加薪水，他恳求说："如果这个职位一旦可以带来大量收入，那么以后来到这个职位的将不再是天文学家了。"

这句不乏幽默、语重心长的话语，是这位科学家数十年饱经沧桑的阅历的总结，他目睹了人间无数的兴衰荣辱，研究了金钱对人们的腐蚀，才得到了这个有趣的、富有哲理性的结论。

意大利著名作曲家罗西尼听人说，他的一批有钱的爱慕者准备在法国为他建一座雕像。感动之余，他问道："他们准备花多少钱？"

"听说是一千万法郎吧。"

"一千万法郎，"罗西尼大为吃惊，"如果他们肯给我五百法郎，我愿意亲自站在雕像的底座上！"

从上述两个例子来看，詹姆斯·布拉法莱的幽默，似乎对英国格林尼治天文台台长的职位很看重，而罗西尼的幽默又貌似看重五百法郎，实际上都表达了天文学家和作曲家对职位和雕像的“淡漠态度”。正是出于对金钱的轻视，布拉法莱才会有这等幽默；同样，如果罗西尼没有这样的谦恭，而是对用一千万法郎做雕像欣喜若狂，也绝不会有如此这般的幽默的。

对成绩和荣誉泰然处之

许多很有成就的人物都用他们的幽默语言，泰然对待荣誉，成为典范。

有人问作出过不平凡业绩的林肯对于当总统的感受。林肯说：“你一定听说过一个故事，有个人被全身涂满焦油并且插上羽毛，然后装到火车上被运往外地。人们问他感觉如何，那个人说要不是为了这事的荣誉，我宁愿下车步行。”

美国著名小说家福克纳在1949年获诺贝尔文学奖时的演说中说道：“我感到这份奖金不是授予我个人而是授予我的工作的——授予我一生从事关于人类精神的呕心沥血的工作。我从事这项工作，不是为名，更不是为利，而是为了从人的精神材料中创造出一些从前不曾有过的东西。因此，这份奖金只不过是托我保管而已。为这份奖金的钱找到与奖金原来的目的和意义相称的用途并不难。但我还想为奖金的荣誉找到承受者。”

女友到居里夫人家做客，忽见她的小女儿正拿着英国皇家协会刚奖给她的一枚金质奖章玩，不禁一惊，忙问：“居里夫人，这样一枚极高荣誉的奖章，你怎么能给孩子玩呢？”居里夫人却笑了笑说：“我是想让孩子们从小就知道，荣誉就像玩具，只能玩玩而已，绝不能永远守着它，否则就将一事无成。”

这正体现出契诃夫说的：“对自己不满足，是任何真正有天才的人的根本特征。”

鲁迅先生也曾说过一句名言：“哪里是什么天才呢，我连别人喝咖啡的时间都要用在我的工作上。”

这些名人、伟人，由于他们都以幽默的力量、淡泊的态度来对待自己的荣誉，故他们的形象在人们的脑海里是不能磨灭的。

许多成功者对荣誉也能泰然处之。

黄先生在一家大企业公司负责秘书科的工作，颇有成绩。前不久，他所在的公司与另一公司合并，而他却在人事变动的波浪中沉浮不定。新的同事对他了解不多，因此同事之间冷淡如水。直到有一天，黄先生运用了幽默的力量，才改变了人际关系。他说道：“他们不敢把我革职。”接着，他又解释说：“因为凡事我都远远落在人后。”听着，大家都开怀地笑了。就这样，黄先生对自己过去的成绩和荣誉泰然处之，仍取笑自己，使新同事和他一起笑，帮助他与同事们建立友善、合作的关系。

幽默助你排忧解难

幽默，最重要的是帮助我们解除工作中的紧张状态，帮助解决生活中的难题。

在一个大城市的市郊，有一个颇具规模的化工厂，他们终年生产一种化学产品，从烟囱里排出了大量的烟和灰尘，使临近的几家企业饱受烟和灰尘之苦。在一次他们接连加班生产的时候，隔壁一家工厂的厂长半开玩笑地说：“他们生产这么忙，如何处理这些烟和灰尘呢?”化工厂的厂长也半开玩笑地说：“我们打算将烟筒加高二分之一，与此同时，我将还向包装厂订制一个特大的塑料袋，并用直升机把袋子吊到烟囱的上空罩下来。”两位厂长各带幽默的话语，使他们互相取得了谅解，一道哈哈大笑起来，紧张的心情便渐渐地舒展开来了。

当我们跟别人开玩笑，同别人一同笑的时候，幽默就在互相之间得到了交流。我们应当把轻松愉快、诚恳坦率、同甘共苦的态度送给他们。只要我们稍稍留意，就会发现我们的工作中存在着许多不易为人察觉的幽默故事。在工作中，有时我们需要肯定地坚持自己的观点，过分的忍耐对工作并没有好处，所以除知道息事宁人之外，在某种情况下适当地抱怨几句，对解决问题更有利，特别是你心中憋着一大堆话时，当然不要忘记采用幽默的方式。

职工、师生抱怨食堂伙食差，还有人骂了食堂负责人，可这位负责人风趣地说：“耶稣用五个饼和两条鱼就能让众人吃饱，真不可思议，可我们这里每天已有30种菜，5 000斤米饭，1 500个包子，现在不知都哪里去了。”

著名导演希区柯克在执导一部影片时，有位女明星老是向他提出摄影角度问题，她左一次右一次地告诉希区柯克，一定要从她最好的一侧来拍摄。“很抱歉，我做不到！”希区柯克回答，“我们拍不到你最好的一侧，因为你把它放在椅子上了。”在场的人都笑弯了腰。

上级与下级之间的幽默交流应当有利于工作的进展，否则就是无聊的玩笑了。明智的人是会注意将幽默引向促进工作的轨道上的。这样的例子层出不穷：

“我们的销售量在图表中上升到了前所未有的高度，不过这图是倒过来看的。”销售科长说。

“秘书说我这个人过于固执。因为我说过每个字只能有一种写法。”秘书科长感叹道。

发挥幽默的力量去鼓励别人，帮助他们取得更大的成就，你可以把重大的责任托付于人，减轻你的负担，以便你更主动、更自由地发挥你的创新精神，在事业上有所建树。

幽默替你减轻痛苦

以轻松的态度面对自己，以严肃的态度面对人生。如果反其道为之，我们就有烦恼了。不成熟的个性常常在于视自己为人际交往中的核心，而成熟则伴随着视自己和群体有合适的关系。

20世纪50年代有一个相声，说的是有一个人患了盲肠炎，医生给他开刀，把盲肠割去了。患者伤痊愈后，小腹仍时时作痛，经检查，原来是医生把手术剪刀留在里面了，于是重新开刀。事后，病人仍感腹中气胀，经检查，原来是纱布又遗忘在腹中了，遂又开刀。于是，病人对医生说：“你还不如在我的肚子上装个拉链更方便！”

要化痛苦为幽默，关键在于进入一种假定的没有生理痛苦的境界。有了这一点，一切不相干的东西会因一点相关而突然变得一致了。

当然，幽默医治的范围不仅仅限于生理上的痛苦，有时可以是心理上的痛苦。如果能把心理的痛苦忍住，则不难把不相同的东西扯到一起，甚至合二为一，使之产生谐趣。

通常人们在痛苦的环境中之所以不能充分的幽默，究其原因，主要有两点。

第一，幽默要求人们忘却眼前现实的严峻性，而这是违反人的基本特性的，即使是假定性的忘却，也是很困难的。

第二，幽默要求人们把性质不同的东西不动声色地混同起来，哪怕是口头上混同起来，而这也是很困难的。

人们学会讲话和思考的基本法则，就是把不同的事物概念和语言区别开来，而幽默似乎要把人们日常语言和思维搞乱了才成。

如果你不能服从于幽默的谈吐和思维的规范，那么你就只能把自己关在幽默的大门之外。

幽默使你更健康

每个人的生活，都不是一帆风顺的。因此遇到痛苦、挫折也是常有的事。众所周知，一些带普遍性的社会性问题，如物价上涨、交通拥挤、煤气不足等等，会使人感到焦虑和不安。此外，我们自身也有一些难以解决的问题，例如青年人感到青春易逝；中年人工作、家庭负担重，健康状况成问题；老年人无人照顾，同青年人有代沟，内心有孤独感。如果我们能很好地使用幽默的力量，就可以明白你所忧虑的事情，并不一定是人生路上最大的事。

我国有一句谚语“笑一笑，十年少”。可见，笑对于人类有益无害。幽默，作为笑的媒介，会引起人们发笑。

如有一篇名为《挤车的诀窍》的讽刺小品，写得风趣又不浅薄，让我们来欣赏其中精彩的片断：

尽管车辆增加，修建地铁，扩展环行路……可哪里赶得上人生的快！于是，上、下班乘车，就成了一门“学问”。

先说上车，车来时，上策为“抢位”——犹如球场上的“抢点”。精确计算位置，车门停在身边，可收“先据要津”之利，当然，必须顶住！此中诀窍：上身倾向来车方向，稳住下盘，千万莫被随车涌来的人流冲走（好在你身后还有助力之人）。中策则为“贴边”。外行正对车门，拥来晃去，枉费心力。尤其是北京不同于外地，哈尔滨上车是“能者为王”，上海人多少顾及颜面，但动辄大呼小叫，使你无心恋战。北京人又要讲点风格，又要赶紧上车，车门前便非好去处。你是否注意过：售票员洗车，从来无须擦车门两旁——那里全被精明的挤车人蹭得一干二净了！贴住边，扮出一副泰然自若的样子，一点一点把“无根基”者拱开，只要一抓住车门，你就赢了。下策呢，可称“挂搭”。一般人，见车门内外龇牙咧嘴之惨状，早已退避三舍了。司机呢，只要车门关不上，也不敢贸然开车。这时，你将足尖嵌入车门（万勿先进脑袋），而后紧靠门边，往里“鼓拥”，自可奏效……

看到这段话，凡挤过车的人都会捧腹大笑。作者观察仔细，对各地的风情了解得清清楚楚，使阅读的身临其境，遣词造句既得体又幽默风趣，使人既了解北京的挤车之难，又能以轻松的心境对待之，消除忧患，实在是十分巧妙。

多数人都感觉到年龄渐长等问题，也是难以解脱的烦恼，让我们看看应怎样以幽默来对待这个难题。

著名演说家罗伯特说：“我争取在最年轻的时候死去。”他不论在私下还是在公共场合，都把年龄看得很轻，以一颗年轻并富有趣味的心而出名。因此，在他70岁生日那天，他还签了一个为期5年的演讲合同。

幽默就是这样，让人心胸开阔，延年益寿。

幽默能够大事化小

法国哲学家伏尔泰有一个很忠实的小仆人，可他有点懒惰。

一天，伏尔泰对他说：“儒塞夫，去把我的鞋拿来。”仆人赶忙殷勤地把鞋拿来了。伏尔泰一看惊呆了：鞋上仍然布满昨天出门时沾的泥迹尘埃！

他问道：“你怎么早晨忘记把它擦擦？”

“用不着，先生。”儒塞夫平静地回复，“路上尽是泥泞污浊，两小时以后，您的鞋不又要和现在一样脏吗？”

伏尔泰微笑着走出门。仆人在他身后跑步追了上来：“先生慢走！钥匙呢？”

“钥匙？”

“对，食橱上的钥匙。我还要吃午饭呢。”

“我的朋友，吃什么午饭呢，两小时以后你也将和现在一样饿嘛！”

仆人对主人服务不周，当然会引起主人的不快，主人往往会训斥仆人。然而，伏尔泰却以微笑和幽默对待此事，将不愉快之事变为轻松，而且使仆人在笑声中得到教育。伏尔泰真可称得上是幽默家。

将事情化小，确实是日常生活中运用幽默力量的好方法。面对生活中可能引起麻烦的事情，我们借助于幽默，共同欢笑一场，就能把这麻烦放到适当的位置而不至于过分忧虑和不悦。以轻松的态度对待麻烦，共享欢乐会使麻烦同整个生活相比后变得不那么重要。

洛克菲勒就是这样，以幽默来对待生活中不顺心的事。在生活中，如果人们能常以幽默来对待各种事情，如在寒冷、炎热、潮湿的令人难熬的日子里，说上几句逗人开怀的笑话，肯定能振作大家的精神。

生活是丰富多彩的，只要我们的想象力和创造力不被一些框框所束缚，就能借幽默的力量，给生活注入兴奋剂。

幽默揭示丑恶现象

幽默有一个特殊的功能——讽刺丑恶现象，这就是“匡正时弊”法。

古往今来，封建迷信坑了不少人。有一些对联以幽默诙谐的语言，进行讽喻、劝诫，读后令人捧腹！下面试举几联。

某座财神庙里有这样一副对联：“只有几文钱，你也求，他也求，给谁是好？不作半点事，朝来拜，夕来拜，使人为难！”联语以财神的口吻嘲笑了那些坐等钱财的懒汉。

杭州万松岭下也有一座财神殿，庙宇破败，财神菩萨泥土剥落，但香客依然络绎不绝。于是有人在财神殿两侧撰写了一副妙趣横生的对联：“我若有灵，也不至灰土处处堆，筋骨块块落；汝休妄想，须知道勤俭般般有，懒惰件件无。”

即使在今天，我国改革开放深入发展的形势下，由于旧社会遗留下来的种种弊端尚未根除，也产生了一些丑恶现象。因此，运用“匡正时弊”法的幽默技巧来揭露、鞭笞这些丑恶现象，仍显得十分必要。

如石河先生把某些名片称之为“明骗”：

无声唱片，特种炮弹——谁想成名，它能包办：要挂多高的衔，就挂多高的衔；要当多大的官，就当多大的官；要发多肥的财，就发多肥的财；要露多红的脸，就露多红的脸。名片——明骗，小纸一张，威力无限。

杨翰端先生的“贬值谣”把大锅饭中的怪现象讽刺了个够：

年过四十算“青年”，短训三月算“大专”，工龄熬满算“教授”，照书抄录算“考卷”。领导拒贿算“新闻”，退出占户算“模范”。质量低劣算“名优”，不骂顾客算“笑脸”。唱个歌儿算“歌星”，拉笔赞助算“导演”，乱凑词语算“诗人”，挂个虚名算“主编”。两篇短文算“作家”，别人配音算“演员”，戴顶帽子算“著名”，出本庸书算“经典”。

……休道贬值处处有，难得糊涂闭只眼，你好我好他也好，最香还是大锅饭……

人们对种种不合理的社会现象，为什么要用幽默的“匡正时弊”法加以讽刺鞭笞呢？主要是因为人们对此恨之已极，深恶痛绝，直接抨击或咒骂已难解心头之恨，于是“悲极生乐”，产生了通过嬉笑怒骂、讽刺打油诗等形式来宣泄情绪的方式。

幽默寓教于笑声之中

无数的实践证明，风趣幽默的批评教育，在笑声之中容易被人接受，效果也就比较明显了。说起教育，人们习惯地容易联想到那一副副正儿八经、毫无笑容的面孔，一套套令人不着要领的抽象理论，一群昏昏欲睡的听众。其实，造成人们的这种理解和印象，完全是由于教育工作的方法失当造成的。教育，当然是一件严肃的事情，但这并不排斥应该让受教育者发出欢快的笑声。寓教于笑声之中，是教育的有效方法。

有一个“懒师拜懒徒”的幽默，是用来教育那些游手好闲的浪子的。

一个游手好闲的浪子，只恨自己懒得不到家，颇想找一个懒店进修一番。于是，他就到处打听哪里有懒店。

一天，他打听到确有一个学懒店，便欣然前往。到了懒店门口，他屁股充作脸，退着进门去。学懒店的师傅大喝一声：“呔，怎么不懂规矩，何事不把脸对着我！”浪子仍然背对师傅答道：“尊师在上，容愚徒一禀：来时背对师傅，辞别时可不转身也。”师傅一听，瞠目结舌。少顷如梦初醒。拒浪子于门外曰：“我可尊你为师也。”

再举“重建阿房宫”一例，它是用来批评教育行政管理人员的水平和教育水平之低下的。

督学到一所中学巡视，与学生交谈间随口问道："你知道阿房宫是谁烧的吗?"

学生满脸惶恐，连声说："不是我烧的，不是我烧的!"

督学啼笑皆非，向校长指责："贵校的学生国文程度低落，居然说阿房宫不是他烧的。"

盛怒之下，督学写了一封呈文给教育局长，禀明原委。不久，收到局长的复函说："烧了就算了，再拨经费重建阿房宫。"

批评，是教育工作中对各种不良现象进行斗争的武器。批评要想达到效果，就必须与人为善，就必然要讲究方式方法，讲究语言艺术。有时候，一句巧妙的幽默言辞的确能胜过许多句平淡乏味的说教。

那么，为什么幽默风趣的话语能起到教育作用呢，主要有以下两个方面。

首先，因为每个人都有自尊心的，实践证明直截了当地当众批评某个人，绝不是好办法，它或者会引起对方的强烈反驳，找到一些理由来为自己辩护；或者会以沉默相对抗，口服心不服，并从此积怨于心。这样，批评的目的自然没有达到。所以心理学家们都异口同声地说："不要当众斥责人。"这是很有道理的。而采用幽默式的批评方式却给了对方脸面，不会使对方产生对抗情绪。另外，由于采取的是影射而不是直说的方式，让被批评者有一个思考回旋的余地，就更能深刻地领会批评者的良苦用心。

一位年轻画家就近找到一处住房，在搬家之前，他对他的好友说：

"我想把房间的墙壁很好地粉刷一下，然后在墙上画一些画。"

你最好是先在墙壁上画画，然后再粉刷墙壁。"深知这位年轻画家水平的好友劝他说。

这位好友含蓄地表达了自己的意见，年轻的画家自然会体会、深思，该如何把自己的画画好。

其次，幽默能把原来两种互不相关的事物巧妙地、出人意料地联系在一起，使人们产生惊奇，产生笑。人们在联想中，会意识到说话人的真正目的，从而愉悦地接受说话人的意见。

一分钟小幽默大智慧

◎ **猪**

每天早晨起来，猪妈妈都要花费很长时间化妆打扮自己，将葱插进鼻孔里装大象。猪宝宝在一边说：不如干脆制造个长鼻子得了，人老了，一点创意都没有！

大智慧生活是需要创意的，但是，创造应该尊重自然规律和社会规范！

◎ **持家有道**

一天晚上我到美术馆去看画展，当我正在欣赏一幅由一些绳子、火车票、铁丝滤网、快相和一个破车轮拼贴而成的抽象画时，我听见旁边一个妇女低声对另一个妇女说："这足以证明——永远不要扔掉任何东西。"

大智慧生活其实是很紧凑和精致的，没有什么是无用之物，只要我们也精心地发掘和细致地安排，垃圾其实就是宝物！

◎ **淡而无味**

有个老书生，每次听人家谈话，总是摇摇头说："淡而无味。"

有一天，这位老书生跟一位客人谈话，问道："最近有啥新闻？"

客人回答道："昨天傍晚，一条盐船被撞破了，所载的盐都倒进河中去了。"

老先生摇摇头说："淡而无味。"

大智慧如果我们对待生活就这么冷淡无心，不着意，不努力，则一切都会如白开水般淡然无味！

◎ **观画**

一位画家举办个人画展。一位贵妇人来到展室，站在一幅画前面端详了许久，她说："我要是能认识这幅画的作者，那有多好啊！"站在一旁的画家走过来说："夫人，我就是作者。"贵妇人说："这幅画太妙了！你能否告诉我，给画里这位小姐做裙子的裁缝是谁？"

大智慧我们常说艺术是与平民无缘的，因为普通人很难欣赏艺术本身。其实，艺术的目的是给人带来享受。我认为，不一定是理解了艺术本身才有享受，享受本身是没有区别的。

◎ **金眼睛**

宋朝忠武军节度使党进让画工为自己画像。画完后，他看了大怒，斥责画工说："前几天见你画老虎，还用金箔贴眼睛，难道我还消受不起一副金眼睛吗？"

大智慧 适合你的才是最好的。在旁人眼里再好的人或物，如果不适合你，又有什么意义呢？

◎ **穿错大衣**

饭厅内，一个异常谦恭的人胆怯地碰了碰另一个顾客，那人正在穿一件大衣。

"对不起，请问您是不是皮埃尔先生？"

"不，我不是。"那人回答。

"啊！"他舒了一口气，"那我没弄错，我就是他，您穿了他的大衣。"

大智慧 要做到理直气壮，并不是件容易的事情。理直的人，往往低声下气；而理歪的人，却是气壮如牛。

◎ **歪打正着**

汤姆在小学任教，长得人高马大，威风凛凛，只是讲话一紧张就口吃。一次监考时，他发现有一个学生作弊，于是就气急败坏地指着那名学生吼道："你……你……你……你……你竟敢作弊，给我站起来！"语毕，有5名学生同时站了起来……

大智慧 常说"破布还有塞鼻子的作用"。可不是吗？这样看来我们确实应该注意生活中一些小细节，也许就是你的贵人和转机。

◎ **结婚证**

小蔡：您好，我想预约明天去办结婚证。

刘仪伟：好的，婚前检查你们做过了吗？

小蔡：查过了，她爸是开公司的，家里有房有车。

刘仪伟：嗨，我是说去医院检查！

小蔡：哦……（犹豫，不好意思）也查过了，是男孩。

大智慧 "存在的就是合理的"，在现在这个多元社会中，也许我们应该更加宽容地看待身边的事情。

◎ 针

老祖母叹息着说：“唉，如今这些姑娘差不多没有一个会用针的……”

“奶奶，我会！”孙女喊道，“我知道一根针用上一些时候就得换，要不然会损坏唱片。”

大智慧 对于所谓的代沟，没有比时过境迁更合适的解释了。

◎ 出风头

“昨天在剧场里我看见了您的夫人。她咳嗽得可真厉害，以致大家都在看她。她是感冒了吧？”

“没有，你没看见她穿了一件漂亮的绣花连衣裙吗？”

大智慧 当人以夸张的方式试图引人注意的时候，反而让人看不到其所想展现的方面。

◎ 猫的自由

由于猫一贯出入他人房屋及花园而不断引起诸多邻里纠纷，达姆斯达特法庭作出这样一项判决“猫可以不经允许而自由进入邻居的房屋与花园”，因为根据土地法、宠物管理条例及私人住宅管理条例，实在找不出要对猫的自由加以限制的法律根据。法官还解释说，猫是一种猎食动物，它可能追捕一只邻居的老鼠而理直气壮地进入邻居家，也可能追戏一只蝴蝶而误入他人花园作乐。

大智慧 其实看似严谨的法律也有很多无法解决的问题，这可能关系到我们生活的方方面面。作为一个普通人，不关心法律是不行的。

◎ 青蛙见证人

俄国生理学家伊凡·谢切诺夫通过对青蛙的解剖实验，于1863年发表了关于“蛙脑对脊髓神经的抑制”等论文，同时出版了《脑的反射》一书，为神经生物学作出了很大的贡献。但是，沙俄政府竟以莫须有的罪名，把谢切诺夫逮捕。

审讯时，法官问：“被告，您可以为自己找个辩护人。”

伊凡·谢切诺夫回答：“让青蛙做我的证人吧。”

大智慧 欲加其罪，何患无辞。

◎ **幽默美国人**

律师的太太对丈夫说："咱们的房子和家具的样式太陈旧了，该重新装修一下了。"

律师"你别急，我刚好接手了一件离婚案，男方是个有钱的大亨。等我拆散了他们家，就来装修咱们家。"

大智慧如果法律成为某些人用以获取利益的工具的时候，它的危害性就会超过普通的一般犯罪了。

◎ **应变**

舞台上。在击毙敌人的一刹那，手枪竟没有响。再次射击时，仍无声音。台下的观众哗然。演员一时不知所措，他慌乱地抬起脚，朝敌人狠狠踢去。扮演敌人的演员却很老练，只见他慢慢地倒在了地上，然后吃力地抬起了头，用微弱的声音说道：

"他的靴子上……原来有毒，我……真的不行了……"

大智慧戏剧的舞台何尝不是人生的舞台？意外的一刻考验的是人应变的能力，而这种能力正是人生经验的积淀。

◎ **计算机**

学者对他的同事说：

"我发明的这台计算机拥有真正人的特点。"

"您是想说，它会思想？"

"那倒不是。但是如果它犯了错误，它会嫁祸于人。"

大智慧对于有些人自以为是的小聪明，很难说究竟是成就了人还是败坏了人。

◎ **诺贝尔奖金**

教练员在拳击比赛暂停时对自己的拳击手轻声说：

"如果你不能豁出去制服对手，那么诺贝尔奖金就只好由别人领走了。"

大智慧不择手段的鼓舞算得上是一种欺骗了。

◎ **三个女儿之谜**

"你知道吗？亲爱的，我一直认为我们的邻居有三个女儿，现在才算搞清楚，事实上只不过是他们的那个女孩子有三个假发套罢了。”

大智慧经过乔装，同一人在他者眼里成为了不同的很多人。

◎ **精神病**

病人：大夫，我的邻居们都认为我有精神病。因为我特别喜欢火腿肠。

医生：别胡闹啦？我也喜欢火腿肠。

病人：是吗？那您什么时候有空请来我家，我让您看看我的收藏。

大智慧喜欢一样东西没有错，错的是喜欢的方式和程度是否符合人所能接受的限度。

◎ **退席**

“昨天的午餐，您为什么中途离去了呢？”

“那是因为汤像酒一样凉，酒同鱼一样淡而无味，而鱼同午宴的主人一样瘦小。”

大智慧人生的味道何尝不是如此，该甜的时候便像蜜，而该苦的时候就得如黄连，丝毫不能混淆。

◎ **会讲英语**

一个德国抢劫犯被带到法庭，法官问他是否会讲英语，年轻人答道：“会一点。”“你会讲什么？”“把所有的钱都给我。”

大智慧学习任何本领的动力都来源于我们的需要。那些迫在眉睫的需要，往往最能让我们牢固地掌握本领。

◎ **囚犯的工作**

纽约的一座监狱里，最近又来了几个囚犯。一天，监狱长把他们召集在一起，对他们说：“这儿是座模范监狱，我们是很民主的，每一个囚犯来到这里都可以继续做他们原来的工作。”囚犯们听了很高兴，其中一个囚犯顿时手舞足蹈起来。监狱长连忙问他：“你以前是干什么的？”囚犯大声回答道：“监狱长先生，我以前是看大门的！”

大智慧当人们在为一种公平而合理的制度欢呼雀跃的时候，可能想要表达的并不是对这种制度产生的崇敬，更多的时候，人们都是在谋求一种私心。

◎ 汤不烫

一位新堂倌来到某饭店上班，林德曼先生向来就在那家饭店用午餐。就在头一天，林德曼先生对这位堂倌很生气。

“堂倌先生，”他喊道，“您把您的大拇指伸进汤里了！”

“不要紧，先生！”堂倌解释说，“这汤一点也不烫。”

大智慧别人对你的合理要求可能在很多时候并不是那么明显，但这并不代表着我们就可以忽略这种要求甚至将它理解为一种奖赏。

◎ 稀物

侍者：请结账！

顾客：天哪！怎么两个煎鸡蛋就一百元！难道这儿的鸡蛋就这么稀罕吗？

侍者：不，先生！这儿稀罕的不是鸡蛋，而是顾客！

大智慧有时候，让自己对于周围来说变得独特而奇缺更好些。因为即使得到同样的东西，后者往往容易比前者付出更大的代价。

◎ 航海奇迹

有人问一位航海家：“你在海上游历了那么多年，一定遇见过不少奇迹吧？”

“最大的奇迹是我平安无事地登上了陆地！”航海家说。

大智慧只有见识过大海，才知道什么是风平浪静；只有经历过艰险，才知道平安是福。

◎ 苹果和屁股

女教师在黑板上画了一个苹果，然后提问：“孩子们，这是什么呀？”孩子们异口同声地回答：“屁股！”女教师哭着跑出教室，找校长告状：“孩子们嘲笑人。”校长走进教室，表情严肃地说：“你们怎么把老师气哭了？啊！还在黑板上画了个屁股！”

大智慧我们总以为生活的游戏不公平，受到伤害的是自己——可是，有没有想过，根本就是我们不懂游戏的规则呢？

◎ 我也要喝巧克力口味的！

一个白人妈妈给小孩喝母奶，正好旁边黑人妈妈也在喂奶，白人小孩哭了，妈妈问怎么了，他说：我也要喝巧克力口味的！

大智慧生活有很多种形式，也许五花八门的，迷乱我们的双眼——但是生活的本质是真实而永恒如一的！

◎ 我生病了

一个女孩子一直暗恋着一位医生，她为了想见到这位医生同时引起他的注意，所以每天都去找这位医生看病。可是，这一个星期以来这个女孩都没出现，医生正觉得奇怪时，她终于又出现在医院门口了。医生很好奇地问她为什么这几天都没来？女孩答道："因为我生病了。"

大智慧 当借口完美而合理的时候，打破它的唯一办法就是使借口变成事实。

第 6 章

幽默的谈吐

当我们的社会广泛地通过一种笑的能力而被熟知，当每一位公民业已被笑所征服，他就置身在一种和睦的气氛中，从而真正领悟到幽默的内在含义。笑，往往有助于人们的理性认识和道德评价，它是知、意、情的复合，也是真、善、美的统一。讥讽的笑，是通过对丑的否定来间接地肯定美；而赞美的笑，是以愉快，欢悦的感情，用这种体验来肯定美。

妙词佳句，就地取材

斯大林是一位关于善于演讲的幽默家，他在《在莫斯科市斯大林选区选举前的选民大会上的演讲》中有这样一段话：

同志们，你们自己知道，丑儿家家都有（笑声，鼓掌）……果戈理说：“这种人确定的，不三不四的人，使你弄不清他们究竟是什么样的人，既不像人，又不像鬼。”（欢跃，鼓掌）……

我不能准确地说，在代表候选人（当然我对他们很抱歉）中间和我们的活动家中间，没有那种多半是政治庸人的人，没有那种在性格上和面貌上很像民间所说的“既不像供神的蜡烛，也不像喂鬼的馒头”的人（笑声，鼓掌）。

听了这样的演讲，你会情不自禁地为演讲者擅用民间故事和诙谐的语言制造幽默而拍案叫绝。事实上，优秀的演说家总能在演讲中穿插进民间传说、典故、寓言，以增强演讲的幽默感和讽刺的力量，以提高演讲的生动性、趣味性及战斗力量。通过这样的演讲，观众了解了演讲者，演讲者也“推销了自己的观点”。演讲者与听众之间彼此有了高度的默契，相互之间心领神会，造成了一种幽默感，讲清了道理，虽说没有义正词严，但却给了人们深刻的教育，可以说是“含笑谈真理”，使那些认识不清的人容易听进去，引起他们高度的重视。

高明的演讲、交谈总是充满幽默，如果在一次演讲中能让听众发出几阵会心的笑，便能收到良好的效果。斯大林的这段演讲不到200字，竟引起三次笑声和掌声，可见富有多么强烈的幽默感。

含笑谈真理，往往是受人欢迎的，何乐而不为呢？有人赞美笑是礼貌之花，笑是友谊之桥。著名科普作家高士其说：“笑是美的姐妹，笑是善的良友，笑是爱的伴侣；笑有笑的哲学，笑有笑的文学，笑有笑的教育学。”由此可见，笑是神通广大的，生活中不能缺少舒心的、快慰的、爽朗的笑声。而幽默，能寓庄于谐，给人以轻松、优美之感，能使真理更耐人寻味。谚语说得好：“笑是力量的亲兄弟。”笑，表达出人类征服忧患的能力；笑，也能增强人们的友谊、信任和联系。而幽默的笑是一种有趣的、高尚的、会心的、意味深长的笑。

在演说报告、社交谈话中，一些信手拈来的妙词佳句，就地取材的风趣言语，灵机一动所产生的富于哲理的闪光，即使演讲者调节了节奏，也使听者解除了疲劳。这样既有助于深化主题，又能活跃谈话气氛。

调节气氛，缩短距离

善说者一席幽默的话语，往往既活跃了气氛，又把两者之间的距离缩短。因此，无数事例可以证明，风趣幽默是说者和听者建立融洽关系的有效途径与手段。

由于商品经营者的过失，顾客的利益遭受损害，顾客强烈不满，消费者同经营者之间产生了很大的矛盾。

一天，乳品厂的厂长室里，冲进来一位顾客。只见他手拿一瓶酸牛奶，气冲冲地对厂长说：“这样的酸奶能喝吗？我要求赔钱，你们的售货员还不答应，岂有此理！现在，我们一起上法院论理吧！”

厂长拿过那瓶酸奶，发现其中夹杂着玻璃碎片，不禁大吃一惊。但他很快镇静下来，问那位顾客问：“请问，这酸奶您喝过没有？要是已经喝了，那咱们还是先上医院检查一下，回头再上法院吧！”

厂长这句幽默的话语，出乎那位顾客意料之外，反倒令他有点不好意思了。只见他满脸的怒气即刻消去一大半，开始平心静气地提出他的意见和建议了。愤怒一触即发的气氛顿时变得轻松，双方之间的距离也开始缩短了。

这里再举一例：

在思想改造运动中，曾发生过这样一件事。由于某些基层干部作风粗暴，使一位老教授投河自杀（由于及时发现，最终被人救了起来）。陈毅同志知道后，把有关干部叫去狠狠地对他们进行了批评，要他们主动去赔礼道歉。后来，在一次老教授参加的高级知识分子大会上，陈毅同志说："我说你呀，真是读书一世，糊涂一时，共产党搞思想改造，难道是为了把你们整死吗？我们不过想帮大家卸下包袱，和工农群众一道前进，你为啥偏要和龙王爷打交道，不肯和我陈毅交朋友呢？你要投河也该打个电话给我，咱们再商量商量嘛！当然啦，这件事主要怪基层干部不懂政策，也怪我陈毅教育不够……"

陈毅同志这一席话，活跃了气氛，增强了语言的亲切感，使其中所含的批评与自我批评显得那么自然得体，易于被人接受。

宽松精神，感受美感

有人说："没有幽默的语言是一篇公文，没有幽默感的人是一尊塑像。"这话是很有见地的。当今现代社会高效率、快节奏、信息量大，这样必然会使人的大脑容易产生疲劳。如果我们的生活多点笑声，多点幽默，就会消除人们的烦躁心理，保持情绪的平衡。说话，在某种程度上，具有一定的娱乐性。它不应该让人感到紧张、费力，而应给人一种舒适轻松之感。

有这么一件可笑的事：

一天晚上，一位先生在马路上丢失了一只金戒指。当时路灯很暗，他无法寻找。

这位先生急匆匆地赶回家，在房间里到处找起来。他妻子问："你找什么东西？"

"我找戒指。"

"你是在家里丢掉的吗？"

"不，在马路上。"

"那你为什么要在这里找？"

"因为马路上黑，家里亮。"

幽默的谈吐往往惹得人们捧腹大笑，然而，谈吐的风趣也是一种美感，给人以美的享受。

有个大财主订了个规矩：庄稼人遇到他，都得敬礼，否则便要挨鞭子。

一天，阿凡提经过这里，碰上了大财主。

“你为什么不向我敬礼，穷小子！”大财主怒不可遏。

“我为什么要向你敬礼？”

“我最有钱。有钱就有势，穷小子，你得向我敬礼，否则我就抽你。”

阿凡提站着不动。

围观的人越来越多，大财主有点心虚，便压低声音对阿凡提说：“这样吧，我口袋里有一百块钱。我给你五十块，你就向我敬个礼吧！”

阿凡提慢慢悠悠地把钱装进兜里，说：“现在你有五十块钱，我也有五十块钱，凭什么非要向你行礼不可呢？”

周围的人大笑起来，大财主又气又急，一下子把剩下的五十块也抽了出来：“听着，如果你听我的，那我就把这五十块钱也送给你！”

阿凡提又把这五十块钱收下，接着严肃地说：“好吧，现在我有一百块，你却一分钱也没有了。有钱就有势，向我行礼吧！”

大财主目瞪口呆。

阿凡提的故事虽然带有寓言的色彩，但他的话语的确有趣，给人以美的享受。

脱离困难，消除尴尬

幽默的谈吐常常能使局促、尴尬的场面变得轻松和缓，使双方摆脱困境，也消除了尴尬。

美国著名小说家马克·吐温有一次去某小城。临行前，别人告诉他，那里的蚊子特别厉害。到了那个小城，正当他在旅店登记房间时，一只蚊子正好在马克·吐温面前盘旋。那个职员面露尴尬之色，忙驱赶蚊子。

马克·吐温却满不在乎地对职员说：“贵地的蚊子比传说中的不知聪明多少倍。它竟会预先看好我的房间号码，以便夜晚光顾，饱餐一顿。”

大家听了不禁哈哈大笑。结果这一夜马克·吐温睡得十分香甜。原来，旅馆的职员听了马克·吐温的讲话，全体职工一齐出动，想方设法不让这位博得众人喜爱的作家被“聪明的蚊子”叮咬。

评判是非，领悟哲理

风趣幽默在说话中，将人的智慧和语言技巧巧妙地结合起来，揭示出事物的深刻含义，富有哲理，含不尽之意于言外，使人在含笑中评判是非，领悟哲理，增长智慧。

一位年轻的画家拜访德国著名的画家阿道夫·门采尔，向他诉苦说："我真不明白，为什么我画一幅画只用一会工夫，可卖出去却要整整一年。"

"请倒过来试试吧，亲爱的。"门采尔认真地说，"要是你花一年的工夫去画它，那么只用一天，就准能卖掉它。"

门采尔的幽默话语，的确含不尽之意于言外，使人在含笑中评判是非，增长智慧。

著名的现代航空大师西莫多·冯卡门在八旬高龄时获得了美国第一枚"国家科学勋章"。授勋仪式结束走下台阶时，冯卡门因患严重关节炎，显得步履艰难。在一旁的美国总统急忙上前搀扶他。老人向他报以感激之情，然后轻轻推开总统的手，说了一句俏皮话：

"总统先生，下坡而行者，不需搀扶，唯独举足攀登者，才求助一臂之力。"

一句幽默的话，引得众人大笑不已。这样的笑话，不仅使人感到轻松、愉快，而且寓意深刻，也使人在笑声中领悟到其中的哲理。

一分钟小幽默大智慧

◎ 草包几个

甲："我跟太太最讲民主，如果我的意见和她相同，她便服从我，如果不一样，我便服从她。"乙："我跟太太最讲平等，各管各的，我管理客厅、卧房、厨房，她管理佣人和我。"丙："我主张独裁。家中大事由我负责，小事由她负责。还好，结婚五年来，家里没发生过一件大事。"丁："现在我是妻管严，在家老婆做主，但是从明天起我要当家做主。"众人点头："不错不错。"

大智慧 人人都有自己的弱点。有勇气承认就有勇气面对，继而去克服，但对于那些不敢承认的人来说，就永远要这样将就了！

◎ 大纸篓

爱因斯坦被带到普林斯顿大学他的办公室那天，有人问他需要什么工具。“我看，一张书桌或台子，一把椅子和一些纸张铅笔就行了。啊，对了，还要一个大废纸篓。”他说。“为什么要大的？”“好让我把所有的错误都扔进去。”

大智慧 成功其实很简单，就是敢于承认自己的缺点和错误，并且毫不犹豫地把它们扔进“废纸篓”里。

◎ 调羹

麦克走进餐馆，点了一份汤，服务员马上给他端了上来。

服务员刚走开，麦克就嚷嚷起来：“对不起，这汤我没法喝。”

服务员重新给他上了一个汤，他还是说：“对不起，这汤我没法喝。”

服务员只好叫来经理。经理毕恭毕敬地朝麦克点点头，说：“先生，这道菜是本店最拿手的，深受顾客欢迎，难道您……”

“我是说，调羹在哪里呢？”

大智慧 有错就改，当然是件好事。但我们常常却改掉正确的，留下错误的，结果是错上加错。

◎ 换只手表

乔治·华盛顿是美国历史上第一位总统。他有一个年轻的秘书，一天早晨，这位秘书来迟了，他发现华盛顿正在等候着，感到很内疚，便说他的表出了毛病。华盛顿平静地回答：“恐怕你得换一只表，否则我就要换一位秘书了。”

大智慧 如果错了，就下决心去改正，不要给自己找任何借口，因为借口会让人觉得你没有悔过的态度。

◎ 我没有蛀牙

小男孩看完牙医，面带微笑地回到家：“嘿，妈妈，牙医说，我一颗蛀牙也没有。”

妈妈惊讶地瞪大眼睛：“不可能——你每回上床睡觉前都把巧克力盒子里的糖一下子吃完，而且从来不刷牙！”

这时，男孩张开了嘴巴——他的牙全被拔光了。

大智慧 不能因为水脏就把脏水里的孩子也一起泼掉吧！接受它、包容它。

◎ 理发

一名男子到理发店理发。男子对理发师说："请你把左边的头发剪得短点，右边的头发让它垂到耳朵不要剪，然后在脑门上给我剪秃像五元硬币大的一块，还要留下一缕长发，使我能把它一直拉到下巴那里。"

"对不起，先生，"理发师道："这个我可能办不到。"

"办不到？"顾客怒喝，"上次就是你把我的头发剪成这个样子的。

大智慧 很多人并不知道或者不愿承认自己已经把事情做得非常糟糕，除非你拿出足够的证据。

◎ 慈善事业

一天，萧伯纳应邀参加一个慈善团体的舞会。会上，他邀请一位身份平常的慈善团体女成员跳舞。这个女子不好意思地说："您怎么和我这样一个平凡的人跳舞呢？"

萧伯纳回答："这不是一件慈善事业吗？"

大智慧 如果有颗善良和慈爱的心，即使是再平凡的人，也会让人尊敬。

◎ 闹钟

经理对年轻的助手深为不满："您，小姐，每天早晨上班总是迟到，难道您家里没有闹钟吗？"

"有是有，可它太讨厌。每当我睡着时，它总打铃。"

大智慧 当你把一种东西的优秀品质当成是它的缺点时，你已经失去了拥有它的意义。

◎ 作者与编辑

一位文抄公来到一杂志编辑部。

"编辑先生，您读过前不久我寄的那篇小说了吗？"

"读过了，年轻人，读过了。记得我读这篇小说的那个时候，你可能还没有来到这个世界上呢！"

大智慧不要以为时间会遗忘什么，即使是时光流逝，诚实依然是人们应当谨记的品质。

◎ 输与赢

“为什么您玩牌时总是那么走运，可赛马您却一次都没有赢过？”

“那是因为，无论如何我也不能把马整个握在手里。”

大智慧事物不但需要人用手的把握，更要运用那可贵的理性。

◎ 旅游者的疑问

导游对旅游者说：“女士们，先生们，你们面前的这座城堡是历史上著名的亚历山大国王的，它兴建于几个世纪之前。”

“为什么非要把它建得离铁路这么远呢？怎么就没考虑会带来许多不便呢？”一位旅游者问。

大智慧善于提出和思考问题的人，绝不会混淆过去和现在。

◎ 嗓子

一个骄横的女人问声乐教授：“你认为我的嗓子怎么样？唱什么歌最合适？”

“当然，这是一副很有特色的嗓子，遇上火灾或沉船时，它是大有用场的。”

大智慧骄横源自于无知，真正有实力又有魅力的人都是谦卑的，因为广博的知识使得他们能够认清楚自己的位置。

◎ 反正你看不见我

某甲遇见一个人,那个人给了他一棵草,并对他说:“这是隐身草,只要你手里拿着它,别人就看不见你了。”某甲就手拿这棵草来到市场上,旁若无人抓起别人的钱就走。钱主抓住他挥拳就打。某甲说:“随便你打,反正你看不见我。”

大智慧在别人看不见的时候如何行为,是对人品质的一个考验。

◎ 打赌

看台上,两个素不相识的球迷争了起来。

“甲队准赢。说错了,就把我姓倒写!

“甲队准输。否则,把我的姓横写！”

“你贵姓？”

“姓田，你呢？”

“姓王”

大智慧 有些人的“英勇”表现并不能代表着他们具备“英勇”的本质，因为在那种行为的背后，他们根本就毫发未损而已。真正的英勇，意味着有所牺牲。

◎ 因祸得福

老教授习惯于专心致志地思考问题。有一次，他去洗澡，忘了脱衣，便一屁股坐进浴盆拿起浴巾前前后后，上上下下地忙着擦洗起来。

突然，他发现自己没有脱衣服，连忙一跃，从浴盆里跳了出来。

“万幸，万幸！”他说着笑了，原来他忘了拧开水龙头。

大智慧 什么是真正的专心致志？牛顿曾经给出过经典的解释——专心致志是一种能够将你身体与心智的能量锲而不舍地运用在同一个问题上而不会厌倦的能力。专心是一种难得的品质。

◎ 假电影票

甲：“我买到一张假电影票，这种人真缺德！”

乙：“假票呢？”

甲：“我把它转卖给别人了。”

大智慧 如果一个人没有自我修养的品质，可不是什么好兆头。

◎ 语言美

“我做到了语言美。”

“怎见得？”

“凡是认识我的人，都说我说的比唱的还好听。”

大智慧 仁者无敌，最有效的武器其实是真诚。实实在在地告诉对方你想说的，最朴实，最不讲求技巧，反而最能赢得别人的信任。在与人交往时太注重技巧往往适得其反，只会让你失去本色的魅力。

◎ 伟大的医生

一位驰名的医生临终时对他周围的医生说，“我将留下三位伟大的医生。”在场的所有医生都希望，这位名医生能将自己的名字作为他的继承人提出。

这位名医却说：“这三位伟大的医生就是：水、运动和正确的饮食。”

大智慧 人们往往以为从医生那里能找到健康，其实药物只会帮你暂时驱除某种病痛。不是说“以自然之道养自然之身”吗，大自然讲求的是和谐、融洽，因此，只有人的身体和心灵都要养成良好的习惯，才能活得健康自然。

◎ 最好都穿去

阿凡提的妻子准备去参加一个婚礼，不知穿哪一件衣服合适，她花了足有一顿饭的工夫来试衣服，但还是举棋不定，便问阿凡提：“阿凡提，您看我到底穿哪一件合适？”“假如穿了这一件，那件会生气，如果穿了那一件，这件肯定又不高兴，最好你把它们都穿去！”阿凡提回答道。

大智慧 在一些非原则性问题上，无需左右摇摆不定，犹豫不决、优柔寡断只会增添不必要的麻烦和累赘。

◎ 主人

小牛见母牛在农民的皮鞭下汗流浃背地耕田，感到很难过，就问：“妈妈，世界这么大，为什么我们一定要在这里受苦，受人折磨呢？”

母牛一边挥汗如雨，一边无可奈何地回答说：“孩子，没办法啊！自从我们吃了人家的东西，就身不由己了，祖祖辈辈就这样啊！”

大智慧 优秀是一种习惯，拥有了好的习惯，你就拥有了成功的基因。

◎ 真实谎言

有位老兄带着妻子及岳父开车经过旧金山的金门桥。刚开过桥，就被站在路边的警察及旧金山市长拦住。警察满脸笑容地对他说：你是自从金门桥建成后第5 000 000 000 000 000个开车过桥的人，市长先生将发给你五千美金作纪念。那老兄听后高兴得合不拢嘴。

警察问他，你拿了这五千块钱想干什么？这老兄忙说：我正穷得连开车执照都办不起，所以第一件事就是赶快去办个执照。他的妻子在一旁听得直急眼，赶快抢话跟警察说：别听他瞎说，他一喝醉了酒就胡说八道！一直在车里迷迷糊糊打瞌睡的老岳父这时醒来，看见那警察，气得直嚷起来：你看你看，我早就跟你们说过，这偷来的车就开不远！

大智慧 永远记住：人心最大的智慧就是诚实！人性最贵重的品质也是诚实！人间最大的美德还是诚实！世界最大的秘密也正是真实！

◎ 如此作品

妻子:“结婚半年多了,怎不见你搞文学创作?”

丈夫:“我哪有那个天赋呀!”

妻子:“结婚前,你在‘征婚启事’上不是写了‘在省晚报上发表过作品’吗?”

丈夫:“我指的就是那份‘征婚启事’。”

大智慧 狡猾的小聪明或许可以瞒骗一时,但终究是狐狸尾巴藏不住——原形毕露。因为只有真诚和坦荡才是放之四海而皆准的大智慧!

◎ 不要命了

某日,王小二出门做客,主人先端上一盘豆腐,他很快猛吃起来,其他客人劝他吃慢点,王小二说:“豆腐就是我的命。”然后主人又端上红烧肉一盘,王小二见了又狼吞虎咽起来,并说:“有了肉,我不要命了。”

大智慧 我们常常下定决心或者海誓山盟,但如果那是基于幼稚和虚伪,是不是就太苍白无力了呢?毕竟,生活的厚重和内心的真实不是轻易可以让我们说出口的!

◎ 太太向我求情

怕老婆出了名的老李,却在人面前不肯承认。

一天,他对朋友说:“昨天晚上太太跪下来向我求情。”朋友不信,追问他事情的经过,他才说:“太太跪在床边,低头向床底下说,你到底出来不出来?”

大智慧 编造虚伪的谎言,刻意掩饰在意的真实。可是我们这样做究竟掩饰了什么?——恐怕只是可怜虚弱的内心——而真实仍然坚强地站在那里,或许,内心的坚强才是我们真正需要弥补的!

◎ 智能

约翰在机场候机,闲来无聊站到一台体重机上,荧屏上马上出现:“你是约翰,体重 87 公斤,飞往纽约”的字样。约翰十分惊奇,他十分钟以后戴着墨镜又站到这台机器上,荧屏上马上又显出“你是约翰,体重 87 公斤,飞往纽约”,约翰更加感到神奇了,他跑进盥洗室刮掉胡子,换掉衣服又来到这机器前,荧屏上马上显出“你仍是约翰,你的体重仍是 87 公斤,你的飞机已于 20 分钟前飞走了。”

大智慧 生活中很多事情乍看起来不可思议,但是我们并不应该幼稚地对此妄加否定和怀疑。因为,真实永远是值得尊重和探讨的,还是让我们保持一股孩子般天真的好奇心吧！

◎ 叠被

教官：龟田，为什么你的棉被总叠得比山本差？

龟田：报告长官，山本入伍前是做豆腐的，而我参军前是做花卷馒头的。

大智慧 三岁看老，早期的经历有可能影响你的一生。在你不知不觉中，你会显露出来你最基本最熟悉的动作以及习惯来。

◎ 白板上的黑点

有位老师进了教室，在白板上点了一个黑点。

他问班上的学生说："这是什么？"

大家都异口同声说："一个黑点。"

老师故作惊讶地说："只有一个黑点吗？这么大的白板大家都没有看见？"

大智慧 你看到的是什么？每个人身上都有一些缺点，但是你看到的是哪些呢？是否只有看到别人身上的黑点；却忽略了他拥有了一大片的白板（优点）？其实每个人必定有很多的优点，换一个角度去看吧！你会有更多新的发现。

……中篇
学点幽默口才，做最成功的人

幽默是一个饱含着智慧和情趣的领域，令人畅怀、回味和神往。生活中更是不能缺少幽默，幽默是生活的调味剂，幽默是人生的智慧之花。聪明的人不一定善于幽默，但是幽默的人一定很聪明。我们不能总是抱怨生活中缺少幽默，其实，只要稍微留心一下，就会发现我们并不处于幽默的佳境中。

第 7 章

工作事业中的幽默

语言是交际的工具,而幽默则是使语言蓬荜生辉的一根"魔杖"。不论你从事什么职业,不论你是一个新进人员还是熟练工种,也不论你职位的高低,幽默都能帮助你顺利地与他人沟通、交流,帮助你快速有效地与他人建立和谐的关系,帮助你解决工作中的问题并顺利渡过难关。

用幽默推销自己

现代人都懂得推销自己,虽然能力的高低是重要的决定因素,但高明的推销方法则往往是成功的关键。有些人颇具才华,但却不能给人好的印象。而有些人在自我推销的过程中加入了幽默的成分,便收到了事半功倍的效果。

有这样一个小故事:

美国有一位大学毕业生急于找到工作。一天,他跑到一家报馆自我推荐。他找到一位经理问道:"你们需要一个好编辑吗?""不需要!""那么记者呢?""不,我们这里现在什么空缺也没有!"

"那么,你们一定需要这个东西。"大学生拿出一块精致的牌子,上面写着:"额满暂不雇用。"

经理感到眼前的这位小伙子很有意思,便立刻打电话把这件事情报告给老板,随后,他笑嘻嘻地对大学生说:"如果愿意,请到我们广告发行部来工作。"

这位青年用幽默推销自己,终于打破了僵局,找到了工作。后来,他成了那家报馆出色的经理,使报纸的日销售量从5万份左右提高到30多万份。

这则小故事揭示了一个大道理:学会推销自己并非是一句空洞的说教。推销自己的过程,其实就是一次全面展示自己幽默、才学、品行、智慧的过程。这是无法临时抱佛脚式去应付的。

有些时候,在面试的过程中运用幽默的技巧,可以起到画龙点睛的作用。

一位刚毕业的大学生在应聘一个工作职位时,要接受一项测试。其中有这样一道测试题——"cryogenics"是什么意思。他停下来苦思冥想。最后,这位大学生写下了他的答案:"这个单词的意思是我最好到别处去找工作。"结果,他被录用了。

想在众多的竞争者中脱颖而出，富有创意的思想加上幽默的力量是必不可少的条件，恰到好处的幽默往往能够使应聘者得到认可。创造力加上幽默的力量，可以让我们更有弹性地去处理事情。我们可以运用富有创造力的方式来达到某种目的，用它来寻求答案，有时要凭幻想来发现，在大脑里设想："如果我这样做的话，会怎么样？"在美国，有不少求职者都是利用幽默机智取得成功的。

美国中央情报局需要一个高级特工，通过层层严格的筛选，最后剩下两男一女。他们将面临最终的考核。

主考官将第一名男子带到一扇铁门前，交给他一把枪，说道："我们必须确信你能在任何情况下服从命令。你的妻子就坐在里面，进去用这把枪杀死她。"这名男子满脸惊恐地问道："你不会是说真的吧？我怎么能杀死我的妻子呢！"于是他落选了。

接着是第二名男子，主考官交给了他同样的任务之后，他先是一惊，不过还是接过了枪进了门。

5分钟过去了，没有一点动静，然后门开了，这名男子满脸泪水地走了出来，对主考官说："我想下手，但无法扣动扳机。"自然，他也落选了。

最后轮到那位女人。

当她被告知里面坐着她的丈夫，她必须杀死他时，这位女子毫不犹豫地接过了枪，走进门去。门还没有关严，就传来了枪声。

连续13声枪响之后，又传来了尖叫声和椅子的碰撞声。

几分钟之后，一切又恢复了平静。

这时，门开了，女人走了出来，擦了擦额头上的汗水，生气地对考官说："你们这些家伙，竟然不告诉我枪里装的都是空弹，害得我只好用椅子把他砸死了。"

不论我们面对何种突如其来的面试，只要我们勇敢镇静，用机智幽默的答案来转移话题，并且妙语连珠，便可以获得成功。一句话，自我推销要大胆，自我选择要幽默。

幽默可以拉近与上司的距离

对于许多员工来说，最大的苦恼莫过于工作努力，却得不到上司的赏识。要获得上司的赏识就要主动拉近与上司的距离，不能否认要消除与上司的距离感首先要把工作干好了，甚至做得十全十美，不能让上司觉得你是一个没用的员工。但是，只知道埋头苦干也不见得就会得到上司的赏识。美国人力资源管理专家科尔曼说过:"职员能否得到提升，很大程度上不在于是否努力，而在于老板对你的赏识程度。"那么,怎么才能脱颖而出呢?

对于上述问题很苦恼的人或者想有一番作为的人,可以试试在领导面前化严肃为风趣的交流方式,说不定效果出人意料。

一个年轻人在找工作,他来到麦当劳面试。老板问他会做什么,他说我什么都不会,不过我会唱歌。

老板说你就唱一首歌试试吧，于是他就开始唱歌了:"更多选择更多欢笑就在麦当劳!"

老板一听就乐了,接着问了他一些对于麦当劳有什么了解之类的问题,最后,他被顺利录用了。

上面的例子中,求职者在面试中借助了幽默的力量,他首先就以唱歌的方式说出了麦当劳的广告语,博得老板一笑的同时,获得了老板的好感。

大多数上司都是很有文化的人,想要拉近与上司的距离,就要在语言上多下一些工夫。一般来说,幽默语言的效果应该不错。

职员:"经理,您实在是爱好工作的人!"

经理:"我正在玩味这句话的含意。"

职员:"因为您一直都紧紧地盯着我们,看我们是不是正在工作。"

职员通过与经理开玩笑,不经意中就拉近了与经理的距离,何况经理也是一个幽默的人。与上司开玩笑还要注意把握好时机。最好时刻留意能够与上司面对面谈些风趣的俏皮话的机会。比如两人并列在一起等电梯或者在洗手时都是机不可失。另外,幽默地"冒犯"上司也是拉近双方距离的好办法。

美国沉默而严谨的总统柯立芝就曾被人用幽默的方式"冒犯"过。有一次他去华盛顿国家剧院看戏剧演出。看了一半的时候,他就开始打瞌睡了。演员马克停下歌唱,走到前排,朝总统喊道:"总统先生,是不是到了您睡觉的时间了?"总统睁开眼睛,四下张望,意识到这话是冲着自己来的。他站起来,微笑着说:"不,因为我知道今天要来看你的演出,所以一夜没睡好,请继续唱下去吧!"

这则幽默的对话既表现了演员直言不讳的幽默，也体现了柯立芝总统的机敏和幽默感。演员并没有开罪总统，相反，倒成了总统的好朋友。由此可见：以下犯上的幽默使用得适时适度，往往能够拉近与上司的距离，赢得上司的理解和信任。

工作太累的时候，难免会偷懒，这时如果被老板看见了，你该怎么办呢？

有一个建筑工地的工人在搬运东西，每次只搬一点。工头不得不开口说话。

工头："你在做什么？你看别人每次都搬那么重的东西！"

工人："嗯哼，如果他们要懒到不像我搬这么多回，我也拿他们没办法。"

幽默的回答，工头也被逗笑了。

工人以幽默的口气为自己的偷懒行为辩解，老板即使会批评他，也会比较随和，责罚也会比较轻。假如你对于装疯卖傻的演技颇有心得，那么不妨也在对你颇有微词的老板面前，以若无其事的态度告诉他下面的话："幸好我已经娶老婆了。"当然，你的老板无法了解你这一句话的意思，必定是一副茫然的样子。这个时候，你可以不声不响犹如自言自语地对自己说："所以我现在才习惯别人对我的唠叨了……"

在这里幽默的确可以拉近与上司的距离。不过生活中任何事情都不是绝对的，与上司距离的远近也同样如此，这种距离不可太远也不可太近。如果一个人不认真地做好工作，成天围着上司转，只知道说好话、空话，刻意拉近与上司的关系；或者整天坐在那里等上司安排工作，像个提线木偶一样，上司拽一下，你才动一动，无形中疏远了上司，都是不可取的，因此要把握幽默接近上司的技巧。

幽默可以获得同事的好感

同事间有什么心事，如感情、事业、家庭等问题，都喜欢找你倾诉，认为你很能体谅别人，是个最好的听众。你不仅确实会很耐心地倾听别人的心里话，而且，如果你有能力帮助同事排除烦恼的话，你会热心尽力。即使事情不是力所能及的，也会给予适当的安慰。如果这样，有谁会不愿意和你做朋友呢？除了这些，如果你有自己的特点，能发展一个自己独特的幽默方式就再好不过了。自己独特的幽默方式是专属个人的，任何人都学不来，所以会更有威力。

有一次发薪水的时候，小李的工资卡里面竟然分文没有。但他没有气得暴跳如雷，也没有破口大骂。他只是去问发薪水部门的人说："怎么回事？难道说我的薪水扣除,竟然达到了一整个月了吗?”当然,小李得到了补发的薪水。

小李对同事偶犯错误持一种宽容的态度,而不把它看成一件了不得的事情,批评谩骂同事的愚蠢。他以幽默的方式与同事分享了愉快的果实。这也正是不为所动、泰然处之的幽默所要收到的效果。

我们如果不能领略到别人的幽默对自己的裨益,也就不太可能以自己的幽默来激励他人。为了表现我们重视别人所带来的好处,应该时时刻刻保持乐观的态度,同别人一起欢乐。

一位男士对即将结婚的女同事打趣地说:“你真是舍近求远。公司有我这么优秀的人才,你竟然都没有发现!”女同事开心地笑了。

对于上面这位男士的幽默,女同事不但没有反感,反而感激他的友谊和欣赏。欢乐的气氛荡漾在同事之间,这是多么弥足珍贵的友谊。

报刊、出版社的编辑与撰稿者之间是一种合作关系,如果合作期间能适时幽默,那么双方的工作都会进展得更顺利。

美国作家杰克·伦敦许诺给纽约的一家出版社写一本小说,但却迟迟没有交稿。

出版社编辑一再催促均无结果后,便往杰克·伦敦住的旅馆打了个最后通牒式的电话:

“亲爱的杰克·伦敦:如果24小时内我还拿不到小说的话,我会跑到你屋里来,一拳揍到你鼻梁上,然后一脚把你踢到楼下去。我可从来是履行诺言的。”

杰克·伦敦回答说:

“亲爱的迪克:如果我写书也能手脚并用的话,我也一定能履行自己的诺言,按时将书交到你的手里。”

编辑与作家之间的玩笑说明了他们亲密无间的合作关系。而作家为自己不能交稿所做的辩解更是巧妙。

一家杂志社的编辑收到一封来信:“亲爱的编辑:我希望和您达成一项默契,您如果刊用了我的稿子,您将得到稿费的一半,希望能得到您的首肯。”

编辑回信说:“您的意见很好。我希望钱都由您支付,每行五元。当您把稿子和钱寄来以后,我将把它刊登在广告栏里。”

因为合作关系不是领导与被领导的关系，处理事情应该平等协商，相互提意见，表示不同看法也应客气委婉些，不能伤了和气。以幽默语言来表达是比较高明的办法。

歌唱家狭诺·帕蒂拉举行独唱音乐会，那位钢琴伴奏自顾自弹得很起劲，以致琴声经常盖住歌声。帕蒂拉虽然几次向他暗示，可他全然不加理会。

演唱会结束以后，帕蒂拉与自己的合作伙伴——钢琴家亲切握手，并谦虚地说："先生，今天我很荣幸，能参加您的钢琴独奏会。"

歌唱家用幽默语言表达出了对合作伙伴的不满，又照顾了对方的面子，是一种巧妙而得体的化解冲突的方法。

幽默可以争取到与客户的合作

一般来讲，客户对于突然闯入的销售员都会采取冷漠的态度，很少有人会说你来得正好，就像及时雨之类的话。

一次，一位推销新手向老推销员诉苦："我干不了这差事。我每到一个地方，就受人侮辱。"

"是吗？那太糟了，"老推销员很同情地说，"我从没有过这种感觉。多年来我到处旅行推销，我拿出来的样品曾经被人丢到窗外，我自己也曾经被人推出去。但是我想我还算幸运，我从来没有被人侮辱过。"

这位老推销员以他的亲身体验向我们说明了推销员应有怎样的幽默态度。美国人赫伯·特罗在《幽默的力量》一书中提到这样一个生动的事例。

一位经验丰富的老推销员带着一位对业务完全生疏、慌里慌张的实习推销员去推销收款机。这位前辈看起来并不潇洒：身材矮小、圆圆胖胖、红彤彤的脸，可是言谈举止间洋溢着一种幽默的活力。

他们来到一家小商店，老板向他们喊道："我们不需要收款机！"这时，老推销员靠在柜台上哈哈大笑起来，好像刚听到一个世界上最好笑的故事一样。老板莫名其妙地望着他。

笑了一会，老推销员直起身子，微笑着道歉说："我忍不住要笑，您让我想起另一家商店的老板，他也说对这个没兴趣，可是后来他成了我们最好的主顾之一。"

随后这位老推销员津津有味地介绍了他的商品。每当老板表示对它没兴趣时，他就把头埋在臂弯里，咯咯地笑起来。然后他再抬起头，又说了一个故事，同样是说某人在表示不感兴趣之后，又买了一台新的收款机。

当时大家都在看这两位推销员。那位实习推销员感到窘迫极了，恨不得调头就跑，他想："他们肯定会以为我们是一对傻瓜，而把我们撵出去。"可是那位老推销员继续哈哈大笑，把头埋在臂弯里，然后又抬起头来，把老板的每一声拒绝都变成对往事的幽默回想。

最后，令年轻推销员惊诧不已的是，不一会儿老板居然同意购买一台新的收款机。后来，这次经历对年轻推销员产生了神奇的影响。每当他遇到棘手的事情时，就会想起那位老推销员，那圆圆胖胖的身材，微笑的脸庞又浮现在他的眼前，耳旁还响起那快活的意义深远的哈哈笑声，于是他就有了对待工作的幽默力量。

幽默可以制造你与客户的笑声，使顾客在笑声中接受你的产品。如果你正和爱挑剔的顾客打交道，幽默是最有效的工具。

在一个汽车展示会上，一对年轻夫妇对一辆汽车的价钱颇有微词。

"这几乎等于一辆大卡车的价钱了。"太太抱怨着。

"当然，如果您喜欢大车的话，同样的价钱，我可以卖给您两台大型拖拉机。"

面对顾客的抱怨，销售员运用幽默技巧表达了他所推销的小型车是物有所值的，在令顾客笑的同时，更容易获得顾客的认同。

讲了这么多故事，到底如何使用幽默这个有力武器来争取到与客户的合作机会呢？下面有几点建议：

在开口之前先试着判断客户是哪种类型和风格的人。正确的幽默对你的帮助多大，错误的幽默对你的损伤就有多大。

巧妙地插入幽默的谈话会使顾客喜欢上你。但要提醒的是：任何时候都不适于对不熟悉的人使用政治、种族或宗教幽默。

你也可以讲一讲个人经历而不是瞎编乱造一些无厘头的幽默故事。比如你在办公室里、在家里或者孩子小时候的趣事。你还可以把幽默故事记录下来，这样你在下次同客户谈话时就能很快地记起有关上次谈话的内容。

你还可以把问题变成机会。比如你想在电话中用三十秒介绍一下产品。顾客问:“怎么收费？”你可以说:“噢,这个电话是免费的。”轻松幽默的氛围的确有利于你成功地推销产品。

幽默可以缓解工作压力

在当今竞争异常激烈的社会中,工作压力已经成为上班族的主要压力,如果处理得好,压力也许就会转变为动力。反之不但会使人心烦意乱,还会失去工作的积极性,压力就会成为阻力。因此,减压是现在流行词汇中使用频率最高的一个,为了使自己的工作更加有效率、更加轻松自如,可以采取幽默疗法来减轻自己的工作压力。

两位保险公司的业务员正在争相夸耀自己的公司付款有多快。第一位说:“我们公司10次有9次是在意外发生当天,就把支票送到保险人手里的。”“这算什么！”另一位业务员说:“我们公司的办公大楼一共有40层,我们在23层。有一天我们的一位投保人从楼顶跳了下来,当他经过23楼的时候,我们就把支票交给他了。”

看似互相调侃的笑话中,体现着保险行业竞争压力之大,而两位业务员都能幽默相对,实属难得。

自嘲式的幽默不但能够给别人带来笑声,同时也让自己沉浸在愉悦当中。

马氏一家人专门从事危险的行业,就是用爆破毁坏建筑物。可想而知这个行业的压力有多大,心理上会有多紧张。但是马氏一家人用幽默力量来消除紧张——他们常和记者聊天,说些荒谬的故事。有一次在大爆破工作之前,新闻记者问他如何处理飞沙和残砾？马明一本正经地解释道:“我们向一个生产包装袋的公司订制了一个特大的塑料袋,然后直升机在大楼上空把它扔下来。”

记者被马明的幽默笑话逗得笑声不断。第二天马氏兄弟从报纸上读到这篇报道的时候,也爆发出阵阵笑声,从而消除了自己的紧张情绪。

有的时候一个职员要负责的工作种类繁多,头绪复杂,很容易因为工作压力过大而产生烦躁情绪,这个时候尤其需要幽默的帮助。

小丽是一家大公司的总经理助理。她必须时刻应付各种访客,还要接电话,帮助同事找资料，还要随时听从老板的指示，业务十分繁忙。不过小丽并没有被这些琐碎的事情搞得心烦意乱，相反事事都以幽默的态度来对待。

有人打电话找老板："我要和你的老板说话。"

"我可以告诉他是谁来的电话吗？"小丽问。

"快给我接你的老板！"来电人态度强硬，"我现在要马上和他说话。"

"很抱歉。"小丽温婉地说，"他花钱雇用我来接电话，似乎很欠缺考虑。因为十个电话中有九个是找他的。"

来电话的人笑了，然后把他的名字和电话号码告诉了小丽。

在这里，巧妙的幽默化解了一个棘手的问题，也缓解了小丽的工作压力。可谓一箭双雕。在面对各种各样的工作压力的时候，如果我们都能像小丽一样巧妙处理，相信我们的工作会更加顺利地进行下去。不过幽默的力量也不是万能的，在缓解工作压力的时候，除了运用幽默的技巧之外，还要注意运用其他一些科学的、正确的减压方法。专家建议，经常加班的人应当多补充睡眠，提高睡眠质量，还要注意饮食规律，多进行体育锻炼，如散步、慢跑等，从而达到平衡的心态。

职场中处处都需要幽默

职场沉浮多年，唯有幽默，那稍纵即逝的智慧火花，总是在关键的时刻闪现，助我们渡过许多难关。

一次招聘会上，方华应聘一个炙手可热的职位，简历投出后大概两星期左右，对方就将抱歉未能录用的E-mail发给了他。可能是由于系统错误，对方发了两封抱歉信给他。方华毫不犹豫地回了一封信，"既然您对未能录用我如此遗憾，为什么不给我一次面试机会呢？"不知是不是这封信起的作用，后来方华得到这个公司另一个更好职位的面试机会。

在方华与美国老板相处的过程中，他更是不失时机地幽他一默，总能"化险为夷"，永远是快乐结局。有一天老板不小心把可乐打翻在他办公室的地毯上，他异常恼火，激动得手舞足蹈，说蟑螂部队准保会因此大规模地袭击他的办公室。方华想了想，微笑着说："绝对不会发生这种事，因为中国蟑螂只爱吃中餐。"老板的脸色放晴了，高兴地朗声大笑。

即使在意外发生时，幽默也是一颗开心果，让大家转忧为喜。

一家写字楼走道里的电力系统出了问题，直冒白烟，办公室顿时一片黑暗。各公司的人闻到异味后都冲出来，看个究竟。正紧张地不知道发生了什么事故时，一个同事开始向大家发放他从保险公司领的健康手册，缓解缓解气氛。大家都在猜到底发生了什么事故。其中一位员工扬了扬手中的健康手册，答道："让我们研究一下自救手册吧，看看在危难情况下如何保护自己。"大家于是哈哈大笑。一位外国老板正色道："为什么不给我一本？"那位幽默感极佳的同事说："我会立即为您翻译的。"

很多时候，幽默言辞都是在了解了欧美国家的文化背景和职场习惯后的即兴之作。有一回面试就是这样。

那是个星期五下午，不知出于什么原因，李奇穿着牛仔裤就去面试了。经过口语听力测试、电脑水平测试后，美国人的表情告诉李奇他们对他非常满意。但美国人突然冷不丁地问李奇："请问你为什么穿牛仔裤来参加面试呢？"李奇急中生智，快速答道："今天不是周五吗？周五不是'便装日'吗？"李奇记得原来在另一家美国公司工作时，周五总是有一幅漫画贴出来，漫画上的公司职员都穿睡衣，穿着拖鞋，睡眼惺忪的模样，旁边标注着大写的"Friday"（星期五）。果然不出所料，老板哈哈大笑，李奇自然顺利地得到了这份工作。

一分钟小幽默大智慧

◎ 请假

一个职员已经两天没上班了，当他第三天来到公司时，老板抱怨说："你这两天干什么去了？"

职员答道："我不小心从三楼窗口跌到大街上了。"

老板气冲冲责问："从三楼跌下去要两天吗？"

大智慧 在职场，出现被动局面并不可怕，人毕竟不是全才。但是，任由糟糕的局面继续恶化下去，就是责任心的问题了。正如上面这个幽默，既然"不小心从三楼窗口跌到大街上了"，为何不及时请假呢？

◎ 他招了

苏联考古学家发现了一具木乃伊，可花费了很长时间也无法弄清木乃伊的年龄，于是他们请了几位KGB帮忙。

KGB来了以后，忙了一个早上，最后满头大汗地出来了，查清楚了，3 147岁。

考古学家非常震惊，问道："你们是怎么知道的？"KGB指着木乃伊说："很简单，他招了。"

大智慧在现代社会中，"职业病"已经成了一个并不陌生的字眼。养成良好的职业习惯固然是件好事，但用职业思维来打量世间的所有事物，何尝不是一种悲哀？

◎ 马夫喂马

马夫偷偷地把用来喂马的大麦卖掉了。

但他仍然每天用水给马擦洗，用梳子为马梳理鬃毛。

马对马夫说："如果你真心对我好，就不要把大麦卖掉！"

大智慧对马来说，与大麦比起来，每天的梳洗算得了什么？一天梳洗十回，也比不上吃一次大麦。在职场中，总能遇见一些像"马夫"之类的人，你一定要透过表面现象看本质，不要被虚情假意所蒙蔽。

◎ 职业习惯

上尉检阅新兵时，问一个排长："为什么你把高大好看的全都排在前面，不顺眼的矮个儿的全都排在后面？"

"报告上尉！"排长答道，"我入伍前是摆摊卖水果的。"

大智慧：人的位置和角色是相对的，而且也应随着环境的改变而改变。顺应自身条件去寻找合适的位置，这样你就能够站在前面。

◎ 一言误事

"你昨天去找新的工作，找到了么？"

"没有。当招工人员跟我洽谈时，我说了句该死的废话！"

"你说错了什么？"

"当他问我会不会做这种工作时，我说'这种工作我简直可以闭着眼睛做'！"

"这话没有错啊？"

"可他要找的是个守夜人。"

大智慧 不要低估任何一件事情，有时越简单的工作越需要责任心。

◎ **面谈**

Jack到一家酒吧应征警卫。酒吧经理问他："你有没有经验？"

"当然！"Jack就环视四周。看到一个醉醺醺的酒客走过。他马上把他抓过来，一脚将他踢出门外。然后，得意洋洋地问经理："那请问我现在能不能见总经理了？"

"那你恐怕要稍等他一下了。因为他刚才被你踢出去了。"

大智慧 年轻人最让人欣赏的是做事情有精力，速度快，效率高。但最大的问题也是考虑不周，容易冲动，经常办错事。所谓"欲速则不达"正是这个道理。

◎ **心脏和牙齿**

有个人的儿子想学内科。"你真笨，"父亲骂道，"还是去学牙科吧——人只有一颗心，可是牙齿有32颗呢。"

大智慧 选择职业也是一种智慧，有些行业很快就会萎缩，有些行业在相当长的时间内保持兴旺。抛开兴趣爱好而言，我们是可以通过比较来选择我们的职业的。

◎ **医生**

一位私人诊所的医生准备出国度假，便让刚从医学院毕业的儿子来顶一个月的班。一个月后医生从国外度假回来，问儿子情况如何。儿子得意地说："我把您医了十年都没医好的那个心脏病人彻底治好了。"不料，父亲听了破口大骂道："混蛋！你以为你聪明能干？你也不想想，你这些年读医学院的学费是怎么来的！"

大智慧 这个社会，有些职业是可以通过量化的条件来考虑的，但有些职业则是需要加入道德和良知共同评价的。做一个有良知的有道德的人，是从事任何工作的先决条件。

◎ **接替**

美国有一年经济危机，失业率很高。一个人找工作找了很久，也没找到。一天他在街上转悠，忽然一个人从建筑工地的楼上掉了下来。他急忙跑到工头那儿问："那个刚掉下来的人的工作我可以接替吗？"工头说："不行，他的工作已经有人接替了？""谁呀？""就是把他推下来的那个人呗！"

大智慧 如此看来，坐等机会不如自己去创造机会，但绝不是以上述的方式。

◎ 坦率

“怎么啦,怎么啦,我的宝贝儿,你出了什么事呢?”经理问他的美貌女秘书。

“我必须向你坦白一件事实：我当你的秘书已经三年了，可我根本不会打字。”

大智慧 美色当前而丢失原则和判断,对做人和做事都是相当危险的。

◎ 没有秘诀

大仲马写作的速度十分惊人,他活了68岁,晚年自称毕生著书1 200部。有人问他:“你苦写了一天,第二天怎么仍有精神呢?”

他回答说:“我根本没有苦写过。”

“那你怎么写得又多又快呢?”

“我不知道,你去问一股泉水它为什么总是喷涌不尽吧。”

大智慧 一个人,只有从事喜欢并且适合的工作,才可以从工作中获得乐趣并作出成就。

◎ 没有不正常的跳动

一天晚上,年轻的俄国生理学家巴甫洛夫终于下决心走出实验室,去与未婚妻西玛会面。他们难得相见,相会没多久,巴甫洛夫就对未婚妻说:“快把你的手给我!”西玛以为他要吻自己的手,高兴地伸过去。巴甫洛夫抓住未婚妻的手,用手指压着她的脉搏,过了好一阵,才说:“没有不正常的跳动,放心吧,你的心脏的确很好。”

大智慧 “职业病”并不是医学上定义的一类疾病,但它对他人的危害有时候等同疾病。

◎ 接见和旅游

每天中午在固定的时间,德意志皇帝威廉一世总要站在柏林宫殿靠角落的窗口,接见成千上万的来瞻仰这位象征帝国权力的统治者的人们。到了晚年,由于健康状况不佳,医生恳切地劝他停止这项日常活动,以免劳累过度。可皇帝却十分固执地说:“我每天的接见是写在旅游手册上的。”

大智慧 如果我们不能改变工作安排,那就改变我们对工作的态度。这样能让我们保持良好的心态。

◎ 修屋顶

“我的屋顶漏雨了。”

“那为什么不修修呢？”

“因为现在正下雨。”

“雨一停，你就赶快去找人来修吧。”

“那时我的屋顶就不漏了。”

大智慧拖延从来都不缺少理由，只是你所做的就太有限了。

◎ 绝妙的建议

有一个人问拉比，“哪一种职业能使我生存下去直到老死。”

“当面包师。”拉比建议道，“那样你就总有面包在家里了。”

“如果我没钱了，买不起面粉了，怎么办呢？”

“那你就不再是面包师了！”

大智慧工作对于人而言，不仅是一种谋生的手段，也是个人施展才华的努力，更是人对自身信心的来源。

◎ 谦虚过分，自讨苦吃

经过面试，申请者被一家公司聘用，让他下周开始到办公室上班。为对经理表示感激和谦虚，申请者说：“我既缺少智慧，又没有什么工作经验，希望您多多指教。”

“如果是这样的话，你先别到办公室来上班，等你有了智慧和经验再来。”经理对申请者说。

大智慧不卑不亢既是对别人的尊重，更是对自己的尊重，而只有尊重自己才能赢得别人对你的尊重。

◎ 专家本色

修理工应召去医生家修理电视机，发现他那台电视机用了十年，已经破旧不堪了，医生用幽默的口吻说：“你开个处方吧。”修理工对着电视机默默看了一阵，然后回答：“我看只能写验尸报告。”

大智慧俗话说：三百六十行，行行出状元。如果你觉得工作枯燥而无望——不如试试专注用心的精深研究——像专家一样对待它吧！

◎ 没干什么

“去领本周的工资吧，你被开除了。”

“可我没有干什么呀？”

“所以你被开除了。”

大智慧 职场的残酷就在于你的一切辩解都会是它淘汰你的理由。所以面对失业的最好办法就是，保留自信，离开，并于下一站的工作中，以行动赢得尊重。

◎ 人才难得

老板杰克到警察局报案：“有个流氓冒充我的推销员，在镇上赚了10万美元！这比我所有的雇员在客户身上赚到的钱还要多得多。你们一定要找到他！”“我们会抓住他，把他关进监狱的！”“关起来干什么？我要聘用他！”

大智慧 职场之上，能力便是一切。当这种能力足以令竞争对手千方百计地想要与你成为合作者之时，便是一种成功的定义。

◎ 家有三子

在公共汽车上，坐在我身旁的男人，喋喋不休地向我谈他家庭的事。“我有三个儿子，都是知识分子，”他说，“老大是教授，老二是诗人，小儿子编杂志。”

“您做什么工作？”我客气地问他。

“我开杂货店，生意不算很兴旺，不过够养活他们三家人。”

大智慧 有的时候选择了那种精神领域的职业，也就是选择了清贫，而精神的富有与物质的富有有时候是相互补充的，只不过这是在不同人身上实现的。

◎ 宁愿挨踢

一个砍柴人挑着一担柴走路，不小心撞到了一个医生。医生大怒，挥拳就要打他，砍柴人连忙跪下求饶说：“我宁愿挨你的脚踢！”旁边有一个好事的人觉得十分惊讶，就问道：“脚踢要比拳打重得多，你为什么愿脚踢呢？”砍柴的人说：“我听人说，经过这个手的，肯定是活不了。”

大智慧 有如此“口碑”的医生，可见他的医术拙劣到何等地步。人无论从事什么职业，都应对自己的专业精益求精，这既是谋生的需要，也是职业道德的要求。

◎ 我们俩都错了

在火车上，甲旅客的手帕不见了。他硬说是坐在旁边的乙旅客偷走了。可是，过了一会儿,甲旅客在里边的口袋里找到了那块手帕。于是,他很不好意思地向乙旅客道歉。

乙旅客冷静地回答道:“没有关系,刚才我把你当成一位绅士,而你把我当成一个小偷。看来,我们俩都错了。”

大智慧 其实,很多时候你所应该做的是反省自己,而不是时时处处都指责别人。

第 8 章

人际交往中的幽默

不论你从事什么行业，身居何职，幽默都能助你一臂之力，能让你的工作和事业有更顺利的发展；使你的社会交往更为广阔。它能使你善于待人接物、广交朋友，帮助你解决人际关系的难题，教你学会如何摆脱窘迫的处境。尤其当你想以积极进取和乐观开朗的形象出现，赢得人们的欢迎和信任时；当你想鼓励更多的人为实现目标而共同努力时，幽默就能发挥更大的作用。

幽默使你游刃于社交场

在这个世界上，每个人都有不同的人生道路，不一样的人生观。为了表达自己的观点，就必须通过社会交往来进行表述，以获得社会的理解。而以幽默来面对人生，应当是一切人生观的出发点。

有生活经验的人都曾体会过以幽默面对人生困难的重要性。幽默几近于一种缓冲机制，它显然与对抗、失望和悲观无缘。幽默也近乎一种默契形式，它使人以友善、宽容、谅解和发展的眼光看问题。这样的生活观不等于回避现实，当然，也不排斥生活中有些问题可以一笑置之。以这样的人生态度潇洒处世、与人交往，毕竟会消除许多无谓的争端，因而结交到许许多多的人生同路人。

当一个人对人生中的各种困难都抱乐观的态度时，那么解决困难的信心便产生了。中国古代有句话说“莫以成败论英雄”，这里，可以补充一句“可用潇洒论人生”。活得潇洒，正成为现代人对人生的共识。

名人在对待自己的工作时也应该与普通人一样，有一颗平常心。如果是获得了崇高的荣誉，那不妨更为潇洒。

人在工作、学习、爱情、家庭生活中如果有幽默做润滑剂，其效果确实妙不可言，它会给人一种激动心灵的力量，又使每个人向成功的目标步步靠近。同样，在社会交往中，在人与人的往来接触中，幽默的力量也是无穷的。幽默是一种艺术，是运用你的幽默感来增进你与他人的关系，并改善你对自己真诚的评价的一种艺术。深信我们根据别人的经验，可以去发现：如何按下按钮！就像我们打开电灯开关，电力便沿着电线输送过来一样，按下我们幽默的按钮，一股特别的力量也会源源而来。我们可以把这股幽默的力量导向与他人直接沟通。

有了幽默，我们就可以学会以笑来代替苦恼。借着幽默力量，我们能让自己和他人居于痛苦之上。事实上，幽默力量的形成主要在于我们的情绪，而不在于我们的理智。你的幽默力量是你以愉悦的方式表现出来的。它还能表达出你的真诚、大方和善良。

幽默可以润滑人际关系,消除紧张,解除人生压力,提高生活的品质。它可以把我们从自我中解放出来,使我们和他人轻松地相处。它还可以化解冰霜,使我们获得益友。它可以使我们振奋,信心大增,使我们脱离许多不愉快的窘境。

不论你从事什么行业,身居何职,幽默力量都能助你一臂之力,使你的工作和事业更顺利的发展,使你的社会交往更为广阔。它能使你善于待人接物,广交朋友,帮助你解决人际关系的难题,教你学会如何摆脱使人窘迫的处境。尤其当你想以积极进取和乐观开朗的形象出现,想赢得人们的欢迎和信任时,当你想鼓励更多的人为实现目标而共同努力时,幽默的力量就能发挥更大的作用。

善用幽默可以广交朋友

俗话说:朋友多了好办事;多个朋友多条路;在家靠父母,出外靠朋友……能够多交一些朋友,常常与朋友交谈、聊天,就会心胸开阔、信息灵通、心情愉悦,还能取长补短,互相安慰。大家都知道朋友的重要性,但是,在茫茫人海中,要找到志同道合的朋友就不是那么容易了。其实,知音难觅就难在交朋友的方式上了,而幽默交友不失为一种有效的交朋友的方法。陌生的朋友见面,如果幽默一点,气氛就会变得活跃,交流就会更顺畅。

著名画家张大千与京剧艺术家梅兰芳可谓是志同道合的知音，他们都非常敬重对方。在一次宴会中,张大千向梅兰芳敬酒,并出其不意地说:

“梅先生,您是君子,我是小人,我先敬您一杯!”

众人都是一愣,梅兰芳也不解其意,忙问:“先生何出此言啊?”

张大千朗声答道:“您是君子——动口,我是小人——动手!”

张大千机智幽默,一语双关,引来满堂喝彩,梅兰芳更是乐不可支,把酒一饮而尽。

很多人都有广交朋友的心,但是总苦于没有行之有效的方法,如果我们都能像张大千一样,语言机智幽默,真诚待人。那么,总有一天会四海之内皆兄弟。

在一个狭窄的小巷里2辆汽车相遇了。车停了下来,两位司机谁都不肯让路。对峙了一会儿,其中一位司机拿出一本小说津津有味地看了起来,另一位司机见状,伸出头来高声喊道:“喂,老兄,看完后借我看看啊！”

一句话逗得看书的司机哈哈大笑,并主动倒车让路。之后两人冰释前嫌,互相交换了名片。原来两人的家离得很近,后来他们还成了好朋友。

突如其来的幽默让两个谁都不肯退一步的司机成为了好朋友，我们不得不佩服让路司机的幽默和大度。生活中像这样的小摩擦在所难免,这个时候如果激化矛盾,那么必定两败俱伤,更不可能交到朋友。但是,若能利用幽默的话语将矛盾的热度降到零点,那么敌意也能转变成友谊。

朋友间的幽默方式很多,往往更有默契,也更能开心。

法国作家小仲马的一个朋友剧本上演了,朋友邀请小仲马同去观看。小仲马坐在最前排,但总是回头数:“一个,两个,三个……”

“你在干什么？”朋友问。

“我在替你数打瞌睡的人。”小仲马风趣地说。

后来,小仲马的《茶花女》公演了。这位朋友也被邀请观看。这次,轮到朋友回头找打瞌睡的人,好不容易找到一个,朋友说:“今晚也有打瞌睡的人呀！”

小仲马看了看打瞌睡的人，说:“你不认识这个人吗？他是上一次看你戏睡着的,至今还没醒呢！”

小仲马和朋友之间的幽默是建立在一种真诚的友谊基础上的，没有虚伪的客套,这样的幽默更能增进朋友间的友谊。可见,幽默在交朋友的过程中固然重要。但是,一切幽默要本着真诚的出发点,才能够让人感受到你的友好。

掌握了幽默的交友技巧,你再不会苦于没有知心朋友,陌生人将会成为你的新朋友,新朋友将会成为你的老朋友。

幽默让你轻松面对人际关系

幽默是人际关系的润滑剂。幽默能使激化的矛盾变得缓和,从而避免出现令人难堪的场面幽默化解双方的对立情绪,使问题更好地解决。美国作家特鲁说:“当我们需要把别人的态度从否定变到肯定时,幽默力量具有说服效果,它几乎是一种有效的处方。”他还讲道:“幽默帮助你解决人际关系问题。当你希望成为一个克服障碍、赢得他人喜欢和信任的人时,千万别忽视这种神秘的力量。”

有的人在与他人的合作中听不得半点“逆耳之言”，只要别人的言语稍微有所不恭，不是大发雷霆就是极力辩解，其实这样做是不明智的。这不仅不能赢得他人的尊重，反而会让人觉得你不易相处。所以，在与人相处中只有始终保持愉快的心情，谦虚、随和、幽默，这样才能让你和别人的合作更加愉快。

乔治和他的两个好朋友去树林里伐树，但是他的体力比不过他的两位身强力壮的朋友。晚上休息时，他们的领队询问白天每个人伐树的成绩，有一个同伴答道：“杰克伐倒55株，我伐倒49株，乔治这个笨蛋只伐倒了15株。”

虽然朋友说的是玩笑话，但是对于乔治来说确实不怎么顺耳。就在乔治即将发怒的时候，他突然想到自己伐的树确实很少，简直和老鼠打窝时咬断树基一样，不禁笑着说：“你说的不对，我是用牙齿使劲咬断了15株树。”

在这个故事里，乔治是一个善于控制自己情绪的人。他以幽默的方式心平气和地面对自己的不足和别人的攻击，体现了非凡的忍耐力和大度宽容的胸怀。

幽默不仅能解决矛盾的冲突，而且还是心灵沟通的艺术。人们凭借幽默的力量，打碎封闭自己的外壳，主动地与人交往，通过幽默使人们感受到你的坦白、诚恳与善意。

在严肃的交谈和例行公事般的来往中，人们互相之间往往有一种戴着假面具的感觉，人们都似乎只想让人了解自己的外表，却让别人无法探知自己的内心，这样的交流是极难深入下去的，而没有心灵沟通的社交，不能算是成功的社交。幽默可以让人们看到你的另一面，一个似乎是本质的、人性的、纯朴的一面，这是人性的共通之处。

美国总统里根曾回到他的母校，在毕业典礼上致词时，他嘲笑自己在学校的成绩。他说道：“我返回此地只是为了清理我在学校体育馆里的柜子……但获此殊荣，我心情十分激动，因为我过去总认为只有得到第一名才是荣誉。”

这一番展示自己另一面的讲演，取得了很好的效果。

奥地利精神分析大师弗洛伊德讲过：“最幽默的人，是最能适应的人。”的确，幽默能使我们在社交场合上应对自如，我们可以用幽默来化解各种各样的危机和困境。

有一次，英国首相、陆军总司令丘吉尔去视察一个部队。天刚下过雨，他在临时搭起的台上演讲完毕下台阶的时候，由于路滑不小心摔了一个跟头。士兵们从未见过自己的总司令摔跟头，都哈哈大笑起来，陪同的军官惊慌失措，不知如何是好。丘吉尔微微一笑说："这比刚才的一番演说更能鼓舞士兵的斗志。"效果的确如邱吉尔所戏言的那样，士兵们对总司令的亲切感、认同感油然而生，他们必定会更坚定地听从总司令的命令，从而更英勇地去战斗。

幽默还可以回答自己不愿听的问题。

芬兰一位建筑师说话很慢，访问他的记者，一直担心时间不够用。万般无奈下记者只好说："沙先生，时间不多了，能否请您说快点？"沙先生听后，慢慢掏出烟斗，然后点上，能多慢就多慢，并且懒懒地说："不行，先生，不过，我可以少说点。"

用幽默化解困境，回答难题，维护自己的利益，捍卫自己的尊严，而又不伤对方的感情，达到良好的效果，这是别的手段难以媲美的。

总之，幽默是社交成功的法宝。运用幽默的力量，我们就能通过成功的社交，走上成功的道路。幽默可以为我们带来充沛的活力和坚忍的意志，它具有很大的创造力。

以幽默获得他人的同情和谅解

每个人都是社会中的一员。有时，在工作中，在家庭中，或在异性朋友的交往中，难免会遇到各种摩擦和碰撞，特别是会出现一些尴尬的事件，这时，就需要随机应变的幽默与机智来缓和气氛。比如说，要求对方把借你的东西归还，实在是件很困难的事情。如果太直截了当，就很容易伤了对方的感情。但打油诗高手小王，就利用打油诗收回了人家向他借的雨伞。

小王有位好朋友名叫陈某。小王把自己唯一的一把雨伞借给了这位好友。可是过了很长时间，这位好友都始终不提要还伞的事。小王真可谓足智多谋，他做了一首打油诗：

"我在湿淋淋的日子里借给你伞，含有无比的热诚。请在未破损之前，赐还予我吧！"

收到这首诗的陈某也回了两句：

"由于无话可说，我就闭上嘴巴还给你吧。"

她立即派人把伞送去了。

有时候夸大一点自己的缺点，能够消除自己的自卑感，以幽默获得别人的理解和同情，还能收到有趣的效果。比如，英国有位很胖的作家常常这样回应朋友们对他的体重的担忧："我比任何男人都多三倍的仁慈，因为我在公共汽车上只要站起来让位，就能同时令三位女士受惠。"

用幽默的方式表现原原本本的你，同样也能获得他人的认可和尊重。坦诚开放地与人相处，有时能获取我们自己也会怀疑的安全感。通过幽默的力量，我们比较能承认这种不安全感，而不至于把它看得太严重。然后我们能够消除疑虑，强化自我观念，扎稳人生的根基。而且我们无需担心会过于坦诚开放，因为我们能深信自己的缺点、背景以及过去和现在的环境，通过幽默的方式已经得到了大家的理解，并得到同情和尊重，这会比过去我们试图掩饰逃避来的好。有一则关于伊利诺伊州参议员德克森的故事。

当德克森首次问鼎国会时，他听到对手在政见发表会上，对家世大做文章。这位对手的祖父是个将军，叔父是州立最高法院的法官……

轮到德克森发言了：

"各位女士，各位先生，"他开始说，"本人深感荣幸有这样的家世——我是从已婚者一脉相传、源远流长而来的。"

诗人麦琨有一次对他自己"从婚姻外的关系而出生"的事实开玩笑。"我生来就是个私生子，" 麦琨说，"但是有人却穷其一生来成为私生子。"

也许你觉得你生错了时代，或生错了地点，或生错了家庭；或者你为过去的经济环境感到困窘，生怕有人提起。我们要提出一些方法，可以发挥幽默的力量来解决这些小小的困境。同时你也可以自己发明自己的方法来用。

"我们从来不穷，也没挨过饿，只是有时会把吃饭的时间去向后延延罢了。"

"我出身于穷苦的家庭，在我很小的时候，别的小孩做飞机模型，但我做的是汉堡面包模型。"

当幽默帮助我们在情绪上坦诚开放时，我们和周围的人都会感到舒服。每个人都有自己的难言之隐，许多卓有成就的伟人，都向我们显示过，应该对个人的过去和成就如何应对，我们也可以学之一二。

幽默可化解人际交往的尴尬困境

在众人面前不小心打翻了酒杯，或者踩破了裙子，这些小事都会让我们觉得很丢脸很狼狈，从而陷入尴尬的境地。如果这时略施幽默技法来进行自我保护，便可以轻松摆脱窘境，变被动为主动。

在一次公司举行的宴会上，一位职员不小心将一杯酒洒在了董事长的秃头上，在场所有的人都惊呆了，这位职员也吓得面色苍白，场面异常尴尬。这时，只见董事长不慌不忙拿起毛巾，轻轻擦去秃头上的酒，爽朗地说道："你知道吗？其实葡萄酒对于治疗秃头效果并不明显。"

这种尴尬的时刻，一句幽默的话语显得多么重要。董事长的机智和幽默化解了所有人的担心，而且还给人留下聪明、大度、智慧的好印象，让人敬佩。不要再为小事而抓狂，学会用幽默面对人生中的尴尬，那么烦恼将会与你分道扬镳而驰。

有幽默感的人往往思维敏捷、反应迅速，在复杂的环境中从容不迫，妙语连珠，常常凭借幽默的力量化险为夷。

约翰·亚当斯竞选美国总统期间，一位共和党人指控约翰·亚当斯曾经派遣竞选伙伴平克斯将军到英国去挑选四个美女做情妇，两个给平克斯，两个留给自己。约翰·亚当斯听后哈哈大笑，说道："假如这是真的，那平克斯将军肯定是瞒过了我，全都独吞了！"

在这里幽默的语言巧妙地化解了一场尴尬的局面，避免了不必要的冲突。正如某位哲人所说："当我们的社会通过一种幽默的能力而被深刻地认识，当每一位公民业已被幽默所征服，我们也就置身在一种和谐的气氛中了。"所以，试着用幽默的力量来释放自己，使你的精神超脱尘世的种种烦恼。用幽默来增加你的活力，使生活多一点情趣。

幽默的力量令人难忘，同时也给人以友爱与宽容，幽默可使自身乐观、豁达，不仅如此，幽默还能润滑现实中人与人的关系，超越用其他方法无法超越的限制。

在一辆公共汽车上，一位女乘客不停地打扰司机，汽车每行驶一小段，她就提醒司机一次她要在哪儿下车。司机一直很有耐心地听,直到后来她大叫道:“我怎么知道我要下车的地方到了没有?”司机说:“你什么时候看我脸上有了笑容,就是到了你要下车的地方了。”

由于女乘客的干扰,公共汽车的司机有可能驾驶不好汽车,但是司机对这位女乘客又不能直言冒犯,他巧妙地采用委婉的幽默方式达到了自己的目的,运用幽默的力量使自己摆脱了两难的尴尬境地。

罗伯特·斯蒂文森曾经说过:“一般掌握幽默力量的人,都有一种超群的人格,能自在地感受到自己的力量,独自应付任何困苦的窘境。”面对生活中的令人尴尬的事情,我们不妨用幽默去应付和化解它。

幽默的寒暄能够拉近心理距离

寒暄是人们日常交流中的一项重要内容。因为经常见面的熟人,不可能总有很多话要说,也没有多余的时间一见面就站在路面没完没了地聊。而一旦遇见了熟人,如果因为嫌麻烦而不打招呼也过于不近人情,更无法缓冲熟人相遇时所产生的下意识的紧张情绪。

但是过于一般的寒暄常常使人觉得生活乏味。为了增添生活乐趣,维护良好的人际关系,我们可以试着在寒暄的时候打破常规,注入幽默元素。下面是一个典型的幽默寒暄故事。

连续下了好几天的雨,某公司的几个同事见了面,一个人说:“这几天怎么老是下雨啊?”一位老实的同事按常规作答:“是呀,已经6天了。”一位喜欢加班的同事说:“嘿,龙王爷也想多捞点奖金,竟然连日加班。”另一位关注市政的同事说:“房产所忘了修房,所以老是漏水。”还有一位喜爱文学的同事更加幽默:“嘘!小声点,千万别打扰了玉皇大帝读长篇悲剧。”

加入了幽默成分的寒暄的确与众不同,既活泼又风趣,一下子就拉近了人与人之间的距离。

许多有幽默感的老年人喜欢晚辈和他们开一些善意的玩笑。所以,当你刚出门就遇见老年邻居时,你就可以幽默地和他们寒暄一番,这样很容易就能和他们搞好关系,一般情况下,他们还会逢人就夸你会说话呢。

一个大热天，小王赶早趁天气凉爽去公司上班。她刚出家门，就看见邻居刘大妈在树荫下练腰腿。她走过去神秘地对刘大妈说："大妈，这么早练功，不穿毛衣小心着凉啊。"一下子逗得刘大妈哈哈大笑，笑着骂道："你这个鬼丫头！再不走你上班可要迟到了，现在都9点多了。"小王一听赶紧看表，才8点。看到刘大妈在那里得意地笑才知道自己上当了。以后，每次刘大妈见到小王都非常主动地和小王打招呼，逢人就夸小王聪明伶俐，还张罗着给小王介绍对象呢。

很多时候，新近发生的大事件也会成为人们寒暄中的话题。因为，大事件是大家都关注的，人们可以从中找到共同语言，可以避免在寒暄中话不投机而导致的尴尬。下面就是一个利用大事件在寒暄中制造幽默的例子。

前些年由于厄尔尼诺现象的影响，气候反常，快到夏天的时候，人们都还穿着厚衣服。很多熟人见面后的第一句话就是："气候太反常了，都过了农历四月了，天气还这么冷。"可是，有一个幽默的汽车司机就不那么说，他见到同事李师傅的时候说："李师傅，这不又快立秋了，毛衣又穿上了。"他见到邻居张大爷的时候也会故意幽默地问："张大爷，您老也没有经历过这么长的冬天吧，到这时候了还这么冷？"恰好张大爷也是一个幽默人，他笑着说："是啊，大概老天爷最近心情不太好，老是板着一副冷面孔。"

现在人们的生活水平提高了，人们都喜欢以"夸别人富有"作为寒暄中的话题，尤其在农村，这种看似俗气的寒暄更是常常发生。其实，在寒暄中逗乐似地夸别人富有，也会收到很好的幽默效果。

李大娘午饭后恰好遇到大刘，大刘常规地寒暄道："大娘，您吃过午饭了吗？"李大娘既然被称作大娘，自然年纪不小了，可是她整天乐呵呵的，好像比大刘还年轻。她回答说："嗬，还没吃呢。你中午吃什么好东西了，也不请大娘我去吃，瞧，现在还满嘴都是油呢！"

李大娘幽默地夸赞大刘的生活过得好，她对大刘的假责怪显得很亲热、愉快，很自然地就拉近了她与大刘的距离，也成功地塑造了自己平易近人、和蔼可亲的长辈形象。

不要小看寒暄幽默，它能使你在不知不觉中将欢笑和快乐带给别人，拉近自己与他人的心理距离。

歪打正着，幽默不断

有这样一段对话。

某人有一次在宴席上问鲁迅："先生，你为什么鼻子塌？"

鲁迅笑着回答他说："碰壁碰的。"

鲁迅的回答，既有对社会现实的不满，又有对自己生活坎坷经历的嘲讽，这样丰富的具有社会意义的内容与"塌鼻梁"这样一个具有丑的因素的自然生理特征结合在一起，便产生了无法言喻的幽默感。

对事情进行似是而非，甚至是牛头不对马嘴的解释，能表达调侃之情，产生幽默之趣。这种方法被称为"歪解法"。下面请看歪解运用的几则实例。

甲：咸鸭蛋为什么是咸的？

乙：咸鸭蛋是咸鸭子生的！

甲：鱼为什么生活在水里？

乙：因为地上有猫。

甲：你的狗生跳蚤吗？

乙：不，它只生小狗。

甲：简述母乳喂养的好处。

乙：便于携带。

以上歪解而产生的幽默，要么得力于幽默者的"智错"，要么得力于幽默者的"奇诡"，均令人哑然失笑，过耳不忘。

运用歪解法，由于可以放开想象的翅膀，对事物进行随心所欲的解释，所以，很多聪明之士常常用它解难。

若干年前，美国一位出版商有一批滞销书久久不能脱手。一天，他忽然有了主意，便给总统送来一本书，并三番五次地去征求意见。忙于政务的总统不愿与他多纠缠，便回了一句："这书不错。"

出版商便大做广告："现有总统喜欢的书出售。"于是，这些书便被抢购一空。

不久，这位出版商又有书卖不出去，又送一本给总统。总统上过一次当，想奚落他，就说："这书糟透了。"

出版商闻之，脑子一转，又做广告：“现有总统讨厌的书出售。”不少人出于好奇争相抢购，书又售罄。

第三次，出版商再次将一本书送给总统，总统接受了前两次的教训，便不做任何答复。

出版商却又措出新辞：“现有令总统难以下结论的书，欲购从速。”这回书又被抢购一空。

最终的结局是总统哭笑不得，商人却大发横财。

在歪解幽默的运用上，不能不单独提一笔的是，美国人安·比尔斯著的《魔鬼辞典》，这部西方最负盛名的讽刺、幽默、调侃反语辞典，是集“歪解法”之大成的经典之作。仔细地看《魔鬼辞典》词条的解释，貌似歪理，而许多时候都是在从不同的角度去描述一种真实。

这也提醒我们，在看待“歪解法”炮制的幽默时，不要以为全是歪得无谱，应注意歪打正着！

笑对人生，振作精神

以笑来面对日常生活中那些可以引起我们不快的小事情，要眼看着不快的情绪消失。借着笑的分享，你就可以把琐细的问题摆在它适当的位置，和你整个生活相比，它就显得很小了；你也能借此提醒别人，这有助于他们轻松地面对事情，你会使他们重振精神。

说说天气吧，以天气为题材，说个笑话。

我发现特别是在太冷、太热或太湿的天气里，有关气象的笑话更能振奋听众的精神。在你自己的生活里，也试试这样的“振奋剂”吧！

“气象预报人员说今早会降大雾。今天早上我的邻居跨出前门，现在他正在大雾中打捞他的身体。”

“我办公室里冷得要命，办公桌椅不得不装上防雪轮胎。”

“如果再来一季这样恶劣的寒冬，我就要退休了。我要在车顶上绑一把铲雪的铲子，然后朝南驶去，一直开到有人指着铲子说：‘那东西是干什么用的？’我才会停下来。”

对太潮湿或太干燥的天气做趣味的解释,试试看说说这样的故事。

一个初到美国新墨西哥州的游客,问当地一个皮肤被太阳晒成古铜色的居民说:“难道你们这里从来不下雨?”

这位居民想想,然后反问:

“你还记得诺亚和方舟的故事里是如何说当时连下四十昼夜的大雨的吗?”

“当然记得。”游客回答。

“那个时候啊,”这位新墨西哥人说,“我们这里才只有一英寸的雨量。”

当你等候时,以微笑来和人分享。当你在超级市场的结账出口或银行大排长龙的时候,是和其他人一样等得焦躁不安呢,还是拿出你的幽默力量来与他人分享。

“这是自然的法则,我没去排的那一行总是动得快些!”

“速度快不一定是最好的。否则的话,兔子早就来统治这个世界了。”

在超级市场排队时可以说:

“我买了一条比目鱼,但是排队排了这么久,现在我买的可是一条比目鱼的鱼干了。”

以打高尔夫球为题材,开开自己的玩笑。或者是保龄球、钓鱼、网球、划船、桥牌——任何足以使你的休息生活充满生气的消遣活动,都可以拿来作为幽默的题材。你可以说:

“政坛上的竞争教给我们曲解事实的人不只是钓鱼的和打高尔夫球的而已。”

高尔夫球员问他的球童说:“你觉得我这场球打得如何?”

“不错。”球童回答说,“不过我还是比较喜欢高尔夫球本身。”

“我的医生说我不可以打球。”一位球员说。

同伴听了说:“哦,他一定跟你打过球。”

职业高尔夫球选手尼可拉斯,有一次问职业棒球选手奥隆:“你算是哪一等的高尔夫球员?”

“打棒球时，我总共花了17年才击出3 000次球。”奥隆回答说，“但是在高尔夫球场上，只一个下午就击出这样多的球数。”

似乎高尔夫球比其他球类运动更能启发人的幽默力量，而做趣味的思考。关于这方面的笑话，趣谈很多，但是其他运动、其他消遣也都有表现幽默的时候。

表现原原本本的你，坦诚开放地与人相处，能帮助我们承认我们有时也会怀疑自己或对自己没有安全感。透过幽默的力量，我们比较能承认这种不安全感，而不致把它看得太严重。然后我们能够除去疑虑，强化自我观念，扎稳人性的根基。

同时，我们无须担心会过于坦诚开放，因为我们能深信自己的缺点、背景，以及过去或现在的环境，无论是好是坏，都会比过去我们试图掩饰逃避来得好。

一分钟小幽默大智慧

◎ 智救故乡

古希腊哲学家阿那克西米尼出生于中亚的莱普沙克斯。他对故乡有着深厚的感情。有一次，他跟随亚历山大远征波斯，军队占领莱普沙克斯时，他急于拯救他的故乡，使它免遭兵灾。

一天，他为此晋谒国王。可亚历山大早就知道了他的来意，未等他开口便说：“我对天发誓，决不同意你的请求。”

“陛下，我请求您下令毁掉莱普沙克斯！”哲学家大声说。莱普沙克斯终因哲学家的智慧幸免于难。

大智慧 说话、做事，都要为自己留后路，否则被别人抓住破绽或漏洞，局面就会非常被动。

◎ 知情者的从容

威廉·亨利·西沃，美国政治家，曾任纽约州州长，州参议员。美国内战前夕，西沃有一天参加了民众集会。与会人员都在推测最近军队的秘密调动是怎么回事。一位妇女注意到了他的沉默，便挑战似的问他：“州长先生，你对这个问题怎么看？你能猜测一下部队大概会往哪儿开吗？”

西沃微笑着说：“夫人，假如我不知道内情的话，我早就把我的猜测告诉您了。”

大智慧 在交际场合中，沉默的人可能就是知道内情的人，至少是了解信息比较多的人。

◎ 温泉的奇迹

一名风湿病患者来到著名的温泉，询问经理："这里的泉水是否真对身体有益？洗过温泉浴我会觉得好些吗？"

"要我举一个例子吗？"经理说，"去年夏天来了位老人，身体僵硬得需要坐轮椅。他在这里住了一个月，没付账就自己骑自行车溜了。"

大智慧 把客人说得动心且满心欢喜，正如同"金苹果掉在金网上"那么宝贵。话不在多，在于恰到好处，言不一定达意，但要得当。

◎ 急性子

冯道与和凝是五代时的两个大官。前者性子慢，后者正相反。

一天，和凝见冯道买了一双新靴，便问："花了多少钱？"

冯道慢慢抬起一只脚："九百文。"

和凝一听，顿时火冒三丈，回头便骂仆人："你替我买的那双靴，为什么要一千八百文？"

和凝越说越气，却见冯道又慢慢抬起另一只脚，慢条斯理地说："别急嘛，这只也是九百文。"

大智慧 任何时候，都要在别人说完话以后再发表观点，这样你会主动得多。

◎ 立刻奏效

在丽尼公园，许多人都喜欢在草地上走。"不许践踏"的告示牌一点也不起作用。

后来，公园另外竖起了一个木牌之后，便再没有一个人走草地了。原来牌上写着：

"草地已埋地雷。"

大智慧 很多时候恐吓比劝阻有效得多，这已经是接近于人的常态的非常态。

◎ 您有几条命

一位公爵的仆人当着公爵的面谈论某大主教对待底下人非常宽宏大量。公爵听见了，说道："他可能是那样，因为他是要命不要财的。"一个小丑马上问道："大人，您自己有几条命呢？"

大智慧因为不甘心接受别人对他人赞赏，有人会想出这样或那样的理由来反驳，殊不知无言以对的恰恰是自己。

◎ **没脑子**

一个说话不经过大脑的男人与一位小姐共舞。

男人："你结婚了吗？"

小姐："还没有。"

男人："那你有孩子了吗？"

小姐大怒，拂袖而去。男人寻思下次不能再这样问了。后来他又与一位妇人跳舞。

男人："你有孩子了吗？"

妇人："有两个。"

男人："那你结婚了吗？"

大智慧常说对症下药，因人而异，就像这个故事，应该根据对象来选择问的问题，否则本来是好事结果却往往会变得比较糟糕。

◎ **谦虚**

托马斯·杰斐逊是美国第三任总统。1785年他曾担任驻法大使。一天，他去法国外长的公寓拜访。"您代替了富兰克林先生？"外长问。"是接替他，没有人能够代替得了他。"杰斐逊回答说。

大智慧一字之差，意义大变。尤其是在严肃的交际场合，字斟句酌更显得必要。

◎ **不妨碍思考**

有一天，一位熟人到俄国化学家门捷列夫家串门，他喋喋不休地讲个不停。"我使您感到厌烦了吗？"客人最后问。

"不，没有……你说到哪儿去了，"门捷列夫回答说，"请讲吧，继续讲吧，你并不妨碍我，我在想自己的事情……"

大智慧人贵有自知之明。讨人厌烦还不自知，这样的人处理起人际关系来，估计是最差的。

◎ **学问和金钱**

父子二人经过五星级饭店门口，看到一辆十分豪华的进口轿车。

儿子不屑地对他的父亲说："坐这种车的人，肚子里一定没有学问！"

父亲则轻描淡写地回答："说这种话的人，口袋里一定没有钱。"

大智慧 口头表述对事情的看法，有时恰恰是内心中相反态度的表达。

◎ **一块蛋糕**

作曲家贾科莫·普契尼和意大利音乐家、乐队指挥阿图尔·托斯卡尼尼是一对老搭档。每年圣诞节贾科莫都要给他的朋友送一块蛋糕。有一年圣诞节前夕，贾科莫同阿图尔吵了一架，因此想取消送给他的蛋糕，但为时已晚，蛋糕已经送出了。

第二天，阿图尔收到贾科莫的电报："蛋糕错送了。"他便随即回复了份电报："蛋糕错吃了。"

大智慧 我们有时也会犯这样的错误：帮助了别人，还要发一顿牢骚，以宣泄自己的不满。其实，这是最傻的一种行为，用"赔了夫人又折兵"来形容再恰当不过了。

◎ **参观者**

"这个厂就这么小么？"财大气粗的美国人问陪同人员。他正在参观一家大冶金工厂。他指着一个贮油罐问："这里装的是什么？"

"没什么，不过是工厂办事处人员所用的墨水。"厂方陪同人员回答。

大智慧 对于那些自以为是的傲慢，最好致以同样的傲慢。

◎ **褒贬**

故事发生在一家饭店里。

"我真不明白，为什么有人竟说你们这里的饭菜不好！比如说，这里的咖啡不就很好嘛！"

"请原谅，先生。这不是咖啡，这是鸡汤。"侍者说。

大智慧 对于一件过于糟糕的事情，与其做不恰当的赞扬，倒不如给出诚恳的批评。

◎ **闹钟**

妻：你说娶我不如买个闹钟。

夫:闹钟可以叫它停,你却不能。

大智慧语言的过多倾出,于己是种发泄,于人却是一种折磨。有时候,沉默往往更容易让我们获得应有的尊敬。

◎ 不怀好意

“由于越来越多的妇女崇尚新式的简易服装,例如超短裙和工装短裤,”一位妻子正在津津有味地念报上的一则新闻,“所以街上的交通事故据统计已经减少了一半。”

这时，正在旁边看电视的丈夫冷不丁地插了一句:“那么为什么不想办法彻底杜绝交通事故呢?”

大智慧某些人总是能把一些不可告人的目的通过冠冕堂皇的理由表达出来。这是我们要小心的地方。

◎ 只给20分钟

1910年,西奥多·罗斯福下野后,作为威廉·塔夫脱总统的特使,参加英国国王爱德华七世的葬礼,并安排葬礼后与德国皇帝会晤。德皇傲慢地对罗斯福说:“2点钟到我这里来,我只能给你45分钟时间。”罗斯福回答说:“我会2点钟到的,但很抱歉,陛下,我只能给你20分钟。”

大智慧“尊重别人就是尊重自己”。在行为道德上,这如同镜子的两面,你能给别人多少,就能从别人那反射多少。所以,学会尊重别人,是我们获得尊重的第一课。

◎ 珍奇动物

课堂上,老师问:“同学们,谁能说出一种南非的珍奇动物?”

“北极熊!”小娜不假思索地站起来回答。

“孩子,”老师和蔼地对小娜说,“在南非是找不到北极熊的。”

“我知道!”小娜说,“正因为这样,北极熊在南非才是珍奇动物嘛!”

大智慧强词夺理除了带给自己虚妄的快感和旁人的嗤鼻一笑以外,毫无真实的价值和现实的意义——后者才是我们应该追求和尊崇的!

◎ 修女与司机

一个修女搭乘上了一辆出租车,从她坐入出租车开始,那个出租车司机就不停地盯着她看。于是,她问那个司机:“你为什么一直盯着我看?”

司机回答道:“我有一个请求,但是我又不想因此而冒犯你。”

修女说:“我亲爱的孩子,你不会冒犯我的。如果你到了我这样的年纪,做了那么长时间的修女,人世间的是是非非都已经看到、听到或者经历过了,我相信你不可能说些什么令我感到被冒犯了。”

“那我就说了,我总是幻想着被一个修女亲吻。”

修女说:“让我来猜猜,第一、你一定还没有结过婚;第二、你一定是一个天主教徒。”

那个司机非常兴奋地说:“是的,我是还没有结过婚,我是一个天主教徒。”

修女说:“那好吧,把车子开到前面的那条小巷里。”

司机把车开入小巷后,修女满足了他的愿望。当他们回到大道上,那个司机却哭了起来,“我亲爱的孩子,”修女说:“你为什么哭泣?”

“原谅我吧,我违反了宗教的教律,我说了谎,我必须忏悔,我已经结婚了,而且我是一个犹太教徒。”

修女说:“不必担心,我叫布洛丝,我正准备去参加万圣节的化装舞会呢。”

大智慧 当你迫切的想得到某样东西而不惜一切的时候,千万不要认为自己已经成了主宰,也许这时你正是另一个人不惜一切想得到的猎物。愚弄别人的最终往往被他人所愚弄。

◎ 抵押

顾客:“对不起,这顿饭钱我付不了,因为我忘了带钱。”

餐馆老板:“没关系,请把你的尊名写在墙上,你下次来时再付好了。”

顾客:“这可不行,别人都会瞧见我的名字的。”

餐馆老板:“把你身上的大衣脱下来挂到墙上,不就可以遮住了吗?”

大智慧 不要企图以自己的小聪明去愚弄他人,因为这会使你面临他人对你更大的愚弄。

◎ 弹琴和补靴

库勒克是德国的大钢琴家,有一次被富翁白林克请去吃饭。白林克过去是个鞋匠。进餐完毕,主人要求客人弹支曲子,库勒克只好从命。

不久,音乐家也邀请白林克来吃饭。饭后,他捧出一双旧靴来。富翁感到很奇怪,库勒克说:“上次你请我,是为了听曲子;今天我请你,是为了补靴子。”

大智慧 欠别人人情好比欠债,总有你还债的一天,哪怕你是多么的不情愿。

◎ 不争议的智慧

有一个民间故事，说两个人争论。一个说《水浒传》上有个使板斧的好汉叫李达，另一个坚持说叫李逵。

两人争论不休，就打赌20块钱，去找一位古典文学权威评定。

权威笑眯眯地看了两人一会，判定《水浒》上的好汉乃是李达，于是主张李逵者输掉20元钱。

事后，"李逵派"质问权威为何如此荒唐断案。权威答道："你不过损失了20元钱，那小子如此顽冥不化，我们就害他一辈子好了。他从此认定这好汉乃是李达，还不出一辈子丑吗？"

大智慧 有时候，对谬论的附和，恰恰是对谬论者最大的惩罚。

◎ 约会

一个大学生去相亲，谈起班上的同学口若悬河，如数家珍地说起了同学们的外号：白兔，二牛，骚狐，老猪，当他讲累了的时候，女孩问他："你在大学上的是动物管理专业吗？"

大智慧 俗话说"话不投机半句多"，如果话没有说到对方的心坎上，说得越多就会越让对方觉得无味，说话要注重场合，谈论某个话题要懂得适可而止。

◎ 只看见自己

一位傲气十足的大款，去看望一位哲学家。

哲学家将他带到窗前说："向外看，你看到了什么？"

"看到了许多人。"大款说。

哲学家又将他带到一面镜子面前，问道："现在你看到了什么？"

"只看见我自己。"大款回答。

哲学家说："玻璃窗和玻璃镜的区别只在于那一层薄薄的水银，就这点点可怜的水银，就叫有的人只看见他自己，而看不见别人。"

大智慧 人们通常只看见自己，看不到别人。哲学家的话让大款明白了一个道理：人贵有自知之明，无论你的成就有多高，一定要清楚天外有天，人外有人，时刻保持谦虚和谨慎。

◎ 出海很久了

有一个人到市场上去买鱼，他随手从鱼摊上拿起一条鱼在鼻子上嗅了嗅，卖鱼的人怕他闻出自己的鱼不新鲜，就生气地说："先生，你不买鱼没关系，你闻什么？"他回答说："我没闻，我是同鱼谈谈话。"

"你同鱼谈些什么话？"

"我问鱼，海里最近有什么新闻没有。"

"鱼怎么回答你呢？"

"鱼回答我说，它不知道海里的新闻，因为它出海时间很久了！"

大智慧 在一些比较敏感的商务活动中，直言不讳只能导致事与愿违，而适当采用些外交辞令，既能委婉地表达出自己的意愿，又不致陷入被动尴尬的僵局。

第 9 章

爱情婚姻中的幽默

日本幽默家秋田实认为，幽默是爱情的催化剂。美好的爱情往往是可遇不可求的，我们要善于运用幽默抓住身边的每个机会，在一见钟情的时候，用幽默的语言表达出我们内心热烈的爱恋之感。

用幽默打开对方的心扉

如果有一天，你“梦里寻她千百度”的梦中情人，突然出现在“灯火阑珊处”，你该怎么办？

当你走在一条幽静的小路上，或在同学的聚会中，突然看见一位似曾相识的女孩子，她亭亭玉立，光芒四射，气质非凡，正是你一直寻寻觅觅的“她”！这个时候，你该怎么办？是勇往直前还是自卑地退缩？其实，几乎所有的女孩都以被众多的男士追求而骄傲不已！所以，以一颗热情的心，幽默的语言，勇敢地去追求你中意的姑娘，把握住属于你们的缘分！

电影《阿飞正传》中就有一段很有创意的幽默情话：

在一个慵懒的下午，阿飞对着苏立珍说：“看着我的表，就一分钟。16日，4月16日。1960年4月16日下午3点之前的一分钟你和我在一起，因为你我会记住这一分钟。从现在开始我们就是一分钟的朋友，这是事实，你改变不了，因为已经过去了。我明天会再来。”

这段浪漫又幽默的情话，相信没有几个人可以抵挡得住，反正苏立珍没有，下面是她的内心独白：

我不知道他有没有因为我而记住那一分钟，但我一直都记着这个人。之后他真的每天都来，我们就从一分钟的朋友变成两分钟的朋友，没多久，我们每天至少见一个小时。

这些虽然是电影里虚构的情节，但是，现实生活中也有这样的故事。有一个男孩就是用这种新颖的赞美方式，射中了自己的“白雪公主”，并娶其为妻。妻子幸福地诉说着他们浪漫的爱情：

“当我在一所大学里做兼职银行出纳员时，一个帅气的小伙子几乎每天都要到我的窗口来。他不是存款就是取钱。直到有一天他把一张纸条连同银行存折一起交给我时，我才明白他是为了我才这么做的。

“‘亲爱的婕，我一直储蓄着这个想法，期望能得到利息。如果周五有空，你能把自己存在电影院里我旁边的那个座位上吗？我把你可能已另有约会的猜测记在账本上了。如果真是这样，我将取出我的要求，把它安排在星期六。不论现率如何，做你的陪伴始终是十分愉快的。我想你不会认为这要求太过分吧？以后来同你核对。真诚的杰。’”

“我无法抵制这诱人、新颖的求爱方式。”

如果爱情中缺少幽默，那么爱情还有什么意义呢？有人说，爱就从幽默开始。求爱时都免不了要通过情书表情达意，情书是一种极为强烈的“印象装饰”。下面是一封幽默情书：

富兰克林1774年丧偶，1780年在巴黎居住时，向他的邻居——一位迷人而富有教养的富孀艾尔维斯太太求婚。

富兰克林在情书中说，他见到了自己过世的太太和艾尔维斯太太的亡夫在阴间结了婚。接下来，他继续写道：“我们来替自己报仇雪恨吧。”

这封情书被誉为文学的杰作、幽默的精品。求爱时，写情书好比投石问路，试探对方对自己究竟有没有意思，如果过于庄重严肃，一旦遭到拒绝，势必难以承受。但是，如果恰当地运用幽默的技巧，以豁达的气度对待恋爱问题，即使得不到爱，也不至于烦恼懊悔，同时也避免了自尊心受到创伤。

真爱是可遇而不可求的，所以要掌握一定的技巧。首先要有一颗真诚的心，更需要机智与幽默的表达。求爱的确要下一番工夫，不能只是一味地死磨硬泡，使人厌烦。制造好感是求爱的准备工作，运用新奇的幽默方式向对方求爱则可以收到良好的效果。

大众情人眼中的幽默

幽默口才可以给我们带来我们所需要的精神生活。有了幽默口才，就可以自由地感受自我与环境，发挥并表现出自我的才能与力量。即使面对事业的失败和人生的苦恼,幽默口才也能开拓我们的心胸,让我们在痛苦中获得欢乐。

幽默口才最大的妙处就在于可以将不协调的事物调节到和谐的状态。男女之间总是存在着许多令人神往的神秘东西,这种东西对双方都是一种诱惑,也是男女之间相互吸引的重要因素。

在恋爱过程中,偷换概念的幽默口才总是带来真心的欢笑以及双方情感的升级。

一对恋人进入了热恋阶段,他们在公园里约会,女朋友问:“我问你,别瞒着我,你在和我恋爱之前,有谁摸过你的头,揉过你的发,捏过你的颊?”男朋友说:“啊,这太多了,昨天,就有一个……”女朋友愕然,忙问:“谁?”男朋友说:“理发师。”

这位男青年把“还有什么女孩亲热你”的概念转移到“理发师”身上,一语出口,谁不会为之一笑呢?男性在求爱过程中总是想方设法地用甜言蜜语对女性发起攻势,多数女性对这种进攻都束手无策,这时如果使用幽默口才作为自己的武器就能达到促使对方的伪装落败的效果,但同时又不失自身的可爱与机智。

男:“请你相信我。”女:“怎么相信呢?”男:“亲爱的,我那纯洁的爱情只献给你一个人。”女:“那些不纯洁的给谁呢?”

“三心二意”是许多男士的通病,当你的男友正被身边的其他女孩吸引时,不要蛮横地加以指责,这样做达不到你想要的目的,而且还会降低你在他心目中的位置。用幽默调侃的语言给他温柔的一击,这会使你在达到目的的同时更具魅力。

一对恋人参加聚会,女孩子发现男朋友用羡慕的眼光不停地偷看身边坐着的那位艳丽的女郎,便在他身边悄悄说道:“你和她说句话吧,不然别人会以为她是你的未婚妻了!”

看,这位女孩子多么聪明,一下就把男朋友从失态中唤回来了。这种钝化了的攻击,任何男人都会接受。

“小心眼儿”是很多女士的共性,当女士醋意上升的时候,男士的幽默感就显得尤为重要了。

一对恋人正在海滩上躺着,女孩看到一个穿着最新款三点式泳装的女郎站在海滩上搔首弄姿。

“喂，你看！”她向男朋友叫道，“她和你崇拜的×××一模一样。”但男朋友并不理会，闭着眼睛躺在那儿。“怎么？难道你真的一点都不感兴趣吗？”女孩诧异地问道。

“当然，”男朋友说，“如果她真和×××一样，你是绝对不会让我看的。”

这位男朋友面对女朋友的讽刺非常冷静，用带有幽默感的攻击回敬了她，既批评了女朋友的小气心理，又表达了他知道她很爱他的情感。

如果你懂得在你和你的恋人之间使用幽默口才，那么就会发现这会为你的恋爱生活平添许多快乐。恋人间的幽默是一种永远迷人的诱惑，是一种无人能抵挡的诱惑。

幽默是恋爱和婚姻的推力

许多姑娘公开宣称：“我要寻觅的郎君应该具有幽默感。”会说笑话、具有幽默感的小伙子往往更受姑娘们的青睐。曾经有一位相貌平平，身高不过一米六五的小伙子，竟追上了校花。而且更不可思议的是，离开学校后，他们俩还真的走入了婚姻的殿堂。结婚那天，同学们叫当年的校花披露小伙子的绝招，校花抿嘴一笑：“他是个幽默冠军！”顿时一片吁声，大家都没想到幽默竟有如此魅力。

一位数学家同女友在公园散步，女友问他：“我满脸雀斑，你真的不介意？”数学家温柔地回答：“绝对不！我生来就爱小数点。”顿时，姑娘在又嗔又怪之余，心中泛起阵阵爱的涟漪。

幽默，这个具有神奇推动力的东西，它像助推火箭，推动爱情之星遨游直上；它又像大马力的发动机，推动爱情之舟一路向前。

同样的道理，夫妻双方如果知道时时用幽默去浇灌婚姻生活，那么“婚姻是爱情的坟墓”那句咒语早就见鬼去了，而应该以“婚姻是爱情崭新的起点”代之。

一次，邻居老张的妻子对丈夫说：“你看人家老李，因为当年失恋，后来发奋图强，如今多辉煌呀！”如果是一个不懂情理，缺乏幽默感的丈夫，他或许会接着说：“你跟老李去呀！”“老李算老几！”之类的话来。可富于幽默感的老张说：“当年你如果讨厌我，我也会出人头地的，尊敬的夫人！”老张的妻子轻轻地擂了老张一拳头：

这实际上近似于爱的抚摸!

幽默是婚姻生活的润滑剂,它能消融夫妻间的疙疙瘩瘩;幽默是婚姻生活的助燃器,它能使爱情之火燃得更旺。

夫妻间的幽默

常听人说,婚姻是爱情的坟墓。婚姻之所以成为爱情的坟墓,源于它的现实性与公式化。爱情是虚无缥缈的东西,它神秘,它不可捉摸,因而耐人寻味,给人以充分的想象空间。一旦爱情发展到一定程度,结婚便成了顺理成章之事。婚姻不像爱情,明修栈道不成,可以暗度陈仓。它必须得公开,按部就班,一五一十地进行。先发请帖,再办酒席,然后收红包,最后送客。宴席上有人摆道,你也得赔笑脸,沉着应战。你们两人的关系在众目睽睽之下,便再无神秘感可言了,进入婚姻生活尤其如此。

当一切都显得公式化与正常化之后,家庭幽默的重要性便日益凸显出来了。家庭幽默是你家庭生活的润滑油,是你婚姻幸福的催化剂。家庭幽默源于纯洁健康的心态,源于夫妻双方的相互了解与积极配合。当夫妻双方谈了一大串与"责任"有关的严肃问题之后,不妨由任何一方转移话题,转到一个双方共同感兴趣的话题上来。比如旅游,比如文学,比如足球等,这些看似与实际生活无关的话题,实在是调解夫妻生活的最好补药。关键是当夫妻一方提出某个愉快而轻松的话题时,另一方应积极配合,并表现出很大的热情与关切,绝不可坐视不理,一问三不知或仍沉浸在先前的严肃问题中没有解脱出来,而要求对方再说一遍,这时制造幽默话题的一方便毫无乐趣可言了。

西方有一位哲人曾说:"解释是幽默的致命伤。"家庭幽默是一种天分,说幽默的夫妻一方灵光一闪,秀口一开,听幽默的一方也要敏捷,才能接个正着。如果说者语妙天下,听者一脸茫然,竟要求说者加以解释或者再说一遍,岂非天下最扫兴之事?这就要求夫妻双方的程度相同或相近,绝不能相差的太远,否则便毫无家庭乐趣可言了。

进入婚姻生活的男女不再希冀对方能给自己带来多大的惊喜或浪漫感觉,但仍需要对方让自己愉快,让自己放松,特别是在忙碌了一整天的工作或家务活之后。

散文家张小娴说:"两个人的结合,就像两首曲子交汇成一首,由于原先的曲调、节奏各不相同,所以需要两者的协调与合作,才能汇成一曲比原先任何一曲都好听的音乐，如果配合不当或失误，这首曲子一定比原先任何一曲都更糟糕。”要使家庭生活永远朝着健康、高质量的方向发展，家庭幽默是必不可少的。家庭幽默是你家庭生活的润滑油，家庭幽默是你婚姻幸福的催化剂，家庭幽默是防止家庭暴力与婚外恋的最强有力的武器。

大千世界，男女的结合是一段美丽的缘。正如黄安所唱：“多少男男女女相聚分离，遇见你是千万分之一，哪怕时空拉开我们的距离，我只想和你在一起。”愿我们都能珍惜这段缘，呵护这段情。用我们的热情，用我们的智慧，用我们的幽默！愿有情人终成眷属！愿终成眷属的有情人都能拥有一个和睦美好、充满乐趣的家庭！

幽默是夫妻关系的润滑剂

在夫妻生活中，妻子对待丈夫的态度和方式会直接影响丈夫的生活态度、工作状态以及自信心。

怪不得很多企业家说：“如果我们想提升某个人时，会先调查他的妻子。”这并非是调查他的太太是否长得漂亮或者很会做菜，而是调查他的太太是否能让他充满自信。

一些企业的老板说：“做妻子的要接受丈夫的一切。要让丈夫生活愉快，拥有满足感。当丈夫回到家里时，要替他装上自信的弹丸。这样丈夫就会想：‘她这样支持我，可见我在她心中有一定的地位，并非一文不值。’做妻子的若能爱丈夫，信任他，他就会拥有‘我一定能做好一切’的自信。所以当他第二天出门时，就会充满自信地接受挑战。”一个可以宽容自己丈夫的女人，也一定会对丈夫倍加关爱。反之，如果妻子成天只会抱怨和唠叨，她的丈夫是不会有斗志面对自己的工作和事业的，从而没有了自信心。随着丈夫自信与自尊的渐渐消逝，他对妻子的态度只会趋于冷淡，夫妻之间便会发生情感危机，这时幽默口才就是最好的解药。

负责人事的经理对他的新雇员说：“这份表格你填得不错，就是有一点，你在填写与太太的关系一栏里，应该填‘夫妻’而不该填‘紧张’。”

消除家庭紧张关系的方法很多，而幽默则是一种最佳的选择。

某男某女结婚多年，从未发生过冲突。

有一天，妻子问丈夫：“你为什么总对我这么好？”丈夫答道：“和你结婚之前，我请教过一位牧师，问为什么他对妻子那样好，他说：'不要批评你妻子的缺点或怪她做错事。要知道，就是因为她有缺点，有时会做错事，才没有找到更理想的丈夫。'我牢记了这句话。"

他引用的话，推理出的意思是说，要想做妻子的理想丈夫，就不能随意批评妻子，这样才能恩爱有加，才能证明自己是理想的丈夫。

一个酒徒在外面喝多了酒，很晚才回到家，他又忘记了带钥匙，于是只好敲门。

妻子怒气冲冲地打开门说道："对不起，我丈夫不在家。"

"那好，我明天再来。"酒徒说完，装出转身要走的样子。

丈夫的幽默，终于使妻子化怒为笑，丈夫通过幽默，诱发妻子内心深处对丈夫的怜爱和尊重。这时夫妻两人都不会抓住喝酒的事不放，而是去享受两人之间幽默的情感。用幽默调侃的语言，婉转、迂回地回答妻子提出的问题也是丈夫化解尴尬事件的秘诀。

妻子："我和你结婚，你猜有几个男人在失望呢？"丈夫："大概只有我一个人吧？"

直率地回答妻子提出的问题对一些丈夫来说是比较为难的一件事，答不好就会造成双方的不快，这时最好的办法还是使用幽默的话来作答。

幽默口才的产生是有其适宜环境和必要条件的，而且还需要夫妻双方有一定的肚量，这样对幽默才会得到回应。

两口子吵架，妻子闹着要同丈夫离婚。在去法院的路上，他们要经过一条不大的河。

到了河边，丈夫很快脱掉鞋子走入水中。妻子站在岸边，瞧着冰冷的河水，正愁着怎么过去。丈夫回过头温和地说："我背你过去吧。"丈夫背着妻子过了河。他们没走多远，妻子说："算了，咱们回去吧！"丈夫诧异地问："为什么？"妻子不好意思地低着头说："离婚回来，谁背我过河呢？"

在一般的家庭中，妻子总是承担大部分的家务劳动，好像这些都是妻子分内应该做的。但丈夫也是家庭中的一部分，也是应该分担家务的。由于传统观念的影响，一些丈夫在家中是什么都不干的，这时聪明的妻子会用智慧和幽默使丈夫毫无怨言地加入到家务劳动中来。

妻子："亲爱的，你能把昨天晚上换下来的衣服洗一下吗？"

丈夫："不，我还没睡醒呢！"

妻子："我只不过是考验你一下，其实衣服都已经洗好了。"

丈夫："我也只是和你开玩笑，其实我很愿意帮你洗衣服的。"

妻子："我也是和你开玩笑，既然你愿意，那就请你快去干吧！"

丈夫此时不得不佩服和欣赏妻子的幽默和情趣，高兴地去干不愿干的家务。

当然，如果妻子已把衣服洗了，其幽默感更强，丈夫受到感动，往往会主动帮助妻子做家务，这样家务事带来的不是烦恼，而是一种家庭快乐。

在我们身边经常能听到有些人这样说："家不就是个吃饭、睡觉的地方吗？其实和旅馆没什么不同！"这绝对是不正确的，因为旅店里没有家庭里的幽默。

约翰实在无法忍受妻子无休止的唠叨，打算去外面旅店住几天。旅店老板热情地接待了他，并且亲自把他引到一间房门前。

"先生，您住在这里会发现跟到了家一样。"

"天哪！你赶快给我换间房吧！"

这则幽默说明没有幽默的家庭甚至还不如一家旅店。

运用幽默的语言、行动和态度来对待家庭中的另一个人，它会使你的家庭远离无休无止的争吵，远离沉闷压抑的冷战，远离空穴来风的猜忌。它如同家庭生活中的润滑剂，能使你的家庭永远沐浴在春风细雨之中，使夫妻之间的关系永远和谐美好。充满活力、拥有幽默口才并加以利用的人，他的生活将会是丰富多彩的，他本人好像有用不完的力量。

幽默使爱情之树常青

在现今的家庭中，夫妻双方都有自己的事业和自己的社交活动，因而双方都处于相对独立的状态，这就使谁来统治家庭成为日益凸显的矛盾，这个矛盾会使彼此心灵间的距离越来越远，但解决它并不困难，幽默能产生特殊的效果。

一个男人向他的朋友道出了他婚后生活美满的秘诀。“我的夫人对所有的小事作决定,”他解释说,“而我,对所有的大事作决定。我们和平共处,互不干扰,从无怨言,从不争吵。”“很有道理,”他的朋友赞同地说,“那么,你的夫人对什么样的事情作出决定呢?”“她决定我应该申请什么样的工作,我们应该到哪里去游泳等诸如此类的事情。”朋友很惊奇:“那么哪些是由你决定的大事呢?”“噢。”这位男人回答,“我决定由谁来做首相,我们是否应该增加对贫穷国家的援助,我们对原子弹应该采取什么样的态度,等等。”

从某种角度来讲,女人的统治欲望和虚荣心要比男人更为强烈,因而在家庭中女人往往处于统治者的位置,无论是普通的主妇还是伟人的夫人都无一例外。

彼得在当匹兹堡市市长的时候,一天,他和妻子兰茜去视察一处建筑工地。一个建筑工人冲着他们叫起来:“兰茜,你还记得我吗?读高中的时候,我们常常约会呢!”事后,彼得嘲弄地说:“嫁给我算你运气好,你本来该是建筑工人的老婆,而不是市长夫人。”兰茜反唇相讥道:“你应该庆幸跟我结了婚,要不然,匹兹堡市的市长就是他了。”

在我们身边经常会有被称为“妻管严”的丈夫,他们经常被朋友和同事讥笑,所谓“怕老婆”是丈夫对妻子的宽容与爱护,但被他人讥笑终究是不好受的,如果巧妙地运用自嘲的方法就不至于造成难堪的局面。

妻子:“你在外面很少喝酒,为何在家里拼命地喝呢?”丈夫:“我听说酒能壮胆。”

而且,有幽默感的人也不怕在众人面前表现自己“怕老婆”。我们来看下面这两个人的对话。

甲:“在公司你干什么事?”

乙:“在公司里我是头。”

甲:“这我相信,但在家里呢?”

乙:“我当然也是头。”

甲:“那你的夫人呢?”

乙:“她是脖子。”

甲:“那是为什么呢?”

乙:“因为头想转动的话,得听从脖子的。”

如此妙答，当然引得人们捧腹大笑，也间接地暗示了他对婚姻的满意。如果他的夫人真的如传闻的那样，他也许自我调侃不起来。所以，有一个好的精神状态对幽默的发挥是相当重要的。

当妻子因丈夫的某些不良行为而大发雷霆时，丈夫如果可以巧妙地运用幽默口才就可以将一场有形暴风雨化解于无形之中，从而保证家庭生活的顺利进行和夫妻间的良好关系。

一分钟小幽默大智慧

◎ 重新使用

一对男女决定解除婚约。

男："你说什么？要我把你写给我的信都还给你？"

女："是的，全部还我。"

男："你以为我会把信给别人看吗？"

女："我没那么想。不过，那都是我花钱请专人搞出来的，现在不是马上需要重新使用了吗？"

大智慧爱的甘泉是从人的内心世界自然地流淌出来的，流于形式没有任何意义可言，甚至可以说是对爱情的亵渎。

◎ 北极女士

甲："我把她当成北极看待，称她为北极小姐。"

乙："为什么？"

甲："她冷得像冰一样，却又像磁石一样吸引着我。"

大智慧爱一个人，是你必须有一点儿恨他，恨他令你离不开他。

◎ 爱情的记忆

男："人总会老的，一个人不能总靠爱情生活吧。"

女："可是我有关于这些爱情的记忆呀！"

男："记忆又不能当饭吃。"

女："当男人不给我钱的时候，我就把这些记忆告诉他们的老婆！"

大智慧不能厮守终生的爱情不过是人生的一个航站，无论你停留多久，你都将会乘另一航班匆匆离去。

◎ 已婚男友

母亲："你知道，孩子，快三年了，你跟阿尔夫的关系进展得怎样？他有没有跟你谈到过结婚？"

女儿："当然谈到过。一开头就谈了。"

母亲："他当时怎么说？"

女儿："他说他已经结了婚。妈妈，真……真不幸。"

大智慧 爱，是不能停泊在别人的港湾的，偷来的幸福，终究还是要归还的。

◎ 反对

小明："告诉我……"

他鼓起勇气接着说："你反对婚前同居吗？"

小花："我从没做过那种事情。"她低着头喝咖啡。

小明："从来没做过！"

小花："笨蛋！从没反对过！"

大智慧 "同居"是一种"随时准备撤退"的关系，在不确定的年代要谈不确定的爱情，套一句股票族常用的术语："不要把鸡蛋全部放在同一个篮子中"，实在是颠覆不破的至理名言。

◎ 天天想

小王整天闷闷不乐，朋友问他是否失恋了，他说："没有的事，只是我天天想着怎样才能和她在一起，而她天天想着怎样才能不和我在一起。"

大智慧 是你的，总归是你的；不是你的，也强求不来，这也许是爱情的宿命。

◎ 想结婚的年轻人

"我该怎么办？"一位想结婚的年轻人对他的朋友说，"每个我带回家的女友，我母亲都不喜欢。"

"这个好办！"他的朋友建议，"你只要找一个各方面像你母亲的就可以了！"

"我试过了……但是我父亲又不喜欢。"

大智慧 适合你的就是最好的，何必在乎别人的眼光？

◎ 取长补短

有位姑娘提着高跟鞋走进木材商店，请店主替她把鞋跟的软木锯短一些，店主照办了。过了一个星期，姑娘又来了，她问："上次你们锯下的那两块软木鞋跟还在吗？我想请你们帮我粘上去。"

店主对这个要求很感惊讶，便问其原因，姑娘说："噢，这个星期我换了个男朋友，比上星期那个高多了。

大智慧 把自己最真实的一面展示出来，才能获得真实的爱情。

◎ 我多爱你

一天男友给远方的女友写信，为了证明自己有多么的爱她，便在信的后面画上了一个"心"，然后又在心上画了一支箭，意思是箭串心，我真的很爱你，而后又画了一串箭穿心，是为了让其女友知道他有多么的爱她。最后，他又写上"瞧我有多爱你"。不久他收到了女友的信，女友在信中问到"你那串羊肉串是什么意思？"

大智慧 爱情不需要用过多的语言来表达，毫无意义的重复强调和表达有时会起到相反的作用。

◎ 多情

羊叉子乘坐公共汽车时，车上一位漂亮姑娘总是打量他。

羊叉子心想：姑娘可能对自己有意思，不禁心里美滋滋的。姑娘到站下车，羊叉子见状马上跟了下去。

姑娘在前面走着，还不时地回头看。羊叉子鼓足勇气跑上前，不无幽默地搭讪道："小姐，你为什么总看我？是不是我脸上有饭粒儿呀？"

姑娘瞪了他一眼说："明明知道还不擦……"

大智慧 什么是自作多情？自作多情就是单相思式的一厢情愿的独白。

◎ 情爱方程式

聪明的男人+聪明的女人=浪漫

聪明的男人+愚蠢的女人=怀孕

愚蠢的男人+聪明的女人=绯闻

愚蠢的男人+愚蠢的女人=结婚

大智慧 在爱情方面，最"傻"的人恰恰是最聪明的人，因为只有他们能走进幸福的婚姻。

◎ **情话大逼供**

女:你真的背熟了我的一切吗? 我的身高、体重、最喜欢的和最讨厌的,你倒是说说看!

男:身高……(挠了挠头)穿平底鞋到我下巴,穿高跟鞋到我耳朵。体重(边思索边计算),我用自行车驮你,勉强可以上30°斜坡,抱着你的话,估计走不出两米。你最喜欢用尖指甲掐我,最讨厌我看足球和别的女孩。

大智慧 爱又何必说出口! 爱藏在心里,表现在行动上。

◎ **缘分**

甲:"经人介绍,我连续相亲十次,终于找到一个有缘的人。"

乙:"有缘? 怎么说?"

甲:"他就是我第一次相亲的对象。"

大智慧 缘分不是刻意追求来的,它是可遇不可求的。顺其自然,才会"偶遇"自己的缘分。

◎ **我也不例外**

女友买了一支新笔送给男友。她试探地问:"拿到这支笔,你第一个会写谁的名字?"

男朋友问:"你要我说真话?"

女友说:"当然要说真话。"

男友答:"97%的男人试笔都是先写自己的名字,我也不例外。

大智慧 不要把爱情和习惯混为一谈。爱情是爱情,习惯是习惯,把别人的习惯看作示爱是自作多情,同样,把别人的习惯看作冷淡是不可理喻。

◎ **需要**

女:男人结婚需要什么?

男:勇气。

男:女人结婚需要什么?

女:运气。

大智慧 爱一个人是一种冒险,是一场赌博,要么得到全部的幸福,要么什么也得不到。所以说,爱一个人需要勇气,更需要运气。

◎ **白费心机**

两年内,有一个青年连续写了七百多封情书给他心爱的女友,结果他的女友终于宣布要结婚了,新郎就是给她送这些信的邮差。

大智慧 适当的爱情防守,就是双方都保持一点点醋意,都保留一点点私人社交圈,但永远都不要给情敌入侵的机会,也永远不要尝试去找一个情人。

◎ **理智情话**

"亲爱的,你非常爱我吗?"

"非常爱。"

"你能为我献出生命吗?"

"能,但是那样做就错了。那时还有谁来爱你呢?"

大智慧 在这个世界上,没有谁应该为你去做什么,因为生命是你自己的,你必须为自己负责,哪怕你们是恩爱的夫妻或恋人。

◎ **忍痛割爱**

伤心的寡妇和一位朋友缅怀她刚去世的丈夫:

"我丈夫生前待我很好,我很怀念他。他买了5万美元人寿保险,指定受益人是我。不过,说实在的,如果他能够复活,我愿意少收1 000美元。"

大智慧 珍惜眼前人吧!不要在失去以后才知道珍惜,最痛苦的事情莫过于在回忆和怀念中过生活。

◎ **移情别恋**

男女两人在大街上邂逅,很快便订婚了。

小伙子激动地拉着姑娘的手说:"你真是位好姑娘,虽然我不如我的朋友阿伟潇洒,又没有他那么高贵,也没有他那么多的存款,但是你却爱我,这怎么能不令人感动呢!我一定爱你一辈子,永不变心。"

姑娘听得眉飞色舞,紧紧地拉着他的手不放,说:"你真诚的表白和坦率的诉说,令我敬佩。不过,我现在对你只有一个要求,能把阿伟的联系方式告诉我吗?"

大智慧 报恩的爱情不是真正的爱情,说不定哪天会导致悲剧。

◎ 爱情排他性

男:“你是我的太阳……不,你是我的手电筒。”

女:“怎么?不是说太阳吗?”

男:“不行,太阳普照着所有的男人。我只希望你照着我一个人。”

大智慧 爱情之所以是自私的,是因为内心的占有欲在作怪。

◎ 恋爱短篇

文艺社征文比赛:“请以最短的文章,论述恋爱始末。”结果,小王得到了冠军,其文如下:

初恋:心里眼中只有她。

热恋:妈妈叫我向东,爱人叫我向西;我向西。

失恋:爱人结婚了,新郎不是我。

大智慧 爱得没有原则和独立性,迟早会失去爱情。

◎ 老婆永远是对的

1.老婆永远是对的。

2.如果老婆错了,一定是我看错了。

3.如果我没有看错,一定是我的想法错了。

4.如果我没有想错,只要她不认,她就没错。

5.如果她不认错,我还说她错,那就是我的错。

6.如果她认错了,请参考第1条。

大智慧 恋爱有时候和打仗一样:以斗争求和平则和平存,以妥协求和平则和平亡。一味的妥协,没有尽头。

◎ 劝慰

同室的小王失恋后,整天茶不思、饭不想,在床上长吁短叹。大家都不知如何劝慰才好。

生性乐观的阿杜对小王说:“快些停止叹息下床吧!难道失恋的滋味那么好,值得你不吃不喝地躺在床上慢慢品味?”

大智慧 失恋时,只有两种可能。要么你爱她她不爱你,或者相反。那么,当你爱的人不再爱你,或者从来没有爱过你时,你没有遗憾。因为你失去的是一个不爱你的人。

◎ 今日客满

一位打扮得很入时的小伙子来到一家高级饭店，一进门就递给招待员一个先令。招待员不解地用手掂着这个先令，讪笑着说："怎么，你是要用这钱订酒席吗？"小伙子忙解释说："不，不，待会儿我陪一位姑娘来，请你大声对我们说："今日客满，请到别处就行了，谢谢啦！"

大智慧 常言说，请客要把菜单把握在自己手中。其实，对于爱情来说，并不是山珍海味和山盟海誓才能表达真心。

◎ 情有所钟

我祖父身高1.60米，而健硕的祖母却高达1.80米。我小时候祖父已去世。有一次我跟祖母一起翻阅旧日的照片，突然想到他们两个站在一起一定很惹人注意。

"祖母，"我问她，"你怎么会爱上一个比你矮的男人呢？"

她转过脸来对我说："孩子，我们是坐着谈恋爱的，等我站起身来，已经太晚了。"

大智慧 别人眼睛中完美爱情般配和我们自己对爱情的感觉是不一样的，有时候需要用技巧向别人解释，让其他人知道，自己喜欢的就是适合的。

◎ 求婚

"我来找你是要向你的女儿求婚。"年轻的求爱者说。

"你跟我的妻子谈过了吗？"做父亲的问。

"是的，但我更希望娶你的女儿。"

大智慧 智者说："每个人的幸福需要自己做主"。对于感情这样纯粹自我体验的东西，所有的人都代替不了当事人的感觉和意见。所以，尊重别人的选择就是尊重别人的感情。

◎ 抓沙

一对新婚夫妇卿卿我我地坐在沙滩看日落，太太随便抓起一把沙，不经意的对丈夫说：

"真奇怪，无论我抓得多么紧，它总是从手指缝漏去，最后就只剩下那么一点点。"

丈夫接口道："宝贝儿，在这个美妙的时刻，还是不要提我那点微薄的工资吧！"

大智慧 爱情无需刻意去把握，越是想抓牢自己的爱情，反而越容易失去自我。失去彼此之间应该保持的宽容和理解，到最后连爱也失去了。

◎ 没有保险

一位男青年收到女朋友的绝交信,信中写道:“虽然咱们的关系已经结束,但你必须赔偿我四年的青春损失费……”

男青年回了一封短信:“亲爱的,这笔钱我不能出,因为你没有参加保险。”

大智慧 有时候,爱情是一次赌博,付出可能得不到任何的回报和补偿。

◎ 爱情方向

汤姆:“爱是伟大的,它使这个世界不停地旋转!”

杰克:“妈呀!我真恨,恨它转得我晕头转向,不知所措啦!”

约翰:“那你俩怎么不掌握爱情旋转的方向哩!”

大智慧 爱情的过程不同,爱情的方向也就不同。每个人都应该把握自己爱情的方向。

◎ 互问

男士低声对一位小姐说道:“小姐,我可以爱你吗?”

“当然可以。”小姐大方地点了点头。

男士不由心花怒放,正要作进一步的表示,忽听小姐柔声娇气地问道:“先生,我可以不爱你吗?”

大智慧 爱情是一种互动,来不得半点得勉强和迁就。

◎ 暗示

一个老处女向新交的男朋友说:“昨天晚上,我梦见你向我求婚。”

“你是如何表示的?”

“我接受你的求婚。”

大智慧 身为女人,应该保留一些含蓄,不要让男人一眼就看到你的底牌。

◎ 爱的真谛

丈夫:“为什么上帝把女人造得美丽而又愚蠢呢?”

妻子:“道理非常简单。把我们造得美丽,你们才会爱我们;把我们造得愚蠢,我们才会爱你们。”

大智慧 男人首先看重的是女人的相貌(尽管很多男人不承认);女人首先看重的是男人的才华(因为才华是财富的源泉,尽管很多女人都表示自己不爱金钱)。

◎ 爱的考验

湖边依偎着一对情侣。

南茜："你爱我吗?"

杰克："当然,我爱你胜过爱自己的生命。"

南茜指着湖面说："你敢从这儿跳下去,我就相信你的话。"

杰克立即转身跑开,过了一会儿,他气喘吁吁地回来了。

南茜："哦,天！你干什么去了？"

杰克："没什么,亲爱的,我买了一个救生圈！"

大智慧 爱情即使能够超越生死,也不要让它去接受不必要的考验,因为无谓的摸爬滚打必定会留下伤痕。

◎ 条件足够

陈福不敢当面向他的女友求婚,只得在电话上作远程试探。

"丽丽,我得了五百万元遗产,一座别墅,一辆汽车,还有一艘游艇,你答应嫁给我吗？"

"当然答应你哩,你是谁呀？"

大智慧 爱情不仅不能买卖,而且金钱是必然会扼杀爱情的。

◎ 不浪漫

小云在对她的女友抱怨："我的男朋友一点也不浪漫，那天我辛辛苦苦地准备了烛光晚餐。"

"他说什么了？"

"亲爱的！停电了,我们出去吃吧！"

大智慧 浪漫是爱情的必需品,是婚姻的奢侈品。

◎ 需要

我需要一只新的结婚戒指。生日那天,我正在园子里劳动,丈夫问我想要什么礼物。我举起手说："喏,你看我的手光秃秃的。"

当晚,我激动地打开礼物盒。"生日快乐"丈夫说。我打开看到一副园工手套。

大智慧 爱情在不同的阶段有不同的表现方式,婚前婚后逐渐由浪漫表现的务实。男人的理性思维最终会获得胜利。因此,对于浪漫的女孩子来说,婚前提出需求比婚后提出需求得到的满意度要高很多。

◎ 我早就了解你了

一个小伙子向姑娘求婚,姑娘说:“不过,我们相识才三天呐,你了解我吗?”

小伙子急忙说:“了解,了解,我早就了解你了。”

“是吗?”

“是的,我在银行工作三年了,你父亲有多少存款,我是很清楚的。”

大智慧 爱情一旦和金钱有了一种交易关系,就不能叫做爱情了。

◎ 先要钱

女儿发现妈妈向她的男朋友要“彩礼”,觉得很不理解,就问:“妈妈,我们还在恋爱,为什么先要人家这么多钱呢?”“傻姑娘,你到百货公司买东西,不先付钱行吗?”

大智慧 买卖婚姻尽管已经不存在了,但“买和卖”观念却还在一部分人的头脑中挥之不去。

◎ 时不我予

少女问她的男朋友:“为什么你买人造花给我?我喜欢鲜花。”

“亲爱的,鲜花总是在我等你的时候就枯萎了!”

大智慧 浪漫的爱情总是暂时的,喧嚣过后,一切都会归于平静。琐碎的生活更多地需要男女双方在现实中互助合作、患难与共,而不是花前月下的卿卿我我。

◎ 只此一次

小陈正在热恋,但他的收入微薄,很难满足女友在物质上的需求。这一天是女友二十岁的生日,看来无论如何也得送点礼物给她了。他筹了一笔钱,给她买了一只金戒指,另在贺卡上写着:“亲爱的珍珍,祝你生日快乐,并预祝从今天起到我俩结婚前的一切节日,你都快乐!”

大智慧 如果没有物质基础,爱情到底能够走多远?

◎ 考验

“亲爱的,只要你想要的,我都会不惜一切代价令你得到。”

“那我先要测谎机。”

大智慧 “轻诺不易信”,爱情中尤其如此。

◎ 药方

有人问一位讽刺家什么是医治爱情创伤的药方，讽刺家说："饥饿是一种妙方，时间更好一些。"

大智慧 爱情是一种情感的需求，但不是生命的需求。爱情是一种创伤，但远远没有到致命的地步。相信生命的力量，更要相信时间是治疗一切所谓创伤的最好的良药。

◎ 美得无法形容的爱情

深夜里，巴维尔和巴芙琳娜紧偎着，漫步在街头。巴芙琳娜呼了一口气，拖长了声音说："啊，巴维尔，如果我们结了婚，那不是太美了吗？我们之间有的是爱情，我们只要有口饭吃，有口水喝就能生存！"

巴维尔把他心爱的人搂得更紧了，他安慰她说："当然喽，那会美得无法形容的，只要你愿意赚钱买饭吃，我就愿意赚钱买水喝。"

大智慧 爱情也许能存活在真空中，但人却必须要生活在现实的土壤中，谁让我们浪漫的灵魂拖着一个沉重的肉身？

◎ 玫瑰的含义

为了追一位漂亮的美眉，我决定展开鲜花攻势。

老板说："小伙子，买九百九十九朵玫瑰吧。"

我问老板："一朵玫瑰代表唯一……三朵代表我爱你……九朵代表永远……那九百九十九朵是什么意思？"

花店老板："……这个嘛……这个……代表……'我很有钱'。"

大智慧 虚假的浪漫是用金钱堆积起来的，真诚的浪漫是用血和泪书写的。

◎ 自己变狗

女："像你这种人，只有狗才会爱你。"

男："告诉你，我刚才继承了一千万元的遗产。"

女："汪！汪汪！"

大智慧 当女人离金钱最近的时候，也是离爱情最远的时候，而离爱情最远的女人也是最不幸的女人。女人最大的心愿是让男人去爱，而让男人去爱的女人是一见爱情试纸就显灵的女人，这样一个简单的公式却让我们把程序搞乱了。

◎ 意中人

有一位眼睛明亮的姑娘对她的母亲说:“乔·格罗弗是我中意的男人。他为人正派,长得帅气。他很聪明,也很能干。他说话诙谐,待人和气。他身强体壮。”

她母亲打断了她的话,说:“他是结了婚的呀!”

“所以说,任何人都不可能是十全十美的呀!”

大智慧 没有一种感情是有罪的,当时的快乐也都是真的。只是快乐背后,要背负的也许还有很多。

◎ 喜新厌旧

一天,林姐姐在路上见到男朋友与另一位漂亮的女孩子在一起,无名火起三千丈。

第二天,林姐姐见到男友便大兴问罪之师,怒冲冲地质问他:“想不到你竟然是一个喜新厌旧的家伙!”

男友急忙辩解道:“你误会啦!我哪会是这种人?你才是新的,她是旧的!”

大智慧 所谓喜新厌旧,就是有了爱情和面包之后,还想吃蛋糕的心情。

◎ 一毛钱的爱

“你有多爱我?”

“一毛钱之多。”

“只有这么一点么?”

“一毛钱不就是‘十分’吗?”

大智慧 吃饭7成饱最舒服。对待女友最多也请你保持在7成。

◎ 奋斗

w代表woman,m代表man。

w:“我要终其一生为找到一个可以让我不用奋斗的男人而奋斗!”

m:“那然后呢?”

w:“我要继续奋斗,防止那些希望不靠自己奋斗的女人。”

大智慧 女人不求嫁得风光,而要过得美好;男人不求倾国倾城,只要贤惠体贴,生活幸福。婚姻就是如此,不能缺少金钱,美好幸福的婚姻又绝对与金钱没有太重要的关系。

◎ 假设

女：假设，我和你妈同时落水，你先救谁？

男：你不是说你学会游泳了吗？

大智慧 这样的问题肯定出自贪婪的女人之口，因为她要剥夺他作为男人的权利。

◎ 装潢门面

甲："快把你家的书借给我几本。要厚的，精装的。"

乙："为什么？"

甲："我的女朋友今天第一次上门来。"

大智慧 爱情必须接受时间的检验，一时的伪装可以满足自己的虚荣心，但永远无法收获爱情。

◎ 如此约会

有个害羞的小伙子告诉妈妈说，他要去同一位姑娘约会。

半小时以后，他回来了。

母亲问："谈得怎么样？"

"很顺利。"

"见到了她吗？"

"当然见到了，"他咯咯地笑着说，"不过，要是我不躲在大树后面的话，她也会看见我的。"

大智慧 客观因素会影响爱情，主观因素更能扼杀爱情。比如，害羞对爱情有着很大的杀伤力，因为你没有给对方爱你的权利和机会。

◎ 没有机会

一个即将结婚的年轻女人，在最后一刻决定要试探她的心上人。于是，她选了一个相当漂亮的女友，虽然她知道这是冒险，但她还是对她说："今晚我会安排杰克带你出去——月光下海边散步，然后享受一顿龙虾晚餐。为了试探他的忠贞，我要你要求他一个吻。"女友笑了笑，红着脸同意了。危险的计划进行了。

第二天，这个热恋中的女子去见那位女友，焦急地问："你要求他了吗？"

"没有。"

"没有？为什么不呢？"

“我没有机会，他先要求我了。”

大智慧爱情像娇贵的瓷花瓶难已永恒。所谓“天长地久”，“海枯石烂”更多的只是人们心中的美好理想，所以与其考验爱情，不如享受爱情。考验爱情是一件很累的事。“考生”累、“考官”更累，所以聪明的男女很少去碰它，其实考验爱情是缺乏信心的表现。不要太相信“经得住考验才是真爱”，爱情无须考验，既然两人在一起能够开心，能够在生活上有所寄托，考验什么！

◎ 准备早餐

“亲爱的，你只要再准备一下烤面包和咖啡，我们就可以吃早饭了，”新娘含情脉脉地对新郎说。

“早饭都有什么？”新郎问。

“烤面包和咖啡。”

大智慧爱情是一个博弈，真爱的衡量的标准是，无论为对方做什么事情，都心甘情愿。所以，女孩子经常用这样的方式来考验男孩子。

◎ 女教师中选

一个小伙子有三个要好的女朋友，一个是医生，一个是电话员，另一个是教师。

有一天，小伙子问母亲，她们当中哪一个适合做他的伴侣。母亲立即回答说：“我的孩子，当然是女教师了！”

“为什么？”

“这还不清楚吗？因为医生老是说‘轮到下一个了’，电话员则常常说什么‘请讲得简短些’之类的话，而女教师却和她们不一样，她总是那么和气地说，‘我们再来一遍，我们不妨再试试，别灰心，最后一定会成功的。’”

大智慧两个人能否天长地久，靠的不是浪漫的爱情，也不是优厚的物质条件，而是一种信念，一种宗教般的虔诚和信仰。当爱成为一种信念，收获已不重要，幸福也许会在不经意之间悄悄来临。

◎ 内在美

一个小伙子打扮得非常时髦，去找女朋友。女朋友见他油头粉面，不男不女的，很是反感，于是不满地说：“我讨厌你这种外表的美，喜欢内在的美。”

小伙子一听，急忙解开外衣扣，指着胸前绣有牡丹花的绿色绒衣，说：“你看，我这里面也是很美的。”

大智慧不要只看外表，因为它会欺骗你；不要只看财富，因为它会褪色。

◎ 征婚广告(1)

“你是我的心上人吗？本人经商多年，聪敏过人，富裕非常。虽已年届四十，依然英俊少壮。缺点嘛，或许略微富态一些。诚望结交秀美温情的女子，不抽烟嗜酒，年龄在二十至三十五岁之间。倘若有意，请惠寄小传一份，附上玉照及电话号码。注意：千万勿忘附上玉照！”

大智慧：男人是用下半身思考的动物，这话也许绝对了点，但起码在某种程度上或对某些男人（特别是那些有点钱的男人）来说是这样的。

◎ 征婚广告(2)

二十二岁，处女，空中小姐。温文尔雅，相貌娟丽，通情达理，擅长烹调。一经接触，会使你感到意外惊喜。觅求经济富足的男子，年龄、种族不论，但务须待人诚恳。望能陪我在巴黎逛商店，到罗马下馆子。如果从见面起三个月内能一直吸引住我，我就嫁他。祝君好运，静候佳音。”

大智慧现在一些女孩子征婚启事中，往往不再以爱情标准来择偶，倒像是失物招领、寻人启事。人成了物质载体，婚姻成了资产重组，爱情不过是黏合剂。况且，所谓的“黏合剂”中也是因为加进了金钱元素才起了作用。显而易见，这些人是在用自己的年轻、美貌和高等学历招牌等等“有利条件”去和金钱、财富进行交易，这种交易或许从来都是存在的，但当她们通过征婚这种形式理直气壮地把它提出来，潜规则变成了明规则时，便明明白白地昭示出相当数量的年轻女性在市场经济大潮中对以爱情为基础的婚姻观念的颠覆和对自身社会和事业价值的否定。

◎ 耐用

在我母亲结婚50周年纪念日的时候，父亲愉快地回忆起往昔的婚恋过程。“那时候，我们都没有太多的钱，”他告诉我们，“而且当时我正在面临着这样的一个选择，是让我的汽车换一次轮胎呢，还是平平淡淡地去结婚。”父亲停顿了一下，接着说，“现在我不得不认为自己的投资方向是正确的，因为再过硬的车胎或许也用不到50年呀！”

大智慧完美幸福的爱情是任何金钱都无法替代的，有时候，很多人不知道，幸福往往不能用金钱来衡量的。

◎ 找婆家

介绍人:“你认为对方怎样?”

女青年:“我对他倒没有什么想法。”

介绍人:“婚姻是大事,你得仔细考虑。”

女青年:“不用啦!反正我找的是婆家。”

大智慧 真是“有奶便是娘”!金钱轻而易举地颠覆了爱情,爱情何其轻,金钱何其重,真是可悲!现代的女人常常说,贫穷的爱情我不要!没有钱的爱情快走开!爱情要通过物质来实现。金钱如此残酷地影响了爱情,金钱的残酷不是用暴力,而是温柔的浸淫。

◎ 要求完美

我所认识的一对夫妻正讨论着刚贴好的壁纸。丈夫对刚贴好的壁纸不太满意,而妻子却无所谓。为此,丈夫很恼火,他对妻子说:“这个情况的出现,就在于我是个要求完美的人,而你却不是。”

“说得对极了。”妻子回答道,“这就是为什么你娶了我,我嫁给了你。”

大智慧 追求完美可以是深埋在心底一种理想和愿望,但决不能照搬到现实生活中来“运作”,饮食男女哪会有天堂中的浪漫?如果你抱的希望越大,失望也就越大。

◎ 一年有效

“最亲爱的丽娜:如你所知,我爱你,而且狂热地、永远地、诚心诚意地爱着你,这一保证从2000年8月到2001年8月期间内均有效,并可以随情况变化而延长,为了节省开支,我不再给你写信,吻你365次。你的贝恩尼”。

大智慧 爱情是不能用物质利益的得失来衡量的。如果我们都是能够计较利益得失的“经济人”,世间也许就没有这么多痴男怨女。

◎ 反对搭卖

女:“我和你结婚还有个条件。”

男:“亲爱的,你说吧,只要能和你结婚,我什么条件都答应。”

女:“这个条件很简单,我要把我妈带来,因为她只有我一个女儿。”

男:“这……”

女:“怎么,你不同意?”

男："你不是不知道，现在商店都在反对搭卖？"

大智慧 爱情和婚姻本身就是目的，不是手段。所以，你不要向爱情和婚姻讲条件，也不要打着婚姻和爱情的旗号谋求婚姻和爱情以外的利益。否则，你会离幸福越来越远。

第 10 章

家庭生活中的幽默

家是我们的避风港，家是我们欢乐的海洋。不过，这欢乐的海洋有时也会掀起一些或大或小的风浪。要维持家庭的和谐幸福、缓解家庭成员之间的矛盾，幽默的气氛是必不可少的。

家庭幽默增亲情

如果说亲情是太阳温暖着你和我，那么家庭中的幽默就像弯弯的虹桥连起我们的心。

人人都希望家庭的港湾宁静而和谐，而宁静的生活也需要笑声做点缀，和谐的日子也需要幽默来调剂。在家庭中适当运用一些幽默话语，能使家庭气氛更融洽，家人生活更幸福。几位文化名人的做法可供效仿。

著名剧作家沙叶新极具幽默感，其女儿也天生具有幽默细胞，还在童年时就对“女大不中留”有过一番妙论：“我认为‘女大不中留’的意思就是……嗯……就是女儿大了，不在中国留学，要到外国去留学。”后来她果然去美国留学了。

一次回国探亲，她和父母谈起同在美国留学的弟弟，说弟弟想娶个黑人女孩。母亲不由大吃一惊。“妈妈怎么还有种族歧视？黑人女孩是黑珍珠，身材好极了，长得也漂亮。”“我倒没有种族歧视，”沙叶新插话说，“我就担心他们以后给我养个黑孙子，送到上海来让我们带。万一晚上断电，全是黑的，找不到孙子那不急死我们！”女儿连忙说：“那没关系，断电的时候你就叫孙子赶快张开嘴巴，那不是又找到了！”

在父女之间的这场温情脉脉的唇枪舌剑中，父亲显示了他开阔的胸襟、年轻的心态和幽默的天性，而女儿更是青出于蓝而胜于蓝，她机灵的回答、狡黠的反击为久别重逢的父女增添了一份额外的喜悦。

在读者眼里，钱钟书是满腹经纶的学者，不苟言笑，其实不然。

钱氏夫妇在清华养过一只很聪明的小猫。爱猫成癖的钱钟书特备长竹竿一根，倚在门口，不管多冷的天，听见猫儿叫闹就急忙从热被窝里爬出来，拿了竹竿帮自己的猫打架。和钱家猫打架的是邻居林徽因女士的猫，妻子杨绛怕钱钟书为猫伤了两家的和气，就引用钱氏小说《猫》中的一句话来劝他：“打狗要看主人的面，那么，打猫更要看主妇的面了。”钱钟书调皮地笑道:“理论总是不实践的人制定的。”此后却不那么冲动了。如果杨绛硬去阻止生着气的他打猫,也许会适得其反,最聪明的办法当然是迂回出击先逗他笑。

表面上看,他俩针尖对麦芒,互不相让。但隐匿在一问一答中的幽默,让人一眼就能看出他俩是妇唱夫和,其乐融融。

台湾诗人余光中育有四女,再加上妻子,家里十足的阴盛阳衰。好在余光中已习惯与五个女人为伍,沙发上皮包和发卷散乱地放着、浴室里弥漫着香皂和香水的气味、餐桌上没有人和他争酒等等,都是天经地义的事。所以余光中戏称自己的家为“女生宿舍”,称自己为“舍监”。

由于家中的电话装在余光中的书房,所以他总是忙得不可开交:“四个女儿加上一个太太,每人晚上四五个电话,催魂铃声便不绝于耳了。我就像个现代殷洪乔,成了五个女人的接线生。有时我也想回对方一句‘她不在’,或者干脆把电话挂断,可又怕侵犯了人权,何况还是女权。在一对五票的劣势下,怎敢冒天下之大不韪?”

在余光中的满腹牢骚中,我们分明可以听出他作为家中唯一一名男性的自得与骄傲。与其说他是忍气吞声为家中的女人们忙进忙出,不如说他是心甘情愿为家中的女人们吃苦受累;与其说他忙得焦头烂额,不如说他是忙得不亦乐乎。聪明的余光中是以正话反说的方式向妻女“谈情说爱”的。

倘若说余光中的“叫苦”还有一丝“欲说还休”的味道,那么,当代著名漫画家丁聪的“抱怨”则完全是“一吐为快”了。

有人问漫画家丁聪:“你身体这么好,有何养生之道?”他回答说:“大概是有个好饲养员吧。饲养员就是我老伴,她做什么,我就吃什么,从不挑食,不挑食的孩子就是好孩子。”当然,丁聪所谓的“不挑食”仅限于肉类,至于蔬菜,他是难以下咽的。对此,丁聪说:“我的理论是顺其自然,想吃说明身体需要,不想吃说明不需要,何必勉强呢!所以,我是想吃什么吃什么,当然还要在老伴的管辖之下——我什么也不会做,因此只能逆来顺受。”

有时,丁聪索性将老伴称为“家长”,他的幸福感便表现在不时地向朋友们抱怨“家长”的管束。名为诉苦,实为夸耀,丁聪正是运用这种独特的方式向老伴表达情意的。

作为当代宿儒，钱钟书的“痴气”几乎无人能比。他曾很认真地对杨绛说：“假如我们再生一个孩子，说不定比阿圆（钱氏独生女）好，我们就要喜欢那个孩子了，那我们怎么对得起阿圆呢！”

对女儿如此“用情专一”，堪为天下父亲的楷模。

上海作家陈村也视女儿为掌上明珠，谈起女儿他就没大没小、口无遮拦了：“我现在是名花有主，动辄得咎。出门要请假，回家要汇报，自己看自己也觉得有教养多了。之所以有点滴的这些进步，全赖于女儿每天对我的栽培。”

倘若不是深爱女儿，陈村怎么可能对女儿言听计从、毕恭毕敬呢？

他还说过：“我从小就没有父亲，不知道一个标准的父亲是怎么样的。我本可以自学成父，可是真的当了父亲才知道比较困难。好在女儿的懂事和宽容。”“自学成父”一方面是指陈村从小没有品尝过父爱的滋味，另一方面也表明了他成为一个好父亲的决心。

三毛和荷西的爱情故事曾感动过无数少男少女，在撒哈拉那个物质极度匮乏的地方，是幽默的话语使他们的生活情趣盎然。有一次，荷西指着岳母从台湾寄来的粉丝问三毛：“咦，什么东西？中国细面吗？”三毛随意发挥道：“这个啊，是春天里下的第一场雨，下在高山上被冻住了，山民们扎好了背到山下来，一束束卖了换米酒喝，买到不容易哦！”

在三毛极富诗意的回答中，在她对荷西的小小“欺骗”中，新婚妻子对丈夫的亲昵之情溢于言表。善于制造幽默使妻子三毛平添妩媚，品味幽默使丈夫荷西倍感甜蜜。

家教离不开幽默

中国传统的家庭教育大都严肃多于宽容，从一些俗话便可见一斑。比如，“三天不打，上房揭瓦”、“棍棒底下出孝子”。在这种教育思想的影响下，家长与孩子的关系往往弄得非常对立。殊不知，最好的家教应该是略带一些幽默。请看下面这个故事。

儿子上小学的时候，我和老公有时会为到底谁是家长争论一番，各自不服。

一次，我提出，咱们竞选吧，谁当选谁就是。

当时，我是有些小心思的，因为儿子从小是我带大的，老公在外地，儿子与我的感情更深些，当然会选我。

没有竞选宣言，我们就马上开始投票。

第一次投票，三个人，每个人自己投了自己一票。

儿子很兴奋，他以为自己也会当选家长。我暗自生气，我说儿子你应当选妈妈，妈妈对你多好。

没想到，老公对儿子说，你不可能当家长，你如果选我当家长，那么，我就任命你是副家长。

第二次投票结果可想而知，老公两票当选家长，儿子是副家长，我是成员。

家长对副家长说，他在家的时候，就什么都听他的。他不在家的时候，就要听妈妈的。

于是，这个副家长，成了一个虚名。

因为家长总是摆个臭架子，我的心比较软，所以副家长也很后悔自己的错误选择，总想再次竞选，让我当选，可惜家长不同意，再次竞选似乎遥遥无期。

培养孩子的幽默感，使其敢于自嘲，学会用微笑面对人生，正是让他们的心理走向成熟的标志之一。

朋友八岁的孩子因为痴迷于武侠电视剧，天天冲冲杀杀的，朋友很是担心。一天，孩子又在商店里看中了一支新式玩具步枪，缠着要买，而家中的武器玩具早就堆积如山。朋友说："儿子，你的军费开支也太大了，现在是和平时期，咱们裁减点军费如何？"儿子扑哧一声笑了，从此，再也没有让父亲买过武器玩具。

家庭教育的方式多种多样，但总的说来，不外乎疾言厉色、心平气和、风趣幽默三种。

家庭教育的本质在"教育"二字，无论哪一种教育方式，都离不开生活理念的灌输，但是不同的灌输方式产生的效果大不相同。疾言厉色的教育可以威慑孩子，但它容易让孩子产生对抗心理，是一种得不偿失的教育方式。

心平气和式的教育能使孩子体会到自己与家长在人格上的平等。但由于语言平淡，不疼不痒，无法产生持久的效果。风趣幽默的教育触动的是孩子活泼的天性，因而更能在他们的心灵中留下不灭的印迹，他们时刻以此警示自己。

幽默是家长与孩子沟通的有效方式。世界上有人拒绝痛苦，有人拒绝忧伤，但决不会有人拒绝笑声。在教育孩子的时候，家长如果经常能想到“寓教于乐”，再顽皮、再固执的孩子也会转变的。幽默表面上只是一种教育手段，实际上贯穿其中的是一种乐观精神，一种坚信“明天会更好”的执著，反映了教育的人文本质。

幽默是家庭的“减震器”

有人说幽默是家庭的花絮，有人说幽默是家庭的味精，我说幽默是家庭的“减震器”。

家庭是拉着一家人在生活的道路上前进的马车。生活这条道路，有时笔直平坦，有时坎坷崎岖。要减少和减轻马车经过坎坷崎岖路段时的震动，就必须有减震器，这个“减震器”就是幽默。

美国著名的心理学家赫布·特鲁指出：“繁琐的家务需要幽默。”我们每个人都有机会获得幽默，并把它运用在家庭生活中。要做到乐观还必须学会幽默。在日常的生活和工作中，难免会碰到这样或那样的矛盾、分歧、尴尬，甚至隔阂，影响我们乐观的情绪。而幽默则可以帮助我们化解矛盾，减少分歧，消除尴尬和打破隔阂。幽默主要是通过语言来实现的，幽默的语言有趣、可笑、意味深长，它能使生活充满情趣。哪里有幽默，哪里就有活跃、欢乐的气氛。

家庭是社会的细胞，家庭中尤其需要幽默。原本相对独立的两个人成立了家庭以后，夫妻之间便开始朝夕相处。恋爱时的浪漫、相互间的仰慕都会被越来越具体、越来越琐碎的家务劳动所吞噬，夫妻双方常常会为这些枯燥的永远做不完的家务劳动而发生矛盾，使家庭的欢乐气氛越来越少。而幽默却能使家庭矛盾得到化解。事实证明，如果夫妻双方都有幽默感的话，那么，他们之间的感情纽带就会比别的夫妻更牢固，也更能经受得住生活中的磨难和考验。同时，那些原先繁琐的家务，也会在幽默感的润滑下，变成一曲令人心情愉快的家庭幸福乐章。这样的家庭更具有欢乐的气氛。

夫妻间难免会产生矛盾和争吵。如果双方都没有幽默感的话，小吵就会变成大闹，甚至会发展到不可收拾的地步。

有一个外企员工，工作较忙，下班总不能按时回家，经常是妻子回到家把饭菜做好了他还没回来。时间一长，妻子就不耐烦了。有一次，妻子生气地说：“你还想家，还要吃饭吗？”他不作声，在饭桌上只是一股劲地喝汤。妻子觉得奇怪：“你是不是发神经了？光灌水！”他说：“我怕跟你吵起来，多喝点汤，压压火。”一句话逗得妻子哭笑不得：“真拿你没办法。”边说边给他盛了饭，并夹上一大块鱼端到他面前。他双手接过，风趣地说：“谢谢孩子他妈！”一下子大家都乐了，妻子原先的一肚子气也随之烟消云散。

事实证明，在家庭生活中，幽默可以消除烦恼和忧愁，增进身心健康；可以丰富感情交流，增添生活乐趣；可以化干戈为玉帛，增强家庭和睦，对搞好家庭建设很有好处。

列宁说：“幽默是一种优美的、健康的品质。”愉悦轻松，表达了人类征服忧愁的能力。布笑施欢，令人如沐春风，神清气爽，乐观常在。

用幽默表达对家人的关怀

常常有人问：“爱的喜剧是什么意思？”赫伯这样回答：“如果我们花许多时间、劳力、金钱，来使我们能去爱别人，那就是喜剧；如果我们只花很少力气去使我们显得可爱，那就是悲剧。”心理学家弗洛姆说过：“人想的多半是被爱，较少想到自己爱的能力。”

如果你已为人妻、人母，你有时会抱怨自己受够了：无穷无尽的家务活、吵吵闹闹的孩子、或是电视机老是转到足球赛……

当然，你可以抱怨，可是抱怨一点作用都没有。而如果你用对亲人的爱来接受它们，这便是上演了爱的喜剧。

一天，丈夫外出，穿了一件崭新的白上衣，没料到遇上倾盆大雨，全身湿透，不但成了落汤鸡，上衣还沾上了许多污泥。

回到家，看门的狗狂吠不止，并向他扑来。丈夫很生气，正想拿起一根木棒打它时，妻子出来说：“算了吧，别打它。”

丈夫生气地说：“这条狗真可恶！连我也认不出来！”

妻子说：“亲爱的，你也要设身处地为它想想，假如这条白狗跑出去变成一条黑狗回来，你能认得出来吗？”

妻子把丈夫比作狗，但这不是嘲讽他，而是夫妻一种亲昵的举动，妻子用这个小小的幽默来表达对丈夫的关心，丈夫自然会被逗笑，不快也化为乌有。

有时候，亲人难免做错事，比如菜烧糊了、衣服熨坏了。这时他们需要的不是唠叨和责备，而是谅解和安慰，如果能加一点幽默，他们会更加开心，家庭生活会更加幸福和谐。

一对夫妻结婚十五年了，妻子为丈夫煮了十五年的饭。这天，妻子煮的饭很糟糕，是十五年来最糟糕的一次。菜烂了，肉焦了。丈夫默默地坐在饭桌旁嚼着，一言不发，妻子很自责。当她正要开口说话时，丈夫却突然把她紧紧地搂在怀里。

"你这是做什么？"妻子纳闷地问。

"哈哈！"丈夫答道，"今晚这顿饭跟咱们刚结婚的那天煮得一模一样，所以我要把你当新娘子看待。"妻子感动得热泪盈眶。

丈夫的这番幽默所表达的爱和关怀胜过任何没头没脑的责备。充满爱意的幽默让妻子品味出浓浓的关怀，感受到无比的幸福。

夫妻间的关怀需要适时的表达，借助幽默，我们能让自己所爱的人在会心一笑中感受浓浓的爱意和温暖的幸福。

一分钟小幽默大智慧

◎ 笑不出

老沈被他夫人逼得没法，才同意到一家照相馆去，拍夫妇合影。摄影师对好了镜头之后，向老沈说道："先生！你的脸上一定要露出一点笑容来才好。"老沈看看夫人，说道："请你暂时走开两分钟，好不好？"

大智慧 我们想当然的希望自己的另一半因为自己而笑容更多，却总是在日积月累的行为中使自己变成了那个阻止他(她)微笑的人。

◎ 误会

妻子喜欢长跑，但常有些狗向她乱叫。丈夫只好在妻子跑步时骑着自行车跟随其后，手持一根木棍，以便打狗。一天，一个司机看到这场景，看看前面跑着的妻子，又看看手持木棍在骑车的丈夫，不禁叫道："这才是真正的虐待！"

大智慧 婚姻的真相，外人永远无法言清。对待别人的婚姻，我们唯一该做的就是永远不要去评论。

◎ **想当初**

妻子对丈夫埋怨道："你如今对我开始冷淡了！结婚前你对我多好！要是路上碰见水洼，你就把我抱过去。可是现在你装着没看见。"

丈夫辩解说："这也不能全怪我，那时你的体重只有现在的二分之一啊！"

大智慧 对于女人来说，年龄、容貌，这些都是在变化的，所以保持被爱的更有效的办法就是改变自己的要求。

◎ **事先要求**

丈夫是个十足球迷，正全神贯注地看电视上的足球赛。

妻子正站在梯子上粉刷墙壁，她回过头来对丈夫说："亲爱的，如果我从梯子上跌下来，你能不能在比赛休息时间里为我去叫一辆救护车？"

大智慧 每个女人都希望自己的丈夫爱自己胜过足球，可最后我们却总是因为没有胜利的把握而妥协。其实妥协未必是种失败，因为我们都知道，足球是不需要丈夫的。

◎ **开玩笑**

妻子："亲爱的，你能去把昨天晚上用过的碗洗一下吗？"

丈夫："不，我还没睡醒呢！"

妻子："我只不过是考验你一下，其实碗都已经洗好了。"

丈夫："我只是和你开开玩笑，其实我是很愿意帮你干活的。"

妻子："我也是在和你开玩笑，既然你愿意洗，那就请你快去干吧！"

大智慧 婚姻总是把男女培养得足智多谋，不过这种聪明往往只是针对对方。

◎ **清扫落叶**

妻子："如果我们的婚姻是平等的话，你就应该把地上的落叶扫掉一半。"

丈夫："落到地上的那一半树叶是你的，亲爱的，我的那一半还在树上呢。"

大智慧 婚后，丈夫们总是喜欢将自己的勤劳赏赐给他人，却在理所当然中享受妻子给予的辛苦。而妻子们所要求的，却永远不是索取，只是偶尔的平等而已。

◎ **共同嗜好**

甲："昨天我太太发现我藏私房钱了。"

乙："结果你们吵架了吗？"

甲:“没有,她说结婚五年以来,终于发现了我们唯一的共同嗜好。”

大智慧在婚姻中,当我们发现对方的作为正是我们自己的作为时,无论这种作为是好是坏,我们都会庆幸终于不再因为理亏而被埋怨了。

◎ 不必结婚

汤姆碰见自己的朋友鲁提斯,只见他垂头丧气,闷闷不乐。

“啊,我亲爱的朋友,你出什么事了?”

“还是为了那婚姻的事!哎,您说说看,男人究竟什么时候结婚才合适呢?”

“因为是你,我才对你说句老实话:如果还年轻的话,那就不忙结婚;如果年纪大了,那就不必结婚了!”

大智慧每个女人总是想通过结婚而控制男人的生活,可事实上,每个男人都渴望自主地选择人生。

◎ 忠诚保险

一个新婚不久的少妇走进一间办公室问:“这里是忠诚保险公司吗?”

“是的,太太。”

“太好了,我要替丈夫投保忠诚保险。”

大智慧婚姻的忠诚永远是当事人自律的结果。当一种忠诚需要保险的时候,只能说明你需要的不再是忠诚,而仅仅是索赔的金钱而已。

◎ 有限度

女:“为什么结婚前你对我百依百顺,可结婚后才三天,你竟跟我打了两天半的架。”

男:“因为我的忍耐是有限度的。”

大智慧“婚姻是爱情的坟墓”,相信这只是部分人的观点。即使真的是爱情在婚姻后不幸触礁,该指责的也绝不是婚姻本身,出了问题的应该是爱情。

◎ 赊欠衣服

妻子:“亲爱的,实话告诉你,我背着你向时装店赊欠了价值1 000卢布的服装。”

丈夫:“亲爱的,没关系。只要你瞒着我付钱就是了!”

大智慧女人爱美是没有止境的,对于她们的丈夫而言,这可是一件让人欢喜让人忧的事情——谁不希望自己的老婆漂亮地站到人前,可谁又不心疼自己口袋里的钱呢?

◎ 小径

婚姻或许是条通往幸福的大道，可道路两旁那一条条通向幽静处的小径或许更诱人。

大智慧娇艳欲滴的禁果，引诱多少人趋之若鹜，然后又以翻云覆雨之势，将追随者放逐荒原，去承受那一片亘古不变的荒凉与寂寞。

◎ 婚姻的障碍

一天，一个美貌的女人找到律师，说："我有件事情想请教您。"

"是什么事情？"律师郑重地问道。

"我爱着一位绅士，他也爱着我。我们双方的父母也赞成我们的婚事，我们也有信心使婚后的生活美满。"

"那就没有问题啦，"律师很费解，"为什么你不跟他结婚呢？"

"但是，"美貌女人结结巴巴地说："我不知道怎样去对我丈夫说才好呀！"

大智慧婚姻和爱情无关。你的一生不可能只爱上一个人，但你只能和一个人结婚。

◎ 坟地里挖一个

甲："我想找一位会做饭、会洗衣、会收拾房间而又不吸烟、不会生气的姑娘做妻子。"

乙："那你只好到坟地里去挖一个。"

大智慧男女角色分工的紊乱是现代社会爱情迷茫、婚姻危机的主要根源。

◎ 万不得已

一位小姐带着喝醉酒的先生前去找牧师，请牧师证婚。

牧师说："他醉成这样，我怎么能证婚呢？请改天来好吗？"

小姐满脸愁容，说："牧师，他如果不醉，就绝不会跟我结婚的。"

大智慧不要勉强婚姻，勉强来的婚姻是为自己酝酿的一杯苦酒，最终还要自己来品尝。

◎ 摆脱妙计

一个相貌和脾气都一无可取的女人向女友请教："有什么办法迫使我讨厌的那个男人不再追我呢？"

女友说："和他结婚。"

"我和他结婚？"

"对，我敢保证如果你和他结婚，过不了两天，他就会提出离婚。"

大智慧 恋爱时应看重对方是否真诚，结婚后应看重对方是否有责任感。没有责任的婚姻是不能长久的。

◎ 的确紧张

先生："亲爱的，我辛辛苦苦赚来的钱，你怎么能轻轻松松就用掉了呢！"

太太："老公啊，我在用那些钱时，心情是很紧张的呢！"

先生："亲爱的，那是我错怪你了，不过你到底把钱花在哪儿了呀？"

太太："打牌啊！"

先生："一下子就把那么多钱用掉，会紧张的呀！"

太太："我的确很紧张呀！"

大智慧 尊重别人的劳动成果是对别人最大的尊重。

◎ 何必都寂寞

傍晚，妻子对丈夫说："亲爱的，今天不要去酒馆了吧？我一个人在家里太寂寞了。"

"这我能理解，埃莉莎。可是，如果我待在家里，那么我们两个人都会很寂寞的。"

大智慧 我们最大的情敌，不是第三者，而是岁月。

◎ 没有妻子的生活

两个男人在谈论自己的妻子。

甲男人："你是否想过没有她你会怎样生活？"

乙男人："开销更少。"

大智慧 物质生活不是婚姻的唯一内容，毕竟人不能只靠吃饭活着。

◎ 事实相反

妻子："你这个人太不正经了，每次看见漂亮的女人，都简直像忘了自己已经结了婚！"

丈夫："刚刚相反，我每次看见漂亮的女人，心里最难忘的，就是自己已经结了婚。"

大智慧 一位哲学家曾说，人的本性就是不断超越，就是要求新、求异。具体到婚姻而言，人也许无法将爱和性永远地聚焦在某一个人身上，"天长地久"、"海枯石烂”虽然表达了人的美好愿望，却不太现实。

◎ 重温旧情

一对夫妇正准备睡觉，突然发现楼房着火了，两人惊慌失措地穿过烟雾弥漫的楼道向外跑。这时，丈夫无意中发现妻子脸上挂着近几年从未有过的甜蜜微笑。

“天哪！现在是什么时候，你还笑得出来！”丈夫惊奇地问。

“我实在太高兴了啊！”妻子笑着说，“五年来，这还是你第一次和我一起出门！”

大智慧 婚姻是爱情的坟墓，但是如果没有婚姻，爱情将死无葬身之地。

◎ 是否真心

证婚人问新郎：“你是否真心爱新娘？”

新郎：“当然，是真心的。”

“新娘，你愿意永远跟随丈夫，直到死亡？”

新娘：“不，我不能每天都跟着他去挨家挨户投递邮件。”

大智慧 婚姻之所以需要公证，除了赋予庄严的法律意义之外，还暴露了婚姻在一定程度上的确是要做给别人看的这层事实。就像在法律的监督下打击贪污一样，婚姻也要在群众的舆论下避免感情出轨。

◎ 比赛

教堂里在举行结婚仪式，有人悄悄地问：“为什么新郎和新娘要手牵手？”

“那是一种习惯，正如两个拳击手在比赛之前要握握手一样。”

大智慧 如果说爱情是场俘获，那不妨将婚姻比喻成博弈。如果我们都能以慎重的态度对待我们的婚姻，婚姻的质量将会提高很多。

◎ 礼服布料

妻子买了一块纯白色的布料准备做晚礼服。她欢天喜地地拿给正在读书的丈夫看，并温柔地问道：“你喜欢这块布料吗？”

丈夫漫不经心地答道：“很好，我们的床单实在太旧了！”

大智慧 理性思维的丈夫关注的更多的是家庭共同的东西，感性为主的妻子关注的更多的是自身，即使有共同的浪漫，也会有这方面的区别。

◎ 烈马与驾驭

“苏格拉底的妻子”是悍妇、坏老婆的代名词。这个女人心胸狭窄，性格冥顽不化，整天唠叨不休，动辄破口大骂。据说，苏格拉底是为了在她那烦人的唠叨声中净化自己的心灵才与她结婚的。有人问苏格拉底：“你为什么娶了这么位夫人？”苏格拉底回答：“擅长马术的人总要挑烈马骑。骑惯了烈马，驾驭其他的马就不在话下。我如果能忍受得了这样的女人，恐怕天下就再没有难以相处的人了。”

一次，他的妻子大发雷霆后又向他的头上泼水。苏格拉底满不在乎地说：“我知道，雷鸣之后，免不了一场大雨。”

大智慧 务必要结婚：娶个好女人，你会很快乐；娶个坏女人，你会成为哲学家。婚姻是这样一所学校：男人失去了学士学位，女人获得了硕士学位。

◎ 没结婚的原因

一少年问一老年单身汉：“老先生，您为什么至今还没有结婚呢？”

“唉！小伙子，你知道么？在我年轻的时候就下决心，找不到有思想的女性，坚决不结婚。许多年过去了，我终于找到了一位这样的女性。然而，她却拒绝了我，她说她要找一位有思想的男性。”

大智慧 许多大龄单身青年，都是因为固执的寻找条件而一再错过。其实，如果直到生命的最后阶段才碰到自己认为最完美的人，和与一个并不十分完美的人创造一个完美的生活，哪一种更有价值。有时候，我们需要更理性地来考虑自己的婚姻。

◎ 祖父娶的女孩

我问一个年轻小伙子是否打算结婚。

他对我说：“我要一直保持单身生涯，一直等到我遇见和我祖父娶的一样的女孩。”

“但是现在的女孩和从前可大不相同了。”我警告他。

“当然是不同了，”他说，“祖父是昨天才和她结婚的，他们是在迪斯科舞会上认识的。”

大智慧 有人说婚姻和爱情无关，有人说婚姻和年龄无关。虽然我们不明白婚姻由什么决定，但有一点是肯定的，在这个日益商品化的社会里，婚姻肯定和功利有关。

◎ 让他为难

弗林德夫人执意要请一位画家为她画一幅半身肖像。

“画上的我要佩戴钻石项链、绿宝石手镯、纯金耳环和红宝石挂件。”她坚决地对画家说。

“夫人,可您实际上并没有佩戴这些贵重的物品呀。”画家认真地说。

“这你用不着管,”弗林德夫人说,“我这样做是有道理的。我平时身体不太好,我怕万一我死得比丈夫早,而他肯定很快就会另娶一个年轻貌美的女人为妻。有了这幅画,他就难以向新娘讲清这些贵重物品的去向了。”

大智慧 人说,“知夫莫若妻”,当感情并不纯粹的时候,那些不纯粹的地方就是我们将来要付出的代价,尽管当时并未表现出来。

◎ 刑满之日

妻子半夜醒来,发现丈夫不在身边。她到处寻找,后来听见地下室有抽泣的声音。妻子发现丈夫一个人在地下室抽泣。

“你怎么了?”

“你还记得20年前,我使你怀孕吗?”

“记得。”

“你父亲要挟我,要么和你结婚,要么就进监狱。”

“是的。”

“如果我进监狱的话,今天半夜就该刑满释放了。”

大智慧 幸福的婚姻如同坐上云霄飞车,快乐永远;不幸的婚姻犹如判了终身监禁,是度日如年。

◎ 有一头驴

有一对夫妻经常吵架。一天,经过一番激烈的争吵后,丈夫说:“这到底是为什么呢?难道我们就不能像两匹马一样拉着人生之车往前奔吗?”

妻子回嘴道:“这不可能。”

“为什么?”

“因为我们当中有一个是头驴。”

大智慧 人说“门当户对”的婚姻还是有道理的。夫妻双方如果差距太大,是根本走不到一起的。即使在一起,也长久不了。

◎ 遗嘱

1841年,海涅跟巴黎皮货店的一个女营业员欧仁妮结了婚。这是一个不幸的结合。欧仁妮没有受过教育,愚蠢无知而且虚荣心极强。海涅对她的爱情没有能够使她克服自己的缺点。诗人临死的时候，把所有的财产都留给了她，条件是她必须再嫁一个人。

"这样，至少会有一个人会因为我的死而感到遗憾。"海涅这样解释说。

大智慧"江山易改，本性难移。"对于爱情和婚姻，一定要找一个适合你的人，而不要去改变一个人来适合你。

◎ **粗心的教授**

费尔丁教授向来粗心大意。妻子让他把一包垃圾顺道丢到楼外废物箱里，他却糊涂地提着上了地铁，又到了实验室，最后又提着回了家。

妻子大吃一惊："你提着什么？"

费尔丁说："哎呀，垃圾忘了丢了。"

妻子拿过来一看，更加吃惊："你从哪儿拿回一包火腿？"

大智慧糊涂的人到处都是，虽然说难得糊涂，但遇到一个生活糊涂的老公可不是件太舒心的事情。好在如果他对感情不糊涂，剩下的就是要对事情交代清楚了。

第 11 章

演讲中的幽默

演讲是在比较正式的场合对众人所作的一种带有鼓动性、说服性、抒情性和表演性的讲话。但是，不能因为它比较正式，演讲人就一定要端起架子，板起面孔，做枯燥无味的陈述。所以，营造幽默轻松的气氛是使演讲易于为人接受的一种高明的方法。

幽默使你的演讲升级

许多优秀的演讲者都善于以幽默风趣的语言紧紧抓住听众的注意力，使听众在会心的笑声中与他产生共鸣，从而比较容易地接受并牢牢记住他的观点。

著名笑星鲍伯·霍普说："题材有出色和平庸之别，但是我知道如何通过时间的控制来使普通的笑话变成很棒的笑话。"

当你为了抓住听众，更好地阐述主题时，插入的幽默笑话或小品必须是毫不做作的。说话要流利，态度要自然，举止要有节制。

芝加哥有一个人，他一心想得到某俱乐部主席的位置。他在一次对俱乐部成员的演说中，表现得过了头，在不到两小时的演说过程中，他至少说了510则笑话，并配以丰富的表情和引人发笑的手势。

听众们被他逗得哈哈大笑，在他讲完最后一则笑话就要结束时，有人大叫："再来一个！"

这位老兄真的又来了一个，再次把大家逗得大笑不止。

但是他没有当上俱乐部主席——他的得票数在候选人中位列倒数第二。

当他闷闷不乐地走出俱乐部时，他问那位喊"再来一个"的听众："你说我比他们差吗？"

"不，一点也不差，"那人说，"你比他们有趣多了，你可以去当喜剧演员。"

作为演讲者，碰到的第一个难题通常是：主持人向听众介绍你，并且称赞你的时候，你应该怎么办？这时，我们不能只是随着主持人的介绍点点头了事。那样的话，就没了幽默感，也不能给听众留下深刻的印象。

如果有人请你去演讲，那么你最好事先写一份自我介绍，在演讲开始前交给主持人。否则，出于礼貌，主持人可能会把你介绍为"著名的……"或"伟大的……"之类的人物。而这些对你将要进行的演讲没有丝毫的帮助。如果你的姓名比较特别或是容易出错的话，那么不妨运用幽默的方式让主持人知道。著名演讲家德克就是这方面的行家。下面是他和主持人之间的一段对话：

"您怎么称呼，先生？"

"哦，我叫德克。"

"您是得克萨斯州人吗？"

"不，我是路易斯安那州人。"

"那您为什么取名德克？"

"我想我叫德克该比路易斯好些吧。有这样一个怪名字确实有好处，不过我还没发现好处在哪儿。"

这是介绍自己的一种好方式。不过，要注意的是，你一定要把自己的介绍词建立在真实可信的基础上，而且要简洁易懂，让主持人一看就明白。这样的话，主持人也会乐于与你合作。在你与介绍人之间建立融洽关系的基础上，你还得运用幽默的力量来随机应变。

有位演说家在主持人介绍失误之后，面带微笑从容地说："我希望我能说这是一次最好的介绍，但是实际上不是。你们知道我感到最满意的一次介绍是怎样的吗？那是一次面对千万人的演讲会，我非常盼望得到'最伟大'的介绍，结果我终于得到了。那就是由我自己介绍自己。"

场下大笑，演说家也渡过了难关。

以幽默作为开场白

演讲的开场很重要，它可以奠定整个演讲的基调。就演讲者来说，如果他一开始讲话就很严肃，那么接下去的演讲就很难活跃起来。而演讲者与听众的关系一旦在开始时就是疏远和有隔膜的，以后也不好拉近。

所以，开场时幽默一下是有好处的。它可以使演讲者和听众都处于轻松的状态之中，缩短双方的距离。

而且，在演讲的正文开始以前，逗乐有充分的自由，有各种各样逗乐的题材和方式。

也有人是以开自己玩笑的方式走上讲台的。让我们来聆听一下芝加哥两位演说家的开场白：

第一位报出了自己的名字，然后说："不知道在场的有没有我小时候的伙伴？他们知道我有一个不光彩的绰号，但愿他们都没在场！"

第二位的开场白更引人注目。这是个身材高大的家伙，五官也大得出奇。他说："女士们，先生们，你们已看到我是个什么样的人了。我的耳朵很大，像贝多芬。可是长大以后，我为这对耳朵感到害臊了。不过，现在我对它们已经习惯了。说到底，它对我站在这儿演讲并没有什么妨碍！"

本来，在第一位演说完后，听众已经有点困乏了，但是第二位演说者的开场白又使他们的神经活跃起来，笑声驱逐了困乏。

这些风趣的开场白，无疑要比单调刻板的自我介绍强多了。

以幽默驾驭听众

一次演讲要达到打动听众、激励听众的效果，除了讲究以情动人、以理服人外，对演讲内容的精心策划和安排也十分重要。演讲者不能板起面孔光讲大道理，来显示自己演讲的深刻和发人深省；也不能光以表达自己的思想和情感为满足。如果流于空洞的说教、现象的罗列和人云亦云的老生常谈，听众的注意力就无法集中，演讲也难有好的效果。演讲需要浅显易懂，但并不是一味地要开门见山，直截了当。"文似看山不喜平"，好的演讲必须讲究疏密相间、张弛有度，才能引起听众的全神贯注和投入。有时候讲求的曲折和波澜更有利于演讲的引人入胜。

让我们来看鲁迅先生的一篇演讲《娜拉走后怎样》。这是鲁迅先生于1923年12月26日在北京女子高等师范学校任教期间为学生们做的演讲。这篇演讲谈的是关于妇女解放、男女平等的严肃话题，阐述了娜拉出走不是妇女解放的根本出路，妇女要实现解放，实现男女平等，首先要取得平等的经济权，并且要进行艰苦的经济制度的革命这样一个深刻的主题。

但鲁迅并没有让听众绷紧神经听大道理，而是从易卜生的戏剧《娜拉》说起，谈到了有些人认为娜拉后来不是堕落，进了妓院，就是无路可走，只得回家。这里鲁迅充分发挥了演讲疏密相间的特点，引申开去，说道："人生最苦痛的是梦醒了无路可走。""假如寻不出路，我们所要的就是梦；但是万不可做将来的梦，只要眼前的梦。"

然而娜拉既然醒了，是很不容易回到梦境的，因此只得走；可是走了以后，有时却免不了堕落或回来。否则，就得问："她除了觉醒的心以外，还带了什么去？倘只有一条像诸君一样的紫红的绒绳的围巾，那可是无论宽到二尺或三尺，也完全是不中用。她还须更富有，提包里有准备，直白地说，就是要有钱。""梦是好的，否则，钱是要紧的"。鲁迅的这段演讲听起来似乎漫不经心，像是在闲聊，又像在开玩笑，实际上与演讲的主题有深刻的关联，那就是娜拉出走，除了内心的觉醒，还要解决生存的问题。鲁迅用通俗幽默的语言，联系听众的实际穿着打扮，娓娓道来，表面上轻松随意，实际上让听众在张弛有度的形象化的讲述中，不知不觉地跟着演讲的思路走，并且用一句"梦是好的，否则，钱是要紧的"的话引出演讲的主题，做到了疏密得当，引人入胜。

古人提倡写文章"谓如风行水上，自然成文"(宋朝刘器之语)，好的文章讲究自然流露，就像风行水上时疏时密，时缓时紧，水面上才能形成美丽别致的水波。如果一味急风骤雨，或狂轰滥炸，无论如何也成不了美丽的风景。一篇成功的演讲也是如此，不能平铺直叙，让人如同喝白开水；也不能一气呵成，让人听得喘不过气来。要想让演讲生动感人，内容安排上就要讲究丰富多彩，讲究疏密相间，摇曳多姿；有波澜，有起伏，时而轻松，时而严肃，在张弛有度的语言环境中，潜移默化地引导听众，感染听众。

如何做到演讲时内容生动、疏密得当呢？从许多成功的演讲中，我们可以看到，精心构思，精心安排，注重演讲节奏和中心的突出，精心选择和组织材料，讲究语言的变化多端，使演讲波澜起伏，环环相扣，是成功演讲的关键。

以幽默应付临场意外

有时演讲会遇到一些意外情况，比如听众寥寥无几，有人故意捣乱，听众提出刁钻古怪的问题，听众反对演说者的观点，等等。遇到这些情况，千万不能气馁、动怒、粗鲁地对待，那样会使演讲遭到惨败。而优秀的演说家能以幽默的方式沉着机智地应付各种意外情况的发生。

有一次林语堂在美国哥伦比亚大学讲授中国文化课，对中国文化大加赞誉。一位女学生不服气地发问："林博士，你是说，什么东西都是你们中国的好，难道我们美国就没有一样东西比得上中国的吗？"这是一个不好回答的问题，如果演讲者反过来赞扬美国，不利于演说的主题；如果严肃地表示美国不如中国，会引起在座学生的敌意。

林语堂只是轻松地回答："有的，你们美国的抽水马桶就比中国的好嘛。"

他的话引起哄堂大笑，气氛活跃而和谐，发问者对这一回答也无话可说。

在演讲中遇到听众有不同意见，不可漠然视之，如果不予恰当的处理，后面的演讲将难以顺利进行。

有时演讲者还会碰到恶意的攻击或咒骂，如果演讲者勃然大怒或与之对骂，将损害演讲人的形象，使捣乱者的阴谋得逞。

英国首相威尔逊有一次在民众大会上演讲，遇到一些激烈的抗议，一名抗议者高声骂道："垃圾！"威尔逊镇定地说："先生，关于你特别关心的问题，我们等一会儿就讨论。"

他巧妙地将抗议者的谩骂转为现实生活中需要解决的一个问题，为自己解了围，并使会场气氛松弛下来，他的被动处境也就此摆脱了。

美国政界要人凯升首次在众议院发表演说时，打扮得比较土气。一个议员在他演讲时插嘴说："这位伊利诺伊州来的人，口袋里一定装满了麦子呢！"众人听了哄堂大笑。

凯升不慌不忙地说："真的，我不仅仅口袋里装满了麦子，而且头发里还藏着许多菜籽呢。我们住在西部的人，多数是土头土脑的。"他的自嘲式的坦率赢得了大家的好感和敬意，接着，他大声说："不过我们藏的虽是麦子和菜籽，却能长出很好的苗子来！"

众人对这位不卑不亢的演说者鼓掌赞赏，他的演说成功了。

幽默使结尾余音绕梁

在多种多样的演讲结束语中，幽默式可算其中极有情趣的一种。一个演讲者能在结束时赢得笑声，不仅是自己演讲技巧十分成熟的表现，更能给本人和听众双方都留下愉快美好的回忆，也是演讲圆满结束的标志。

我国著名作家老舍先生是好幽默的。他在某市的一次演讲中，开头即说："我今天给大家谈六个问题。"接着，他第一、第二、第三、第四、第五，井井有条地谈下去。谈完第五个问题，他发现离散会的时间不多了，于是他提高嗓门，一本正经地说："第六，散会。"听众起初一愣，不久就欢快地鼓起掌来。

老舍在这里运用的就是一种"平地起波澜"的造势艺术，打破了正常的演讲内容，从而出乎听众的意料，收到了幽默的效果。

有一年，全国写作协会在深圳罗湖区举行年会。开幕式上，省、市各级有关领导论资排辈，逐一发言祝贺。轮到罗湖区党委书记发言时，开幕式已进行了很长时间。于是他这样说："首先，我代表罗湖区委和区政府，对各位专家学者表示热烈的欢迎。"掌声过后，稍事停顿，他又响亮地说："最后，我预祝大会圆满成功。我的话完了。"他以迅雷不及掩耳之势结束了演讲。

听众开始也是一愣，随后，即爆发出欢快的掌声。因为，从"首先"一下子跳到"最后"，中间省去了其次、第三、第四这样的讲话，如天外来石，出人意料，达到了石破天惊的幽默效果，确实是风格独具，别出心裁。

某大学中文系一次毕业生茶话会上，首先讲话的是系党总支书记，三分钟的即兴讲话主要是向毕业生表示祝贺。然后是彭教授讲话，主题是希望同学们继续努力学习，还引用了列宁的名言。第三个讲话的潘教授朗诵了高尔基的《海燕》片断，以此勉励毕业生们学习海燕的精神。第四个讲话的系副主任希望同学们永远记住母校和老师们。紧接着，毕业生们欢迎王教授讲话。在毫无准备而又难以推辞的情况下，王教授站起来，先简单地回顾了数年来与同学们交往的几个难忘片断，最后一字一顿地说："前面几位给大家提出了殷切的希望，可我还是喜欢说他们说过的话。(笑声)第一，我要祝同学们顺利毕业！(笑声)第二，我希望同学们'学习、学习、再学习'。(笑声)第三，我希望同学们像海燕一样勇敢地搏击生活的风浪。(笑声、掌声)第四，我希望同学们不要忘记母校，不要忘记辛勤培育你们的老师们！"

在这里，王教授通过对前面四个人的演讲主题的简练概括，旧瓶装新酒，不落窠臼，结束了一次机智、风趣且具有个性特点的演讲。

鲁迅先生在结束在上海中华艺术大学的演讲时说：

"以上是我近年来对于美术界观察所得的几点意见。今天我带来一幅中国五千年文化的结晶，请大家欣赏欣赏。”

说着，他一手伸进长袍，把一卷纸慢慢从衣襟上方捡出，打开一看，原来是一幅病态丑陋的月份牌。顿时全场大笑。

鲁迅先生借助恰到好处的道具表演，与结束语形成鲜明的对比，极具幽默。不仅使演讲在欢快的气氛中结束，而且使听众能在笑声中进一步品味先生演讲的深意。

在延安的一次演讲会上，当演讲快结束时，毛主席掏出一盒香烟，用手指在里面慢慢地摸，但掏了半天也不见掏出一支烟来，显然是抽光了。有关人员十分着急，因为毛泽东烟瘾很大，于是有人立即动身去取烟。毛泽东一边讲，一边继续摸着烟盒，好一会儿，他笑嘻嘻地掏出仅有的一支烟，夹在手指上举起来，对着大家说：“最后一条！”

这个“最后一条”，既是指毛主席的话是最后一个问题，又是指最后一支烟。一语双关，妙趣横生，全场大笑，听众们的一点疲劳和倦意也在笑声中一扫而光了。

美国诗人、文艺评论家詹姆斯·罗威尔1883年担任驻英大使时，在伦敦举行的一次晚宴上发表了一篇名为《餐后演讲》的即席演说。最后他说：“我在很小的时候听人讲过一个故事，讲的是美国一个卫理公会的牧师。他在一个野营的布道会上布道，讲了约书亚的故事。他是这样开头的：‘信徒们，太阳的运行方式有三种，第一种是向前或者说是径直的运动；第二种是后退或者说是向后的运动；第三种即是在我们的经文中提到的——静止不动。’（笑声）先生们，不知你们是否明白这个故事的寓意，希望你们明白了。今晚的餐后演讲者首先是走径直的方向（起身离座，做示范）——即太阳向前的运动。然后他又返回，开始重复自己——即太阳向后的运动。最后，凭着良好的方向感，将自己带到终点。这就是我们刚才说过的太阳静止的运动。”

这种紧扣主题的传神动作表演，惟妙惟肖，天衣无缝，怎能不赢得现场观众的热烈掌声和欢笑声呢？

一分钟小幽默大智慧

◎ 卖书

一位很有名的作家要来书店参观。书店老板受宠若惊，连忙把所有的书撤下，全部换上作家的书。

作家来到书店后，心里非常高兴，问道：“贵店只售本人的书吗？”

“当然不是。”书店老板回答，“别的书销路很好，都卖完了。”

大智慧 拍马屁是个奇怪的词：你像是在奉承他，又像是在侮辱他。运用不好，可能会起到适得其反的效果。

◎ 旧西装

“夫人，您还记得我吗？三个月前您把一套旧西装施舍给我，我在那套旧西装里找到了五百法郎。”流浪汉对贵妇人说。

“你是想把钱还给我吗？”

“不，那倒不是……我是想知道，您还能不能找到那样的旧西装？”

大智慧 不劳而获是一种可耻的行为，并且这样的想法如同毒品一样能慢慢削弱一个国家和一个民族的竞争力。每当看到年轻的乞丐在城市中乞讨的时候，我们想必都会有一种心痛的感觉。

◎ 后生可畏

小男孩问爸爸：“是不是做父亲的总比做儿子的知道得多？”

爸爸回答：“当然啦！”

小男孩问：“电灯是谁发明的？”

爸爸：“是爱迪生。”

小男孩又问：“那爱迪生的爸爸怎么没有发明电灯？”

大智慧 很奇怪，喜欢倚老卖老的人，特别容易栽跟斗。权威往往只是一个经不起考验的空壳子，尤其在现今这个多元而开放的时代。

◎ 铜臭惊人

亨利、弗兰克、马丁三个人打赌，看谁能在骚臭的狐狸洞里待得最久。

马丁进去不到一分钟，便认输了——捂着鼻子跑出洞来。

弗兰克也强不了多少，他只比马丁多待了一分钟。

亨利进洞老半天了，还不见出来。

突然间，一只狐狸蹿了出来大叫道：

“这人真贪财，他的铜臭比我更臭，把我也熏出来了！”

大智慧爱慕钱财可以说是人的一种本能吧，只不过不同人身上的程度不同罢了。

◎ 恍惚

一人穿错靴子，一只底儿厚，一只底儿薄，走路一脚高，一脚低，甚不合适。其人诧异曰：“今日我的腿，因何一长一短？想是道路不平之故。”或告之曰：“足下想是穿错了靴子。”忙令人回家去取。家人去了良久，空手而回，谓主人曰：“不必换了，家里那两只也是一厚一薄。”

大智慧有的时候，智慧是相互传染的，愚蠢同样如此。

◎ 好好先生

东汉时，有个人叫司马徽，对人说起话来，总是频频点头说“好，好”。

有一次，他的朋友难过地告诉他，自己的儿子病死了。他点着头说：“好，好。”朋友走后，他的妻子冲着他骂起来：“人家悲痛地告诉你死了儿子，你却说‘好，好’，难道你疯了？”这个人又笑眯眯地点着头说：“你说得好，好。”

大智慧当你立志做一个“好好先生”时，就意味着你已经不可能“好”了。

◎ 不容重犯

一个人在领工资时发现少了一块钱，便勃然大怒，跑去责问会计。会计说道：“上个月多给您一块钱，您恼火了吗？”他大声答道：“偶然一次错失我完全可以谅解，但我绝不能容忍第二次错失！”

大智慧不得不佩服有些人具有这样的能力，再龌龊的事情他也能为之找到一个冠冕堂皇的理由。

◎ 重要的提示

新闻记者采访一位亿万富翁。

“是什么东西帮助您获得成功的？”

“是深信钱并不起作用,重要的是工作。当我学会了用这一点提示我的部下时,我就发财了。”

大智慧 善于要求别人而解脱自己,是一些人的发家之道。

◎ 卢浮宫

两个从美国得克萨斯州来到巴黎的游客在旅馆里闲聊。

“我简直有点不好意思地对你说,我来到这里已经三天了,还没看见卢浮宫。”

“我也是,”另一个人说,“或许这种糕点价格太贵,一般食品店里根本见不着。”

大智慧 不懂装懂的人希望“美化”自己,但往往把自己更加“丑化”了。

◎ 左手与右手

法官:“你为什么要用左手打人?”

罪犯:“因为右手是用来握手讲和的。”

大智慧 顾左右而言他是一种难得的机智,可千万不要用错了地方。

◎ 不必大惊小怪

某电影厂的摄制组正在拍摄一部反映古罗马的历史故事片。正在拍摄时,导演突然发现一个演员的手腕上还戴着表,于是对着话筒喊起来:

“你快把手表摘下来!”

“这有什么大惊小怪的!”演员回答,“我这块表的表盘上正好是罗马字。”

大智慧 附庸风雅终究成不了真,即使加上了堂皇的标签。

◎ 节省措施

有人问吝啬鬼:“你在干什么呢?”

“我在学盲文。”

“干吗要学盲文呢?你的视力不行了吗?”

“那倒不是。我不过是想晚上看书时能节省点电。”

大智慧 节约固然是好的,但到了苛刻的程度便可能成为另一种浪费。

◎ 别胡说

导游:“这座宫殿兴建时间大约是在两千年以前。”

游客:“别胡说!要知道现在才是1989年。”

大智慧 目光短浅的人所能看到的仅仅是现在,过去和未来对他们来说都是没必要考虑的领域。

◎ 借牛

有个人写了一封信,派人捎给一位富翁,信上说要借牛一用。富翁正在会客,他不识字,怕客人笑话他,便装模作样地把信看了看,对捎信的人说:“知道了,告诉你们主人,一会儿我自己就去了。”

大智慧 不懂装懂,不会装会,只会为一时的虚荣弄出笑话。与其这样,还不如不耻下问,让自己变得充实。

◎ 我就不信

有个穷人储存了三四坛子的米,就自以为很富有了,整天沾沾自喜。一天,他和同伴到市场上去,在路上听见一个人对另一个说:“今年我家收获的米不多,总共才300多担。”穷人对同伴说:“你听他的话分明是在说谎,我就不相信他家能有这么多盛米的坛子。”

大智慧 很多人思考问题,往往以自己的眼界为限,井底之蛙看天也只有井口大。

◎ 求你别写

有个人书法极差,却总是喜欢给别人写字。一天,有人手里摇着一把白纸扇走过来,这个人又想给人家写字。扇子的主人一见,马上跪在地上不肯起来。这个人说:“不过是在扇子上写几个字而已,何必行此大礼?”扇子的主人说:“我不是求你写,是求你别写!”

大智慧 人对自己要有一个正确的认识,并不是一件容易的事。人自视过高,对自己没有一个公正客观的评价,便往往作出令别人反感的事来。

◎ 叼着不丢

甲买了一块肉提着走,上厕所时,就把肉挂在厕所的门外。乙见甲进了厕所,就去偷他的那块肉,刚刚把肉拿到手,甲就从厕所里出来了。乙手里拿着肉,走也不是,放下也不是,就把肉叼在嘴里,还咕噜着说:“你把肉挂在厕所外,怎么能不丢啊?像我这样把肉叼在嘴里上厕所,肉就不会丢了。”

大智慧 有些人头脑灵活但不用在正地方,总是挖空心思地想歪点子骗人,聪明反被聪明误。如果他们能把精力用在正地方，或许早就事业有成了。

◎ 似我匾

古时有个监司，为了标榜操行高尚，写了一个“似我”的匾额，悬挂在天下第二名泉惠泉旁边。过了一段时间，他有意到惠泉巡视，却不见了匾额。他特别生气，当即责令附近寺中的和尚四处寻找，结果竟在一个厕所旁边找到了，这块匾额端端正正地被人挂在那里，臭名昭著的监司羞怒得无地自容。

大智慧 有怎样的行径，自然会得到怎样的评价。有些品行不端的人，总是愿意到处标榜自己的“高尚情操”，其实，丑恶的行为是用什么都掩饰不住的。

◎ 白挨打

一个人被花钱雇用，答应代替别人到官府挨杖打。在临近受刑之前，他把人家给他的钱，全数送给了执杖的衙役，求他行个方便，杖打的时候轻一点。挨完打后，他来到雇用他的人面前，磕头作揖道谢说：“大恩人啊，多亏用了您给的钱求人行方便，不然，我早被打死了。”

大智慧 生活中总有如此头脑糊涂的人，被人愚弄还在替别人数钱，最后留给他的只有身上的累累伤痕和傻子的骂名。

◎ 职业病

过去有一个巡按，非常喜欢下属阿谀逢迎，他叫下属回话的时候必须弯着一条腿。有一个小官很会趋炎附会，有次弯腿的时候下脚过重，伤了筋骨，于是他的腿就抽筋，成了残疾。弯着的腿就像一张弯弓一样。

没料到接任的巡按很讨厌人讨好逢迎。这个成了残疾的小官吏晋见上司时，腰不弯，腿却自然而然地弯下来。巡按很生气地责问他：“当官就应该清白审慎，不要讨好逢迎，你怎么卑下污浊呢？”小官回禀道：“大人，这是我的职业病啊。”

大智慧 阿谀逢迎、卑躬屈膝竟也成了一种职业病！这是某些人不得已而为之的生存技巧，或许可以得到很多好处，却也会失去人之为人最根本的东西。并且，既然是干讨人欢心的差事，自是要看菜下饭，弄不好反让对方倒了胃口。

◎ 事不关己

有个糊涂虫欠了刘太公一大笔债。刘太公讨了几年都讨不回来，十分恼火，派伙计把糊涂虫抓来做人质。伙计把糊涂虫装进麻袋扛起就走，走累了，就到路边的凉亭里歇脚。

糊涂虫连忙喊道:“快走吧,歇在这儿,被别家扛去,可不关我事!”

大智慧所谓虱子多了不咬,债多了不愁。对于那些良心泯灭的惯犯而言,监狱是他们最向往的地方——免费公车运送,白吃白喝加白住,但代价=失去自由+失去尊严。

◎ 倒下

旅游者在参观战舰。

导游指着一门锈蚀的大炮对大家说:“当年,我们勇敢的舰长就是在这里倒下的。”

“这有什么好说的,”一位上了年纪的太太嘟囔着,“我也常被什么东西绊着,有时也会摔倒。”

大智慧英雄区别于凡人的是他们死去时的壮烈,这岂是为生活所累的凡俗之人所能理解的。

第 12 章

谈判中的幽默

谈判是我们每个人在生活和工作中不可缺少的活动。当我们为了达到某种目的或获得某种利益，而需要和有关方面达成一致意见时，就要和对方进行商谈。

谈判的技巧有多种，在此我不想面面俱到地谈那么多，只想和大家一起欣赏一下幽默语言在谈判中的妙用。

君子雄辩，幽默助阵

有一位教徒问神甫："我可以在祈祷时抽烟吗？"他的请求遭到神甫的严厉斥责。而另一位教徒又去问神甫："我可以吸烟时祈祷吗？"后一个教徒的请求却得到允许，悠闲地抽起了烟。

这两个教徒发问的目的和内容完全相同，只是谈判语言的表达方式不同，得到的结果便完全相反。由此看来，表达技巧高明才能赢得期望的谈判效果。

谈判的语言技巧在营销谈判中运用得好可带来营业额的高增长。

某商场休息室里经营咖啡和牛奶，刚开始服务员总是问顾客："先生，喝咖啡吗？"或者是问："先生，喝牛奶吗？"销售额一直平平。后来，老板要求服务员换一种问法，即"先生，喝咖啡还是牛奶？"结果其销售额大增。原因在于，第一种问法容易得到否定回答，而后一种是选择式，大多数情况下，顾客会选一种。

如果你想到某家公司担任某一职务，希望年薪2万元，而老板最多只能给你1.5万元。老板如果说"要不要随便你"这句话，就有攻击的意味，你可能扭头就走。而老板不那样说，而是这样跟你说："给你的薪水是非常合理的。不管怎么说，在这个等级里，我只能付给你1万元到1.5万元，你想要多少？"很明显，你会说"1.5万元"，而老板又会好像不同意地说："1.3万元如何？"

你继续坚持1.5万元，其结果是老板投降。表面上，你好像占了上风而沾沾自喜。实际上，老板运用了选择式提问技巧，你自己却放弃了争取2万元年薪的机会。

当你作为顾客与店主进行谈判时，你有没有运用语言技巧呢？

我们不妨先看一则笑话。

有一次，一位贵妇人打扮的女人牵着一条狗登上公共汽车，她问售票员："我可以给狗买一张票，让它也和人一样坐个座位吗？"售票员说："可以，不过它也必须像人一样，把双脚放在地上。"

售票员没有给出否定的答复，而是提出一个附加条件：像人一样，把双脚放在地上。用这种方式限制对方，从而制服了对方。

学会谈判并不是一件难事，只要你努力学习，掌握相关的谈判技巧和策略，你一定能够成为谈判高手 。

以幽默创造良好的谈判气氛

有一个"抽走瓦斯"理论，就是当谈判双方敌对的立场愈来愈尖锐、火药味愈来愈浓，好比弥漫着瓦斯，随时都有爆炸可能的时候，就必须设法抽走瓦斯。

有一次，美国总统杜鲁门与墨西哥总统就美墨之间的国界问题进行谈判时，由于彼此互不相让，瓦斯弥漫，谈判似乎随时都会破裂。

看到这种情形，杜鲁门不慌不忙，立刻请求暂时休会，然后大家开始喝咖啡聊天。他说了一则笑话，大家笑得人仰马翻。墨西哥总统也随之说了几则墨西哥笑话，增添了诸多和谐的气氛。

回到谈判桌后，气氛变得非常融洽，诸多难题迎刃而解，谈判于是大功告成。

从这则历史小故事中，我们学到了"抽走瓦斯理论"三原则中的两个原则：以幽默抽走瓦斯，以休会或暂停抽走瓦斯。

抽走瓦斯理论的另外一个原则是：事先准备好调停人员，以便危急时抽走瓦斯。

不要让谈判轻易地破裂。参与谈判的人必须有维护谈判的决心和勇气，当然他们应该懂得如何抽走瓦斯。

既然幽默在谈判中相当重要，但是幽默又不是人人都可能具备的个性，所以，除了遗传、环境等因素之外，还要靠自己努力培养。

以幽默回敬对方的无礼攻击

谈判的双方要相互尊重。不管双方代表在个人身份、地位上有多大差异，他们所代表的组织在力量、级别等方面如何强弱悬殊、大小不均，一走到谈判席上，就都是平等的。

但是，有的谈判代表自恃地位高贵，或背后实力强大，在会谈中傲慢无礼，对另一方挖苦攻击，试图在气势上压住对方，迫其屈服；也有的代表自身涵养不好，谈判不顺利时恼羞成怒，对另一方侮辱谩骂。在此类情况下，如果要不辱使命，不失气节，又不致激化矛盾，使谈判破裂，被攻击的一方可以使用幽默语言回敬无礼的一方，煞住其气焰。

战国时代，齐国大夫晏子出使楚国。楚王想在接见他之前先侮辱他一番，以此来挫一挫齐国的威风。楚王派人把城门紧紧关闭，然后在城门的边上凿了一个仅能容一人通过的小洞，让晏子从这个小洞钻进城内。换了别人，也许会大发脾气或怒而返回，那样就难以完成使命了。

晏子只是轻蔑地一笑，说："只有出使狗国的人才从狗门进去，现在我是出使堂堂的大国楚国，怎能从这样的狗门进去呢？"楚王听说后无言以对，只好命人大开城门把晏子迎了进去。

楚王接见晏子时，看他身材矮小，就挖苦地说："难道齐国没有人了吗？"

晏子随口应答："齐国首都临淄大街上的行人太多了，举袖子就能把太阳遮住，流的汗像下雨一样，人们比肩接踵，怎么会没有人呢？"

"既然有这么多人，怎么会派你这样的矮子为使臣呢？"

"我们齐王派出使者是有标准的，最有本领的人，派他到最贤明的国君那里去。我是齐国最没出息的人，因此被派到楚国来了。"

晏子面对楚王对自己的人身侮辱，从容反击，他顺着楚王的话贬低自己，抬高自己的国家，同时有力地奚落了楚王，说得楚王张口结舌。

晏子以自己的机智和雄辩，打击了对方的嚣张气焰，维护了自己的尊严，从而为后来的谈判在平等互利的基础上进行铺平了道路。

化干戈为玉帛的必需品

聪明人总爱装糊涂，因为糊涂能够体现智慧。有很多场合，常常会出现意外事件，如果不能妥善处理，就会发生难堪的事，从而破坏现场气氛。这时不妨幽默一下，就坡打滚，或许就能挽回看似无法挽回的尴尬局面。

在一家药店里，一位顾客气愤地对经理说："一星期前，我在这买的润肤膏，我用了一点作用也没起，我要求退款。"

"为什么？"

"你说，它可以与脱发作斗争的，可是不顶用。"

"您再试试看。我是说过，这种润肤膏可用来与脱发作斗争，但并未说，它最终一定能取得胜利。"

在商务谈判中，不仅自己要保持语言的严谨性，而且也要仔细琢磨谈判对手的语言，找准关键字眼，说不定也能随时给对方以致命一击。

在美国的一个犹太人聚集地，一位富翁请一位犹太画家为他画肖像。犹太画家精心地为富翁画好了肖像，但富翁却拒绝支付议定的5 000元报酬，理由是："你画的根本不是我。"不久，画家把这幅肖像公开展览，题名为《贼》。富翁知道后，万分恼怒，打电话向画家抗议。

"这事与你有什么关系？"画家平静地说，"你不是说过了吗？那幅画画的根本就不是你！"

富翁不得不买下这幅画，改名为《慈善家》。

当对方不愿意履行承诺的时候，当你的劳动成果就要付诸东流的时候，你要冷静地对待所遇到的事，找到对方的要害，用最巧妙、最经济的方式迫使对方就范。

以幽默取得讨价还价的成功

在商业谈判中，价格问题是最关键的一环。双方常常在这个问题上争执不休、相持不下，都想最大限度地争取到有利于己方的价格。我们来看两个以幽默的方式取得讨价还价成功的例子。

世界上第一位女大使柯伦泰曾经被任命为苏联驻挪威全权贸易代表。一次，她和挪威商人谈判购买挪威鲱鱼。挪威商人出价高得惊人，她的出价也低得使人意外。双方开始讨价还价，在激烈的争辩中，双方都试图削弱对方的信心，互不让步，谈判陷入僵局。最后柯伦泰笑笑说：

"好吧，我同意你们提出的价格。如果我的政府不批准这个价格，我愿意用自己的工资来支付差额。但是，这自然要分期支付，可能要支付一辈子。"

挪威商人在这样一个谈判对手面前没办法了，只好同意将鲱鱼的价格降到柯伦泰认可的水准。

柯伦泰用了虚晃一枪的战术，她同意对方的要价是假的，只是为了让对方明白！这样的高价苏联政府根本不会批准，即使她个人让步也是没用的。

有一次，三名日本航空公司代表与美国某公司的经理进行业务洽谈。美国经理表现得精明能干，两个半小时中滔滔不绝，以各种数据材料论证他们的开价。同时，几个日本商人则一言不发地呆坐在那里。

最后，美方经理认为已经做了充分的论证，自信能够争取到有利于自己的价格，这才充满希望地问日本人：

"好啦，我说完了，你们有什么想法？"

"我们没听懂。"日本人很有礼貌地回答。

美方傻眼了："你们什么意思？没听懂？哪个地方没听懂？"

"你讲的全部。"日本人彬彬有礼地要求，"你能再给我们讲一遍吗？"

美方经理的信心与热情被当头泼了一瓢冷水，原来自己的长篇大论都白说了，而再次陈述两个半小时显然是不可能的。美方只好同意降低价格。

以幽默语言说服谈判对手

在谈判中，有时谈判对手固执己见，坚持明显不正确不合理的要求，这时我们可以打破常规思维，从一个人们意想不到的角度提出一个荒唐的意见，使对方在发笑的同时,明白自己见解的不妥,这时我们再趁热打铁,就能取得谈判的胜利。

1946年5月,远东国际军事法庭审判以东条英机为首的28名日本甲级战犯,因为排定座次问题,10个参与国的法官们展开了一场激烈的争论。中国法官理应排在庭长左手的第二把交椅。可是由于中国国力不强,而被各强权国所否定。

在这种情况下,中国出庭的法官梅汝璈面对各国列强据理力争。他首先从正面阐明,排座次应按日本投降时各受降国的签字顺序排列,这是唯一正确的原则立场。正面讲完道理,还不能说服列强,他接下来运用幽默战术。

只见他微微一笑说:

"当然,如果各位同仁不赞成这一办法,我们不妨找个体重测量器来,然后以体重大小排座次,体重者居中,体轻者居旁。"

各国法官都忍不住地笑起来。庭长说:"你的建议很好,但它只适用于拳击比赛。"

梅法官接着说:

"若不以受降国签字顺序排座,那还是按体重排好。这样纵使我被置末位也心安理得,并可以对我的国家有所交代,一旦他们认为我坐在边上不合适,可以派一个比我肥胖的来换我呀。"

这话令全场大笑起来。

梅法官的幽默有很强的讽刺性。在这个举世瞩目的国际法庭上竟要按体重来排座次,真是荒唐之极。这个荒唐的提议虽然引人发笑,但是能够有力地说明各国列强在以强凌弱,蛮不讲理。这种幽默的方法比正面讲理更有说服力。

一分钟小幽默大智慧

◎ 富翁投宿

约翰·洛克菲勒是世界有名的大富翁,可是他在日常开支方面很节省。

一天,他到纽约一家旅馆去投宿,要求住一间最便宜的房间。旅馆的经理说:

"先生,你为什么要住便宜的小房间呢?你儿子来住宿时,总是挑最豪华的房间呀。"

"没错,"洛克菲勒说:"我儿子有个百万富翁的父亲,可我没有呀!"

大智慧 只有自己经历过创业之苦后,才能懂得节省的道理,才懂得创造的艰辛和财富的来之不易。

◎ 广告

法国一家瓷器制造厂针对有些夫妻为琐事争吵而砸碗摔碟的做法，别出心裁地在推销产品的广告上宣称:“为了您家庭的和睦,使劲摔吧！切莫因小失大。”

法国香水制造公司推销某一新产品的广告词是:“我们的新产品极易吸引异性,因此随瓶奉送自卫教材一份。”

大智慧 准确的定位和煽动性的广告语是产品畅销的保证。

◎ 借鉴

酒馆经理正因生意不好而一筹莫展。一天,他偶然到一家书店买书,见书店墙上贴着大横幅:“为好书找读者,为读者找好书。”

他眼睛一亮,立即奔回家,叫人写了一条大横幅,贴在酒馆正面墙壁上。第二天,店门口围了不少人指指划划,原来横幅写的是:“为好酒找酒鬼,为酒鬼找好酒。”

大智慧 人说,一个好点子可以救活一个企业,一个好名字可以兴旺一个地方。记得北京有个茶馆叫“朋来先敬”,印象很是深刻。学会从知识中借鉴,也是生财之道。

◎ 喂猪罚款

某县一农民,天天喂猪吃泔水,结果被动物保护协会罚了一万元——因为虐待动物。后来,农夫改喂猪吃天山雪莲,结果又被动物保护协会罚了一万元——因为浪费食物。有一天,领导又来视察,问农民喂什么给猪吃。农民说:“我也不知道该喂什么才好了,现在我每天给它一百块钱,让它自己出去吃。”

大智慧 过多的约束总是适得其反,有时候,我们必须学会“度”的掌握。

◎ 花的作用

一个小伙子送一束鲜花给他的女友,女友见了一时高兴,抱着他就吻,他连忙挣脱就向外跑。

“什么事?”女友不解地问。

“再去拿些花来。”他说。

大智慧 如果小的成本能得到更多的回报,这样的事情就会被一再执行。

◎ 反正赔不起

克雷洛夫生活很贫寒。一次,他的房东与他签订租契。房东在租契上写明,假如克雷洛夫不慎引起火灾、烧了房子，就必须赔偿15 000卢布。克雷洛夫看后，没提出异议，而提笔在15 000后又加上两个“0”。房东一看，惊喜地喊道：“怎么，150万卢布！”

克雷洛夫不动声色地回答：“反正我也赔不起。”

大智慧 正如经济学中的边际效应理论：超过一定的限度，更多的投入只能得到更少的产出。这个理论同样适用其他方面。

◎ 别出心裁的广告

英国著名小说家毛姆成名之前，生活非常贫困。虽然写了一部很有价值的书，但出版后无人问津。为了引起人们的注意，毛姆别出心裁地在各大报刊上登了如下的征婚启事：本人喜欢音乐和运动，是个年轻又有教养的百万富翁。希望能和毛姆小说中的主角完全一样的女性结婚。

几天之后，全伦敦的书店，都再也买不到毛姆的书了。

大智慧 为一个东西做宣传未必一定要以这个东西为主角，有时候需要“明修栈道，暗度陈仓”。

◎ 贵蛋

“这可真是胡要价！一个鸡蛋竟要50美元。”

“先生，可您不知道，我那只母鸡下这个蛋整整用了一天的时间啊！”

大智慧 很多时候很多东西不是以时间来计算成本的，所以说提高效率才是根本。

◎ 任意键

康培公司最近要改变他们的产品说明了，这让人很不解。“我们实在无法忍受每天打来的电话，尤其是家庭主妇的抱怨。他们总是问我们在说明书中提到的任意键在哪里。还有一个从法国获得法学博士学位的律师，他说我们在误导顾客。”公司的负责人解释道。

大智慧 消费者永远是生产商的上帝，他们有权不理解商品生产者自认为所有人该理解的词语。

◎ 心理作战

闹市中一家妇女用品商店门口，堆了一大堆散乱的货品，女顾客翻来翻去，如获至宝地找出她们需要的商品。

有人问老板，何不把商品堆叠整齐。老板回答："你以为我疯了？如果我把店面用品都弄整齐，那些女顾客就不会对这些用品发生兴趣了。"

大智慧人对未知领域的关注度比已知领域要高得多，提供让人主动探求的环境比安排供人享受的便利更能获得商机。

◎ 狗的暗示

皮货商琼来到公爵的宅邸。他看见有只大黄毛狗躺在门口一动不动，于是站住想了一想，然后转身就走。

"喂，先生，"门房看见他后忙喊道，"我们的狗是从不咬人的，您为什么要走呢？"

"我想，"琼转过身来，慢吞吞地说，"狗既然不向我叫，这说明它早已对我这样的商人的胡子和卷发习以为常了。这就意味着其他的商人常来这里……既然这样，我还有什么生意可做呢？"

大智慧环境透露的无形信息往往先一步决定人的意识、看法和行为，哪怕是一个小小的细节，善于观察的人更容易作出正确的决定。

◎ 珠宝商

菲尼克斯的一位珠宝商采取了这样一项政策，即每位购买物品的新顾客被要求留下姓名和地址，珠宝商将亲自以个人名义给这些顾客写一封致谢信。一天，这样的一封致谢信引来了如下的一封回信："我感谢你的答谢。不幸的是，我的妻子打开了你的信。那条金项链是我为我的女秘书而买的。请问，你那里能买到破镜重圆的婚姻纽带吗？"

大智慧并非所有细致入微的关怀都可以取得预期的效果，用沉默给别人留出隐私的空间往往比刻意的高声宣扬更容易被接受。

◎ 一只家鸽致意

在一位记者的坚持下，富人终于决定说出他成功的秘密。

"我是卖家鸽起家的。"他说。

"是吗？"记者非常吃惊，"开始卖时有多少鸽子？""只有一只，"这位百万富翁回答，"但它不断地飞回来"。

大智慧资源的贫乏有时并不是你面对的最大困难，懂得如何巧妙地使用它，同样可以让有限的资源获得最大限度的增值。

◎ 信守合同

一个加布罗沃人在一家银行的门口摆摊卖煮老玉米，他的老玉米十分新鲜，前来买的主顾很多，因此不久便积攒了一笔相当可观的财产。他的一个熟人听到这消息后，专门跑来，想从他那里借一笔钱去做买卖。卖老玉米的人对那个熟人说道："太对不起了，这事本不成问题，我的朋友。不过当年我开始在这里设摊的时候，便已跟这家银行订下合同——彼此决不搞残酷的商业竞争。也就是说，银行不卖煮老玉米，我也绝不经营贷款业务，我怎能不信守合同呢？"

大智慧 以诚为盟，以信谋事。在商业竞争中，"诚信"是双保险，既可保护对方的利益也可以使自己不受侵害。

◎ 一枚硬币

李嘉诚非常有钱，有一次他去酒店，车一停，门童赶快跑上来开了门，李嘉诚一转身给了他50元港币小费。掏钱的时候突然掉了一个一块钱的硬币，那个硬币咕噜咕噜滚到了很远的地方，李嘉诚不顾众目睽睽，一路小跑过去，把那枚硬币捡起来，装进了口袋里。在场的人觉得非常奇怪，这个亿万富翁竟然连一个小硬币也不放过。

大智慧 李嘉诚并不缺那一枚小硬币，只不过他养成了节俭的习惯而已。一个成功的人其实没有非常过人之处，但往往有非常好的习惯。

◎ 刀杀水汽

一家即将开业的酒店的老板请人书写卖酒的招牌。那个人写完后，又在招牌上画了一把刀。主人觉得很惊奇，问道："您画这把刀干什么？"那个人笑着说："我想让这把刀来杀杀酒里的水汽。"

大智慧 "无商不奸"的说法由来已久，写字人提醒得好——为商之道最基本的是讲信誉，若一味见利忘义失了信誉，同时也失去了立足的根本。

◎ 老板上当

一位老板去他的工厂查看情况。他走到门前时发现有个人靠着墙悠闲地喝着酒，他非常生气，便问年轻人："你一天能赚多少钱？"

年轻人回答："80元。"

老板扔给他80元说："你走吧！永远别再回来。"

一会儿，工头走过来问老板："刚才那个送货的去哪了？"

大智慧 在做一个决定前最好先压三秒钟。所谓冲动是魔鬼，人往往易受表象的影响。商海沉浮变幻，聪明人往往更加沉静稳重。

◎ 多余的教诲

某酒店经理质问服务员："我平时就告诉你们结账时要长个心眼，刚才那个胖子说要五瓶啤酒，而你却给了他六瓶。"

"但是我收了他七瓶的钱。"

大智慧 当你知道迷惑时，并不可怜，当你不知道迷惑时，才是最可怜的。不要总想占便宜，因为结果往往适得其反。

◎ 最昂贵的内裤

几个人在一起喝酒，大家都有些喝多了，就开始吹牛。

搞建筑的陈老板解开肚子的皮带说："你们看我这皮带圈，用的是造飞机的特殊钛金，八千多块钱啊。"

搞外贸的聂老板抬起脚，指着皮鞋说："这双鞋是我在意大利买的，你们猜多少钱？五千美元！折合人民币四万多！"

搞印刷的马老板不屑地撇了撇嘴，摘下眼镜比了一比，又戴了上去，说："玳瑁，知道吗？我这眼镜是用马达加斯加深海的一只号称"王中王"的巨大玳瑁制成的，七万三千多。"

这时，角落里一个声音粗粗地响起："这有什么了不起！"大家一看，原来是某国有大公司的江老板，只见他呼着酒气，挥着手说："我身上的内裤10万元啊，10万元！你们谁比得起？"

他是国有大老板，财大气粗，大家不由得面面相觑，但也有人表示不信，就说："金子打的也不要10万吧！"

只见江老板"吧"了一声，说："上个月，我跟一个小姐开房，没想到内裤被她藏了起来，向我要钱，扬言我不给钱，就把内裤寄给我老婆，最后，我给了她10万元。"

这时，搞运输的范老板站起身，说："哦！原来上个月你向我要10万元，就是为了买条内裤啊！"

大智慧 创业靠勤，守业靠俭，如此奢靡腐化、崇尚攀比，即使有万贯家财也终将千金散尽。况且作为一个精明的生意人，无论大小资金都要有正确合理的投资方向，若凭意气、交情用事，盲目投资，非但可能无利可图，甚至会像为嫖客买单一样遗人笑柄！

◎ 社会调查

A 县自来水厂拟再次大幅度调整水价的“小道消息”一传出,群情激愤,大有山雨欲来风满楼之势。在这种情况下,县物价局便不敢如期审批相关的调价申请。没办法,自来水厂厂长只得求到了副县长 Y 君的名下。

Y 君问厂长:“这次你们调价的幅度有多大?”

自来水厂厂长答:“从每吨 1 元 2 角调整到每吨 1 元 8 角,幅度为 50%。”

Y 君沉思了一会儿,道:“幅度是有点大,不过只要工作到家,也不见得群众一定不支持。这样吧,你们还是搞个社会调查,尊重群众的意见。”

于是,Y 君亲自拟定了调查问卷题:“请问, 您认为未来比较合理的自来水价格应当为:A.1.80 元/吨,B.2.40 元/吨,C.3.00 元/吨。”

半个月后,社会调查结束。在收上来的答卷中百分之百的群众赞同 1.80 元/吨的水价。A 县自来水厂调整水价的工作遂如愿完成。

大智慧 所谓经营活动不是闭门造车, 要在有限的条件下创造最大的效益,就要多方考虑市场的承受能力,并研究消费者心理,巧妙地利用人们的习惯性思维转移矛盾以达到自己的目的。

◎ 减肥

书店里,一位肥胖妇人问店员:“年轻人,有卖怎样减肥的书吗?”

青年店员扫视书架,取下《怎样增加您的体重》一书递了过去。

“哎呀,你这不是恶作剧吧!”妇人火了。

“不,不,”小青年认真解释,“您把书本上说的方法反过来去做,就会瘦下去了!”

大智慧 逆向思维往往是大多数人所缺乏的东西,然而逆向思维却又常常产生意想不到的效果。事物总有它的两面性,就看你怎样对待它。市场不要求你一定按常规出牌,在遵纪守法的大前提下,只有卖出货物,赚取利润才是硬道理。

◎ 赚钱有术

两个朋友偶遇。一位说:“你现在这么富,从哪儿搞到的钱?”

另一位说:“简单之极,我和一个有钱人结成了合作伙伴——他有钱,我有赚钱的经验。”

“那么后来呢?”

“后来自然是我有了钱,他有赚钱的经验。”

大智慧 智慧即是无形资产,无形的好点子可以化为有形的利润。同时,想在商海中畅游，仅有金钱或能力都仅能算一对成功的翅膀，互利互惠、互通有无，具有合作精神才是双翼飞翔，不仅能帮助自己增加财富，而且能拓展更大的空间。

◎ 小姐与乞丐

郊外一幢漂亮的房子里，住着一位漂亮的小姐。

这一天，来了一个乞丐，乞丐衣衫褴褛，一头白发，一副可怜相。小姐动了恻隐之心，给了他10块钱。

小姐问乞丐："你每天除了乞讨，还干点别的什么吗？"

乞丐说："化妆。"

"化妆？"小姐很奇怪，"讨钱也要化妆吗？"

"是的，我把自己装扮得更衰老一些，这样人们就更同情我，给我更多钱。小姐，你除了上班还干点什么？"

小姐说："化妆。"

"小姐在哪儿上班？"

"在歌舞厅，我得把自己打扮得更年轻一些，这样客人才会喜欢我，给我更多钱。"

乞丐一听立刻把10块钱还给她。

小姐奇怪了："怎么？不要了吗？"

乞丐说："是的，干我们这一行有个规矩：不能向同行讨钱。"

大智慧 没有规矩，不成方圆。即使是行乞也要遵规守诺讲诚信，这是做人做事的根本。唯有如此，才能立稳脚跟并取得长足发展。

◎ 说谎的员工

老板十分愤怒地对新来的一个职员吼道："你不但迟到，还编造理由。你知道，老板们是怎样对待说谎的职员的吗？"

职员不慌不忙地说："知道——立即派他去当产品推销员。"

大智慧 人尽其才，物尽其用。老板独具慧眼、了解员工的长处并让其在适宜的岗位上大施拳脚，为其创造良好的发展空间，使其工作并快乐着，其实是为自己铺平了获利之路。

◎ 公主怀孕了

有一位文学系的教授以为难学生出名。有一天他又交代给学生一个非常令人郁闷的题目：写篇作文，内容要包含贵族和爱情。

学生们非常痛苦地构思着。第二天就有一位学生交了作业。教授看到作业以后顿时晕倒，作文只有一句话："公主怀孕了"。

对这投机的态度，教授自然非常生气，他叫来这位学生，要他加入科幻元素。

学生当时拿出笔，很高兴地在前面加了几个字，现在变成了："水瓶座的公主怀孕了。"

教授气急败坏，要求该学生加入悬疑元素。

学生很高兴地又在后面加了一句话，变成了："水瓶座的公主怀孕了，是谁干的？"

教授发了狂一样地暴走数秒，最后他使出杀手锏，要求学生加入宗教元素。

学生拿着本子很为难地走开，教授得意洋洋地看着自己的胜利，笑了。

第二天，学生很高兴地交给教授他的完成稿。教授看完以后晕了过去，文章是这样的：

"水瓶座的公主怀孕了，Oh my god！是谁干的？"

大智慧创新意识是成功的前提和关键，有了创新意识，才能抓住创新机会，启动创新思维，产生创新方法，获得创新成果。

下篇

掌握幽默技巧，做受欢迎的人

幽默是智慧的迸发，是善良的表达，是人生的助推器，更是一种胸怀、一种境界。

幽默的人具有宽容、自信、豁达、乐观的心态，幽默使生活充满乐趣与生机。同样，具有这种品质的人能够正面现实，笑对人生。

幽默是一种文化的积淀，需要达到一定层次的文化水准。一个人知识的存储与个人的涵养是成正比的。知识渊博的人，才能具有审时度势的能力，才能够谈资丰富、妙言成趣。

第 13 章

幽默技巧

幽默使人的生活变得更轻松,使人的头脑变得更冷静。幽默的存在是有条件的,这就是大家要用足够的宽容来理解和承担它,然后再去享受它。说者脱口而出,听者宽宏旷达,彼此自然达到幽默的境界。

幽默是吹出来的

荒谬的夸张几乎总能引起人们发笑,因为荒谬夸张本身包含了不协调,从而能够产生强烈的幽默效果。

以相声《笑的研究》为例:

甲:常言说,笑一笑,少一少。

乙:不,应该是:笑一笑,十年少。

甲:一笑就年轻十岁?

乙:啊!

甲:你这是定期的!我那是活期的。

乙:我们俩存款呢。

甲:你这理论不可靠!

乙:怎么?

甲:那谁还敢听相声?

乙:怎么不敢听啊?

甲:你今年多大岁数?

乙:四十。

甲:笑一回剩三十,笑二回剩二十,笑三回剩十岁,说什么也不敢再笑了。

乙:怎么?

甲:再一笑没啦!来的时候骑车子,走的时候抱走啦!剧场改托儿所啦!

这就是夸张。但这里的夸张不是纯粹的、荒谬的夸张。所谓纯粹、荒谬的夸张,指的是放开胆子吹牛。可以说相声如果没有夸张,便几乎不成其为相声。而夸张也是幽默的重要基石,它能使平凡的生活琐事被放大一层,从而产生强烈的幽默感。

吹牛大王不仅中国有,老外中也有不少,如果举办一场国际性的吹牛比赛,还不知金牌落在谁家。

一个法国人、一个英国人和一个美国人在一起吹嘘他们本国的火车是如何如何地快。

法国人说："在我们国家，火车快极了，路旁的电线杆看起来就像花园中的栅栏一样。"

英国人忙接上说："我们国家的火车真是太快了！得往车轮上不断泼水，不然的话，车轮就会变得白热化，甚至熔化。"

"那又有什么了不起！"美国人不以为然地说，"有一次，我在国内旅行，我女儿到车站送我。我刚坐好，车就开动了。我连忙把身子探出窗口去吻我的女儿，却不料吻着了离我女儿6英里远的一个满脸黑乎乎的农村老太婆。"

吹牛的笑语很多，你平时既可收集，也可以创作。有时你也不妨试着吹吹牛，反正吹牛不用上税，也不会有其他麻烦。美国有个吹牛者俱乐部，专以荒谬夸张吹牛为乐，可见这种幽默技巧之实用。

歪打正着的轻喜剧

"歪打正着"是一种因果关系非常自由的幽默技巧。它的特点是起因与结果的不相干或不相称。

随便打开一本西方的连环画，你便不难找到偶然巧合的连锁反应。例如，一位先生匆匆忙忙冲进一间客厅，不巧碰到一位太太身上，这位太太的茶杯又落到一位老先生身上，而老先生碰碎一块窗玻璃，窗玻璃落到街上又正好打中警察的脑袋，警察发动全城的同伴追查，如此等等。非必然非因果性的成分越多，越能引起人的喜剧感。这种喜剧风格在西方文艺中是有传统的。试回忆一下塞万提斯的《唐·吉诃德》，里面有一场客店的戏，骡夫纯出偶然，揍了桑乔一下，桑乔又打了马立托奈斯，老板又摔倒在马立托奈斯身上。在现代西方喜剧中，这属于通俗喜剧，原因是由纯粹的偶然性叠加而成。柏格森把这种形式称为"滚雪球"的形式，它的功能是一系列的误会使原来正常的动因变成了歪曲的结果，而且越来越歪，离原来的目的也越来越远。

我国有许多喜剧之所以没有喜剧味道，就是因为不善于歪打而正着，实际上就是不善于使读者和观众在一次次期待落空之后，并准备着再一次落空之时，突然地、偶然地、意外地把落空变成落实。风靡西方和中国的"唐老鸭的故事"常常把落空积累到极点时,突然让观众惊讶于愿望的落实。

在中国的古典正统文学中很少有这样淋漓尽致的喜剧，但在民间文艺中则不乏此种风格的精品。有一个单口相声叫做《小神仙》,说的是一个相面的迷信职业者,善于制造耸人听闻的效果。一天,一个老头子抱着一把宜兴壶往场里挤,正烫着一个小伙子的胳膊,两个人吵了起来。小神仙为稳住看客,就对老头子说:"你的这把壶出了格啦,今天、明天、后天这三天要摔破。要是三天不摔破,保存到第四天,就会价值连城,赛过聚宝盆哪。"老头子立即回家寻找安全之地,最后在墙上掏了个洞,把壶放在里边。谁知邻居只有一身做客衣服,白天穿,晚上洗,要在房间里搭根竹竿晾干,隔墙钉钉,一锤子正锤在老头子的壶上,果然碎了。

这是古典型的歪打正着,严重结果与完全不相干的原因形成反差。

有时并不一定是期待的落实,而是相反,在期待和愿望层层演进的过程中,突然无可奈何地落了空。这是西方古典喜剧或幽默小说的常用手法。

大词小用令人捧腹

所谓"大词小用",就是运用一些语义分量重、语义范围大的词语来表达某些细小的、次要的事情,通过所用词的本来意义与所述事物内涵之间的极大差异,造成一种词不符实、对比失调的关系,由此引出令人发笑的幽默。例如:

某校一次年级老师会议上,最后一个议题是决定学生春游的具体时间和地点。老师们各持己见,意见很多。最后,年级组长提议利用三天时间带领全年级学生同游青城山。这个提议很快得到了"共识"。

在一片笑语欢声中,某老师正色且大声地说道:"组长,'疾风知劲草,国难识忠臣',我是坚决拥护您的,跟着您寸步不离。头可断,血可流,到了山上也决不把您丢!"

一个普通得再普通不过的人,面对一件极小的事情和说不上是"七品芝麻官"的年级组长,竟说出了类似"文革"中"站队"的言词,且用上了只有对领袖才用的词语。这些"重大"的词语突然"屈尊"于这轻松、随和的语境,显得极其不协调。然而正是这种"大"与"小"、"重"与"轻"的言和境对比的失调,才创造出幽默的韵味,活跃了交际气氛。

作家冯骥才访问美国，有非常友好的华人夫妇带着他们的孩子来拜访，双方交谈得投机之时，冯骥才突然发现那孩子穿着皮鞋跳到了床单上。这是一件令人很不愉快的事，而孩子的父母竟然浑然不觉。此时，任何不满的言语或行为都可能导致双方的尴尬。怎样让孩子下床呢？

冯骥才很轻松地解决了，凭着他的阅历和应变能力，他幽默地对孩子的母亲说：“请您把孩子带回到地球上来。”主客双方会心一笑，事情得到圆满的解决。

在这里，冯骥才只玩了个大词小用的花样，把“地板”换成了“地球”，但整个意义就大不相同了。地板是相对于墙壁、天花板、桌子、床铺而言，而地球则相对于太阳、月亮、星星等而言。“地球”这一概念，把主客双方的心灵空间融入了茫茫宇宙的背景之中。这时，孩子的鞋子和洁白的床单之间的矛盾便被孩子和地球的关系淡化了。

将一些用于庄重场合的比较严肃的语言运用于表现“凡夫俗子”的日常生活，这就是“大词小用”的幽默技巧。

著名演员赵本山主演的获奖小品《相亲》，就有这样的台词：“你打小归父母管，出嫁了归丈夫管，老了又归儿女管，你啥时候能给自己承包一段，自己说了算。”还有：“儿女的信，父母看就是领导审查。”

在这里，作者把“承包”、“领导审查”这些政治经济生活中的术语，巧妙地用在日常普通生活中。观众的笑声、掌声便证明了它的幽默与魅力。

有一位作者撰文介绍著名演员葛优时说：“燕京饭店附近有一座高楼，其中一套住着一个前额是‘广阔天地大有作为’的小伙子，他叫葛优。”

这里把当年用于号召知识青年上山下乡的“毛主席语录”用来形容葛优的形象，既让人想到他的高额大脑的长相，又让人联想到他在喜剧表演艺术上的功力以及他大有可为的远大前程。

在社交活动和日常生活中，类似地把男女恋爱关系的结束戏称为“断绝外交关系”，把参加工作后的第一天上班谓之“走马上任”，甚至把患“妻管严”的丈夫对妻子的谈话戏谑为“早请示，晚汇报”等等，都属于“大词小用”法的类型。

“大词小用”作为幽默技巧之一，随着它在日常生活和现代社交活动中的广泛应用，将给人们的生活带来越来越多的欢乐和笑声。

随意可成就幽默

“随意成趣”,是对产生幽默趣味的种种技巧的综合运用,乍一听,是信口开河,再一想,却耐人寻味。

我们这里所说的随意,并不像海市蜃楼那样虚无缥缈,让人难以捉摸,而是贴近生活的。完全可以套用一句搓麻将的术语:自摸。

随意就是顺其自然,自然才能成趣。枯藤老树昏鸦,小桥流水人家……这是古典意趣;白天鹅宾馆、金三角企业家俱乐部、新空气艺术团、知了书屋、阿信小吃店、咪咪发廊……则颇有现代气息。

要是来个无底洞夜总会、聊斋咖啡屋、野猪林舞厅,这样取名不伦不类不说,又有谁敢去问津光顾呢?

因此,运用“随意成趣”的幽默技巧,要具备两个条件:一是和谐,二是自然。

夏夜,有个人在朋友家小坐。

啪的一声,他打死一只蚊子。一摸,胳膊上已经鼓起一个大包。

“咦!这蚊子怎么专叮外来人啊?”

“这是我们家的看家蚊子!”男主人笑了。

“哼!”女主人却借题发挥,说:“连我家的蚊子也学会喜新厌旧了。”

一时不知道这话里包的是什么馅,客人坐也不是,走也不是。

“嗯……啊……明白明白……”客人突然自言自语,念念有词。

“你在跟谁说话呢?”女主人惊异地问。

“你没看到你们家的看家蚊子在跟我咬耳朵吗?”

“那它跟你说什么?”女主人脸上的乌云散开了。

“它说哼哼哼,又说嗡嗡嗡。听懂了吧?”

“我又不是蚊子!”女主人忍不住笑了。

“它对我说,我咬了你一口,才知道你是个男的,要不然,我还当你是第三者插足呢。”

大家都笑了。幽默趣味驱散了夫妻间即将发生的一场风波。这就是和谐。

借语作桥找幽默

“借语作桥”是指交谈中的一方从另一方的话语中抓住一个词语,以此为过渡的桥梁,并用它组织成自己的一句对方不愿听的话,反击对方。

过渡桥梁有一个特点,那就是两头相通,且要契合自然,一头与本来的话头相通,另一头与所要引出的意思相通,并以天衣无缝为上。

马克·吐温有一次在邻居的图书室浏览书籍,发现有一本书很吸引人。他问邻居是否可以借阅。

邻居说:“欢迎你随时来读,只要你在这里看。你知道我有个规矩,我的书不能离开这个房子。”

几个星期后,这位邻居来访马克·吐温,向他借用锄草机。马克·吐温说:“当然可以,但是按我的规矩,你得在这栋房子里使用它。”

马克·吐温的幽默感表现在借用对方的词语表述了与对方意愿相悖的意思。

“借语作桥”法的难处,不是寻找两头契合的词语,而是从对方的话头中看中一个词语,把它抽出来,这个词语要便于组成你自己的语句。这好像是小学生做造句练习,不过比小学生的造句练习多了一个要求,那就是造出来的句子意思不得与对方的愿望一致或相似,只能与对方的愿望相反或相错。

英国作家理查德·萨维奇患了一场大病,幸亏医生医术高明,才使他转危为安。但欠下的医药费他却无法付清。最后医生登门催讨。

医生:“你要知道,你是欠了我一条命的,我希望有价报偿。”

“这个明白。”萨维奇说:“为了报答你,我将用我的生命来偿还。”说罢,他给医生递过去两卷本《理查德·萨维奇的一生》。

这比向对方表示拒绝或恳求缓期付款要有趣得多。其方法并不复杂,不过是接过对方的词语(生命),然后以歪解,把“生命”变成“一生”。显然,两者在内涵上并不一致,但在概念上能挂上钩就成。

“借语作桥”法的功能很多,不一定都得用于斗智性的戏谑,也可用于一般性的调侃。其特点是抓住对方话头中的一个词语,构成一个无任何攻击性的句子。

“借语作桥”在于接过话头以后，还要展开你想象的翅膀，敢于往脱离现实的地方想，往荒唐的、虚幻的地方想。千万别死心眼、傻乎乎，越是敢于和善于胡说八道，越是惹人喜爱。

推陈出新来自模拟幽默

“模拟幽默”就是把大家熟悉的原本的语言情境，移置新意，与原意形成对照，从而产生不协调之趣，造成幽默感。

运用“模拟幽默”要把握好这样三个字：名、热、新。

名，就是你所模拟的应当是知名度高的名篇、名言、名句，或大家熟悉的成语、台词、俗话等。

热，就是你要表达的内容应与时代合拍，最好是人们关心思考或者有争议的热门话题，这样就能很快引起人们的联想，产生共鸣。

新，就是观点新。这是模拟幽默法的灵魂。也就是说，旧瓶装新酒还不够，还必须装上新的气息，以造成幽默的醉人气氛。

“模拟幽默”的技巧有顺拟法、反拟法、别拟法、拟人法等。模拟的要诀在于出人意料地把毫不相关的事扯在一起，内容越是风马牛不相及越好，距离越大越能引起惊讶；在形式上则是越接近，越有幽默的效应。

顺拟法是顺着旧格式拟出新的内容。由于这种手法多用于触景生情而即兴创作，所以，常能迸发出新的寓意和偶发词。

反拟法就是把我们日常生活中的习惯用语，偶尔反用其意，造成新奇的幽默感。比较而言，反拟比顺拟更能留下深刻的印象，这是反差造成的效果。

有一位领导，在大会上做报告。为了同腐败现象斗争到底，他坚决地说：

“谁说我们总是杀鸡给猴看？我们还要杀猴给鸡看！”

反腐关系到我们党和国家的生死存亡，“杀猴给鸡看”这个反拟的幽默在这场斗争中，不是扮演了一个恰如其分的角色吗？

反拟法看起来简单，只要将现成话反过来说，但是必须说到点子上，才有幽默感。只要你懂得点到为止的道理，强扭的瓜也甜。

别拟法就是要拟出幽默的别拟来，这也是我们经常有意无意地运用的。比如，我们把那些为儿子安排锦绣前程的父亲叫做“孝子”，这已不是封建礼教所指的“孝子贤孙”了，而是孝顺自己儿子的“孝子”了。

别拟法要拟得自然贴切，切忌生搬硬套，应当追求一种天然的妙趣，人为的痕迹越少越好。

我们为什么要通过模拟的方法，使幽默感在模拟中创新呢？一方面是顺应人们喜新厌旧的心理，另一方面也不忽视人们喜新恋旧的心理，将这两种心理移植在一起，便产生了模拟幽默法。

我们说好作品百读不厌，这是夸张。不管什么人，只要口头禅一多，就会缺少幽默感。这时，一个最经济的办法，就是运用“模拟幽默”法来推陈出新。

含而不露尽显幽默

说话含蓄，是一种艺术，也是幽默的一大技巧。常言说：“言已尽而意无穷，含义尽在不言中。”“含蓄表达”，是把重要的、该说的部分故意隐藏起来，却又能让人家明白自己的意思，而且把幽默寓于其中。

“含蓄表达”这种幽默技巧，有一定的难度。它要求讲究说话的艺术，并具有高雅的幽默感。它体现了说话者驾驭语言的能力和含蓄表达幽默的技巧，同时表现了对听众想象力和理解力的信任。

如果说话者不相信听众丰富的想象力，把所有的意思和盘托出，这样不但起不到幽默的作用，而且平淡无味，言语逊色，使人厌倦。因此，有的话不必直说，甚至把本来可以直说的话，故意用“含蓄表达”法表达，从而产生一种耐人寻味的幽默效果。

有这样一个例子能体现“含蓄表达”的幽默艺术：

有一个酒店老板，脾气非常暴躁。一天，有位客人来喝酒。客人刚喝了一口，嘴里便叫：“好酸，好酸！”

酒店老板大怒，不由分说，把客人绑起来，吊在屋顶上。这时来了另一位顾客，问老板为什么吊人。老板回答：“我店里的酒明明香醇甜美，这家伙硬说是酸的，你说该不该吊？”

来客说：“可不可以让我尝尝？”老板殷勤地给他端来一杯酒。客人呷了一口，酸得皱眉眯眼，对老板说：“你放下这个人，把我吊起来吧！”

后一个顾客显然机智地用含蓄表达法，幽默地表达了酒酸的事实，使老板明白了酒的确是酸的。

下面看看“含蓄表达”和“锋芒毕露”相对比的例子。

有一家理发店，门前贴着一副对联：“磨刀以待，问天下头颅几许；及锋而试，看老夫手段如何！”这副直来直去的对联，磨刀霍霍锋芒毕露，令人胆寒，吓跑了不少顾客，自然门可罗雀。

而另一家理发店的对联则含蓄幽默：“相逢尽是弹冠客，此去应无搔首人。”上联取“弹冠相庆”的典故，含有准备做官之意，又正合理发人进门脱帽弹冠之情形。下联意即人人中意，心情舒畅。两家理发店相比，效果自然不言而喻。

“含蓄表达”的幽默技巧，有时是人们用故意游移其词的手法，既不违背语言规范，又给人以风趣幽默之感。如有的演员自嘲长相差，便说自己“长得困难”、“对不住观众”。营业员遇到顾客买了商品未付款而准备离开的情形时，问一句：“我给您找钱了吗？”大多数顾客会马上回答：“哦，我还没付款呢！”而说一个人“贪睡”为“对床铺利率高”等等，都是对这种技巧的运用。

婉言曲说真幽默

“曲说隐衷”的幽默技巧，就是拐弯抹角、曲折暗示地陈述，从而达到表述隐衷的目的。通常情况下，幽默与直截了当地表述隐衷无缘，直抒胸臆是抒情的效果，而不是幽默的效果。

幽默都以间接暗示，诱使对方顿悟为上，如有隐衷，拐弯倒比一吐无余聪明。

社交场中有许多冲突产生，由于某些利害关系，对朋友所作的当场的批评，也自然以暗示为主，最好是以荒诞不经的方式启示他。

当你对什么不可改变的事情觉得不满意从而感到困窘时，如果你直接把它表达出来，并不能显示你有什么过人之处。如果你能用曲折暗示的方法，说明你对困窘似乎采取无所谓的态度，那你就是一个有幽默感的人。

有一个爱占小便宜的人，常在别人家白吃白喝，吃了上顿等下顿，住了两天又两天。一次，他在一个朋友家吃了三天后，问主人：“今天弄什么好吃的呀？”

主人想了想，说：“今天弄麻雀肉吃吧！”

“哪来的那么多麻雀肉呢？”

主人说：“先撒些稻谷在晒场上，趁麻雀来吃时，就用牛拉上石磙一碾，不就得了吗？”

这个爱占便宜的人连连摇手说：“这个办法不行，还不等石磙碾过去，麻雀早就飞跑了。”

主人一语双关地说：“麻雀是占便宜占惯了的，只要有了好吃的，怎么碾(撵)也碾(撵)不走。”

主人的曲折暗示，不知这位爱占便宜的人领会了没有。如果听懂了再不走，主人又该用什么方法呢？

有时要表达一种愿望，这种愿望并无难言之处，但仍然以曲折暗示为趣。

有个酒徒，贪恋杯中之物，酒醉之后常常误了大事。妻子多次劝他，他怎么也听不进去。一天，他的儿子对他说了几句话，却使他心灵受到极大的震动，以后就再也不喝酒了。

原来，他的儿子说：“爸爸，我送给你一个指南针。”

“孩子，你留着玩吧，我用不着它。”

“你从酒馆出来时，不是常常迷路吗？”

在这个故事中，儿子用的就是“曲说隐衷”。儿子对父亲老是喝醉酒深为不满，但作为小辈，又不便直接对父亲的行为提出批评，于是便以这种委婉的方式向父亲提出劝诫。这种劝诫幽默诙谐，效果也是显而易见的。

推理变幻莫测的幽默

“推理幽默”是借助片面的、偶然的因素，构成歪曲的推理。它主要是利用对方不稳定的前提或自己假定的前提，来推理引申出某种似是而非的结论和判断。它不是常理逻辑上的必然结果，而是走入歧途的带有偶然性和意外性的结果。

人们的言论或行为，一般情况下，不可能像科学推理那样严密、周全，都有其变幻性和动摇性。有幽默感的人，比较善于抓住这一点，推理出变化莫测的花样，去调侃对方或调侃自己。

因此，“推理幽默”是很容易找到其幽默前提的，一个人只要思维自由，构思敏捷，就有应用自如的可能。

“推理幽默”在你的社交生活中极具实用价值，它总能让你在情况不断变幻的条件下找到有利于自己的理由,哪怕互相反对的理由,也都能为己所用。

有人请阿凡提去讲道。阿凡提走上讲台,对大家说:“我要跟你们讲什么,你们知道吗?”

“不,阿凡提,我们不知道。”大伙说。

“跟不知道的人我要说什么呢,还说什么呢?”

阿凡提说完,便走下讲台离开了。

后来,阿凡提又被请了过去。他站到讲台上问:“喂,乡亲们!我要跟你们说什么,你们知道么?”学乖了的人们马上齐声回答:“知道!”

“你们知道了,我还说什么呢?”阿凡提又走了。

当阿凡提第三次登上讲台,又把上两次的问题重复一遍后,那些自作聪明的人一半高喊:“不知道!”另一半则喊:“知道!”

他们满以为这下可难住了阿凡提。哪儿知道,阿凡提笑了笑说:“那么,让知道的那一半人讲给不知道的另一半人听好了!”说完扬长而去。

阿凡提的过人之处就在于他利用“知道”与“不知道”这两个不具体而虚幻的原因,从而推理出与大家希望完全相反的结果,以不变应万变,不管对方怎么变幻情况,理由也跟着变幻,而行为却一点不变。这就是“推理幽默”法能让你在社交中超凡脱俗、潇洒自如的妙处。

反语幽默耐人寻味

“反语幽默”就是用相反的词语表达本意,使反语和本意之间形成交叉。

“反语幽默”的技巧在于以反语语意的相互对立为前提,依靠具体语言环境的正反两种语意的联系,把相对立的双重意义辅以其他手段,如语言符号和语调等衬出,使对方由字面的含义悟及其反面的本意,从而发出会心的微笑。

“反语幽默”是造成含蓄和耐人寻味的幽默意境的重要语言手段之一。简言之,就是故意说反语,或正语反说,或反语正说。

实际上人们常爱说反语,比如,到朋友家参加聚会,你发现朋友的夫人越来越胖了。有幽默感的你就可以说:“啊,你怎么越来越苗条了。”对方会嗔怪地笑起来。

“反语幽默”一般有一定的攻击性。如果有针对性,要注意分寸,主要看对方与你的关系是否经得住刺激。此外还得考虑场合和其他条件。有时同样一句话在一种场合下可以讲，在另一种场合下就不能讲，对同样一个人在他心平气和时能讲，在他心境很差时就不能讲。

准确地把握对方的心境和环境的性质，同时把握自己说话的分寸，是有幽默感的人的重要修养。如果在这一点上粗心大意，那就不但幽默不起来，而且可能伤害了对方的自尊心，弄僵关系。

可见，“反语幽默”在幽默对象面前，一定要考虑其复杂性。

《镀金时代》是美国幽默大师马克·吐温的杰作。它彻底揭露了美国政府的腐败和政客、资本家的卑鄙无耻。小说发表之后，记者采访了马克·吐温。他答记者问说：“美国国会中，有些议员是狗婊子养的。”此话一经发表，各地的报纸杂志争相转发，美国国会议员因此暴怒，说他是人身攻击。正因不知哪些议员是狗婊子养的，便人人自危。于是群起鼓噪，坚决要马克·吐温澄清事实并公开道歉，否则将以中伤罪起诉，求得法律手段保护。

几天后，在《纽约时报》上，马克·吐温刊登了一则致美国国会议员的“道歉启示”：“日前鄙人在酒会上答记者问时发言，说‘美国国会中有些议员是狗婊子养的。’事后有人向我兴师问罪。我考虑再三，觉得此话不恰当，而且不符合事实。故特此登报声明，我的话修改如下：‘美国国会中有些议员不是狗婊子养的。’”

这段“道歉启示”，只在原话上加上一个“不”字，前边说“有些是”，唯其未指出是谁，因此人人自危；后改成“有些不是”，议员们都认为自己不是狗……于是，那些吵吵闹闹的议员们不再过问此事。

马克·吐温以他自己超人的智慧平息了这场风波。他以反语的手法，使本来对他怀有敌意的人们谅解了他。

这就是反语幽默法的魅力所在。

暗示幽默要会说也会悟

何谓“暗示幽默”即对事物表达自己的看法，不是通过直说，而是通过种种可能进行曲说，并达到幽默效果的幽默技巧。

“暗示幽默”广为人们喜欢，其原因在于它在多方面对人们的面子进行了照顾。比如面子后面躲着自尊，如果有人在某些方面伤害了你，你用露骨的方法去刺他，不论他的面子后的自尊有没有教养，它都不允许自己被刺，那么仇恨、报复就由此产生了。

如果运用“暗示幽默”来解决，首先照顾了他的面子，而婉转曲折的话语却能达到尖锐的实质。一方面他会知难而退，另一方面，他会因照顾了他的面子反而对你有钦佩和感激之情了。

有一对夫妇，丈夫做错了一件事，妻子不但不理解，反而更加唠叨得令人生厌。于是，丈夫火气十足地说：“请别这样唠唠叨叨了好不好，不然，我要在桌上痛打十巴掌了。”

“关我屁事，打呀，打。”想到肉痛的不是她自己，妻子反而火上浇油。

“但是，”丈夫道，“经过这十巴掌的锻炼，第十一巴掌打在肉上可就有功夫了。”

妻子戛然而止。大概她领会了丈夫内心的火气，不想让脸作为丈夫练功夫的沙袋吧。

在这个幽默里，丈夫打了十巴掌，第十一个巴掌打在什么地方，就是一种暗示。这个暗示包含了如下意思：我心里很火、很烦，需要理解和清静。现在我得不到这些，反而遭受另一种折磨，我有点忍无可忍了。因此，你最好住口，否则就别怪我不客气了。“功夫”一词，则承担了幽默的任务，这就是“暗示幽默”。

有一对情人正在热恋中。一天晚饭后，他们一起出去散步，来到了青青的河滩上，看见一头牛在默默地吃草，缓缓地移动。小伙子指着牛说：“看那头牛多好呀，悠然自得，乐不思返。”

姑娘微微一笑说：“那头牛好是好，但也有不尽如人意的地方。”

小伙子说：“怎样才能尽如人意？”

姑娘道：“要是这头牛吃了晚饭，把碗筷统统端进厨房洗了，就尽如人意了。”

小伙子不好意思地笑了，显然是接受了姑娘这幽默的暗示，想起了自己在未来的岳母家吃了饭便一丢碗筷的毛病，这可能会使岳母嘟起嘴巴。

让动物说人话

作家们创作童话、动画和寓言时，常用拟人化手法。读者也能从童话王国、动画世界和寓言故事里寻找出幽默的感觉。

为了表现和平这个永恒的主题，有人画了一头斗牛，却将两只犀利的牛角打成了一个蝴蝶结，而且让牛悠闲地闻着一朵鲜花。

牛角是不可能打成蝴蝶结的，就像大灰狼不可能戴上一顶鸭舌帽一样，但是幽默感就是从这不可能中产生的。

“拟人幽默”，是人与世间万物的交流和对话，使人与大自然更加亲密和谐，这也是幽默所要追求的一种效果。

一天，一位法国人去拜访他的英国朋友。当他走近朋友的住宅时，一条大狗蹿出来对他汪汪吠叫。法国人吓得止住了脚步。正在这时，他的英国朋友出来看见了他，忙说：“不要怕，有条谚语说：‘汪汪叫的狗不咬人’，你不知道吗？”

那位法国人马上答道：“我知道这条谚语，你也知道这条谚语，可这狗……它知道这条谚语吗？”

这则幽默的绝妙之处就在于最后一句话，法国人故意将人和狗相提并论，将狗人格化，把它当成一种会思考的动物，从而既发泄了心中的不悦，又不失礼貌。他所采用的幽默技巧，就是“拟人幽默”。

从某种角度来看，我们不能说动物没有情感，但是动物毕竟缺乏动机。而拟人则赋予动物强烈的感情色彩和某种动机，把某些无意识的结果变成有意识的自觉行为，幽默往往由此而生。

请看下面一段对话：

——昨天你的马骑得怎么样？

——不太坏。问题是我那匹马太客气了。

——太客气了？

——是呀！当骑到一道篱笆时，它让我先过去了！

大家一听便知发生了什么事情，马把这位先生摔下来，并非有意为之，只是由于跨栏技术尚不达标。而主人把自己被摔的遭遇反解为马的“客气”。主人正是用拟人幽默法来追求一种自我解嘲的喜剧效果。

“拟人幽默”不仅能够产生自我解嘲的效果，而且巧妙地运用它可以达到嘲讽他人的强烈的幽默讽刺效果。

请看一则阿凡提的故事《驴的朋友》。

有一个新上任的县官，听说阿凡提机智，很不服气，扬言要把他戏弄一番。

阿凡提知道了这件事，就自动骑着毛驴来到衙门，对县官说：“我来啦！”

县官看见他和毛驴一同进来，故意大声招呼说："欢迎你们两位一同光临！"

阿凡提拍了拍驴背，毛驴昂头叫起来，又是甩蹶子，又是摇尾巴。阿凡提说："我的这头蠢驴在家说，它的朋友当了县官，非叫我带它来见见不可！"

县官涨红着脸说："那是你的驴，同我有什么相关？"

阿凡提对毛驴说："我叫你不要来吧，你的朋友一当了县官，就不认你啦！"

乡亲们一起大笑起来。

在这则笑话里，县官和阿凡提同时使用了拟人法，把毛驴人格化，然而阿凡提技高一筹，活灵活现地把他的毛驴说成是县官的朋友，达到了嘲讽县官的幽默效果。

语言是人创造的，是人类的专利产品，因而人轻易不愿与动物享受同等语言待遇。但在某些时候、某些场合，不妨让动物说说人话，会别有一番情趣。不信，你试一试。

一分钟小幽默大智慧

◎ 原来如此

甲："新搬来的邻居好可恶，昨天晚上三更半夜、夜深人静之时跑来猛敲我家的门。"

乙："的确可恶！你有没有马上报警？"

甲："没有。我当他们是疯子，继续吹我的小喇叭。"

大智慧 事出必有因，如果能先看到自己的错误，答案就会不一样。

◎ 回避

一天阿里斯提卜刚巧碰到一个人在骂自己。阿里斯提卜听后试图溜走。那人追上去好奇地问他为何要跑。阿里斯提卜回答说："使用下流的语言是你的权利，不听下流语言也是我的权利。"

大智慧 有时回避并非胆怯，而是轻蔑。

◎ 兔子和乌鸦

乌鸦站在树上，整天无所事事。兔子看见乌鸦，就问它："我能像你一样站着，每天什么也不干吗？"乌鸦说："当然，有什么不可以的。"于是，兔子在树下的空地上开始休息。忽然，一只狐狸出现了，它跳起来就抓住兔子，把它吞进了肚子。

大智慧 如果你想站着什么也不干，那你必须站得非常高。

◎ 拉大粪

一只小鸟飞到南方去过冬。天太冷，小鸟几乎被冻僵了，于是它飞到一大块空地上。一头牛经过那儿，拉了一堆牛粪在小鸟身上。冻僵的小鸟躺在粪堆里，觉得好温暖，渐渐苏醒过来。它温暖而快活地躺着，不久开始唱起歌来。一只路过的猫听到歌声，便走过去看个究竟。循着歌声，猫很快发现了粪堆里的小鸟，把它拽出来吃掉了。

大智慧 不是每个往你身上拉大粪的人都是你的敌人，也不是每个把你从粪堆里拉出来的人都是你的朋友。还有，当你躺在粪堆里的时候，最好把嘴巴闭上。

◎ 究竟信谁

某人找邻居借用毛驴，邻居回答说："我的毛驴眼下不在。"话音刚落，毛驴在圈里发出了叫声。

"那不是你的毛驴吗？"

"你相信人，还是相信驴？"

大智慧 虚伪的人还不如诚实的驴子更能让人相信。

◎ 黑白同居

烧炭的人单独租住一间房子，为了节省房租，他一直想找个人合租。

一天，他恰巧遇见一个漂布的人，想租房子住，正在到处寻找。

烧炭的人对漂布的人说："那咱俩住一块儿吧，房租一人一半。"

漂布的人说："房租不是大问题，问题是咱俩根本就不可能住一起。"

烧炭的人问："那为什么？"

漂布的人说："这不明摆着吗？我好不容易漂白的布，都会被你弄黑的。"

大智慧 人与人之间的关系远近，更多的时候是一种感觉，而不是刻意的追求。如果感觉不对胃口，就不要再做无谓的努力。

◎ 谁使其然

英国罗马天主教牧师罗德纳·诺克斯有一次与科学家霍尔丹讨论神学问题。霍尔丹推论说："宇宙之间存在无数颗行星，难道就不可能有一颗行星上有生命吗？"

“先生，”诺克斯说，“如果伦敦的警察在你家的大衣柜里发现一具尸体，你会对他们说：‘世界上有无数个大衣柜，难道就不可能有一个大衣柜里有具尸体吗？’我看警察一定要研究一下是谁把它放在里面的。”

大智慧不要以为可能性大，就无端地下必然的结论。

◎ 生日礼物

细菌学家对自己的妻子说；“亲爱的，我已经准备好了一件意外的礼物在你生日那天送给你。”

妻子：“好极了，是什么呢？”

“以你的名字命名的病毒。”

大智慧看来，不分场合和时机地突出自己的职业专长，并不见得就是什么好事情，甚至会起到适得其反的效果。

◎ 注意服务态度

饭店经理对女服务员们说：

“今天，你们应该特别注意服务态度。”

“是有什么重要人物来这里吃饭吗？”女服务员们问。

“不，”经理回答，“今天，我们这里供应的肉特别硬。”

大智慧心虚的人说话会软三分，这是因为理亏而担心别人发难。与其这样，还不如及时采取有效的措施避免这种被动局面的出现。

◎ 简单的问题

有一次，乔治和他的父亲一起去山中打猎。一遇到野物，乔治便看到爸爸端起枪，眯缝着一只眼，啪的一声扣动扳机。

乔治好生奇怪，问父亲：“爸爸，您为什么瞄枪时老闭着一只眼睛呢？”

爸爸回答：“傻孩子，你怎么总是提这么简单的问题？要是两只眼睛都闭上，能看得见东西吗？”

大智慧人世间的事情，有些需要闭上眼睛才能用心体会到，有些需要睁一只眼闭一只眼才能集中注意力于那一点，而有些又需要你睁大了双眼才能看清楚。

◎ 方向不对

东方快车上，列车员看了一位老太太的票后说：“这是从柏林到巴黎的票，可我们这趟车是到伊斯坦布尔的。”

老太太严肃地看看列车员问：“怎么办，难道就连司机也没发现他开的方向不对吗？”

大智慧遇到争执的时刻，每个人都会以自己的标准为正义的标准，并以此责怪他人。

◎ **苦修者的诚意**

有个和尚，夏夜里赤身裸体地坐在山边，让蚊子来咬他。他要舍身喂蚊子，口里还不停地念着佛经，以求苦修成佛。观音大师想考验他的诚心，就变成一只老虎来到山边，看看他能不能舍身喂虎。和尚看见来了一只老虎，慌忙起身逃走，边跑边喊：“今天晚上碰见个这么大个的，我这个东道主怎么能做得起？”

大智慧平日里看似大度的人一遇到根本的利害冲突，就经受不住考验了。真正想了解一个人，就看他在一些特殊、关键时刻的表现。

◎ **主人和仆人**

有个人外出经常带着仆人，可每当饮酒的时候，他只管自己喝，从来不给仆人。一次，又有人请他喝酒，仆人用墨水把自己的嘴唇给涂黑了，站在主人旁边。主人见了说：“这奴才的嘴很好看！”仆人说：“只顾你的嘴，不要管我的嘴。”

大智慧在这个功利性很强的社会中，对话是需要身份的，没有一个平等的身份，再怎样努力巧妙地提醒对方，也不会被人重视、理解。

◎ **出难题**

某甲出个谜语说：“上柱天，下柱地，塞得乾坤不透气。”问某乙是什么东西。某乙说：“我也有个谜语让你猜：头朝东，尾朝西，塞得乾坤不透气。”某甲说：“不知道。”某乙解释说：“就是你说的那个东西，我放倒了。”

大智慧“以其人之道还治其人之身”，有时难为别人就是难为自己，希望通过贬低别人来提升自己的方法往往是不可行的。

◎ **油彩未干**

画家把他几幅精美的油画雇用货车运到展览会场去。他特别叮嘱司机：“小心点！画上的油彩还没干透。”司机说：“没关系，我穿的都是旧衣服。”

大智慧生活是大家的，责任就是公益！不要总为了自己的利益盘算，多为别人,为公利着想,设身处地,无私奉献——你一定会得到生活的回报!

◎ 以牙还牙

一位看上去很有魅力的女子坐在酒吧里，一位男士走过去说:“请问这儿有人吗?”女子脸上开始呈现出迷惑不解的表情:“什么?去汽车旅馆?”男士重复了一遍问题,女子报以同样的回答。男士觉得气呼呼,但是没有说什么,回到自己位置上坐下了。过了一会儿,女子到男士桌边说:“对不起,我是学心理学的,在研究人们遇到莫名其妙的回答时会有什么表情。”男士高声地反问道:“什么,要一百美元?”

大智慧不尊重别人,怎么要求别人尊重自己?既然希望得到尊重,就要首先尊重别人,因为尊重别人,才会赢得别人的尊重!

◎ 最吃惊的

新学期开始,每个男生都要上台作自我介绍。当一位很清秀的男生作自我介绍的时候,主持人问道:“请问你有没有被别人误以为是女生?”“当然,”那男生不以为然,“从小学时老师就一直把我当作女生，直到有一天我一气之下剃光了我所有的头发。”“那老师们一定很吃惊吧?”“嗯!不过最吃惊的不是老师,而是那位很殷勤地为我提了一年书包的男生。”

大智慧不应只根据外表来判断与你交往的人的性质,眼睛所看见的不一定是真实的,不要因为片面的认识而作出一些愚蠢、可笑的举动。

◎ 半夜的声音

有个蹩脚的歌唱家直到半夜还在声嘶力竭地练声,邻居忍无可忍,敲墙壁向他表示抗议。

歌唱家气愤异常,立马探出头朝邻居的窗户大喊:“都快一点钟了,你还往墙上钉钉子,你不觉得太不是时候吗?”

大智慧利益之间的平衡,不仅仅需要争取,更需要克制与宽容。不要总是抱怨别人妨碍了自己,很多时候,恰恰是因为我们首先妨碍了别人。

◎ 咨询

有一个律师办公室的桌上放着一块牌子,上书:“回答一个问题,收100。”

有位太太来咨询,看到桌上的牌子很惊讶,问道:“回答一个问题真要收一百美元呀?”

律师回答:“是的。请提第二个问题!”

大智慧生活是有很多前提和规定的，我们需要用心地了解。可是，很多时候，我们更需要遵守和执行。当我们固执地怀疑生活时，事情已然变得复杂，我们也难免纠缠其中！

◎ 钢琴的牙齿

“妈妈，你知道谁的牙根是黑色的，而牙齿是白色的？”

“不知道，娜佳。你能说说看吗？”

“钢琴。”

大智慧生活中的许多事情是不能用常理来推测的，有的时候发散一下思维，发挥一下想象的空间，人生也许会从此不同。

◎ 离题

父：“孩子，我替你写的那篇作文，评上优秀奖了吗？”

子：“没有，老师说写得太离题了。”

父：“不会吧！作文题目不是《我的父亲》吗？”

子：“是啊，可您写的是我爷爷呀。”

大智慧人各有异，一成不变的搬用套用别人的经验和东西是不可能完全适合你自己的实际情况的，根据自己的实际融会贯通，才能够不着痕迹。

◎ 世界上最好的老公

几个男人在一家私人俱乐部运动后进入更衣室休息，突然放在一条长凳上的手机响了起来，一个男人拿起它，接着就有如下的对话。

男：“喂？”

女：“亲爱的，是我。你在俱乐部吗？”

男：“是的。”

女：“太棒了！我就在离你那儿只有两条街的购物商场内。我看见一件非常漂亮的貂皮大衣，它非常高贵华丽！我可以将它买下吗？”

男：“价格如何？”

女：“只要 15 000 美元。”

男：“好，如果你那么喜欢它，就去买下它吧。”

女：“哦！我经过默西迪斯代理店时看见 2003 年新款。那款车我十分喜欢，我已经和销售员交谈过，他愿意给我一个相当不错的价钱，再说我们也需要将去年买的宝马给换了。”

男:“那他出什么价?”

女:“只有6万美元。”

男:“好吧,但价格这么贵,我希望它功能齐全。”

女:“太棒了!在我们挂机之前,还有些事。”

男:“什么事?”

女:“可能看起来太多了,不过我是参考你的银行账户来的。今天早上我经过房产代理处,发现去年我们看中的那幢房子正在拍卖!你还记得吗?就是那幢带有一个游泳池、英式花园、停车场、位于海滨地区的。”

男:“多少钱?”

女:“只要450 000美元,这个价钱非常合理,而且我们在银行还有足够多的钱。”

男:“好吧,去买下它吧,但必须杀价到420 000美元,好吗?”

女:“没问题,亲爱的!谢谢!我过会儿来看你!我爱你!”

男:“再见!我也爱你。”

这个男人挂了线,关上手机的机盖,然后举起他那只握着手机的手,问所有在场的人:

“有谁知道这个手机是谁的?”

大智慧 当别人很大方地一掷千金的时候,你一定要提高警惕,因为天下没有免费的午餐。

◎ 火鸡和牛粪

一只火鸡和一头牛闲聊,火鸡说:“我希望能飞到树顶,可我没有力气。”牛说:“为什么不吃一点我的粪便呢,它们很有营养。”火鸡吃了一些牛粪,发现它确实给了自己足够的能量飞到第一根树枝。第二天,火鸡吃了更多牛粪,飞到第二根树枝。两个星期后,火鸡骄傲地飞到了树顶。但不久,一个农夫看见它,迅速把火鸡射下来。

大智慧 “牛粪运”可以让你达到顶峰,但不能让你永远留在那儿。

◎ 狼来了

一只狼出去找食物,找了半天都没有收获。偶然经过一户人家,听见房中孩子哭闹,接着传来一位老太婆的声音:“别哭啦,再不听话,就把你扔出去喂狼吃。”狼一听此言,心中大喜,便蹲在不远的地方等起来。太阳落山了,也没见老太婆把孩子扔出来。晚上，狼已经等得不耐烦了，转到房前想伺机而入，又听老太婆说："快睡吧，别怕，狼来了，咱们就把它杀死煮了吃。"狼听了，吓得一溜烟跑回老窝。同伴问它收获如何，它说："别提了，老太婆说话不算数，害得我饿了一天，不过幸好后来我跑得快。"

大智慧 别人信口开河，你就信以为真，全然不知许多时候人家只是在拿你说事而已。凡事都应该自己去试一试，否则，你就永远不会知道事情的真相。

◎ 应有尽有

美国有一家大百货公司门口的广告牌上写着：无货不备，如有缺货，愿罚10万。某日，有一名法国人想获得这10万元，于是他绕店一周，细细观看一番后，来见经理。开口说："潜水艇在什么地方？"经理领他到第18层楼，当真有一艘潜水艇。法国人又说："我还要看看飞船。"经理又领他到第22层楼，果然有一艘新式飞船。法国人不肯罢休，又问道："可有肚脐眼生在头上面的女子？"经理一下被难住，正无言以对之际，旁边的一位女店员应道："我做个倒立给客人看看。"

大智慧 在生活中，最容易破碎的东西，往往是那些看起来很完美的东西，因为它太容易吸引人的目光，让别人"吹毛求疵"。所以，不要把弓拉得太满，适当为自己留点余地，才能进退自如，左右逢源。

◎ 说明立场

议员演说完后，其他议员纷纷向他道贺。其中一人说："老兄，你真淋漓痛快，把你对每一问题的立场都说得一清二楚。"

"天呀！"议员大惊失色地说道，"我真的说明了立场？"

大智慧 有些时候需要人说清楚某个问题，而有些时候含糊是一种难得的聪明。

◎ 另有说法

美国警方在确认嫌疑犯是否犯罪时，常常让目击者进行一种例行的认人手续。警方为了使证人能够辨认出嫌疑犯的口音，规定每个被指认的嫌疑犯，都要说一句同样的话："把所有的钱交出来，我需要一些零钱。"

美国某警察局，第一个和第二个嫌疑犯在这一程序中都按照警方的要求说了，到第三个嫌疑犯时他竟脱口而出："我当时不是这么说的！"

大智慧 枪打出头鸟，有时候，保持和大家一致并不是件坏事情。

◎ 为文王发愁

艾子来到齐鲁之地讲道，来听讲的人每次都有好几百人。一天，艾子讲到周文王被囚禁在羑里时，正好被齐宣王召见，他来不及讲完就应召去了。

听众中有个人入了迷，无奈，闷闷不乐地回到家里，妻子关心地问他："你每天听完艾夫子讲道之后，回到家里都很高兴，为什么今天却这样忧愁？"他说："今天一早，我听艾夫子说周文王是个大圣人，如今却被他的国君殷纣囚禁在羑里，我可怜他无辜被囚，所以非常烦闷。"

妻子想宽慰他，就说："现在文王虽然被囚禁着，时间长了一定会被赦免的，怎会一辈子遭受囚禁呢！"这人仍然叹息着说："我倒不愁放不出来，只是愁今夜他在牢内该多么难熬。"

大智慧 心地善良本无可厚非，但"妇人之仁"就要不得了。如果老是在一些鸡毛蒜皮的小事上多愁善感，就会在大事上迷失方向。

◎ 无用的反对

理查·布林斯莱·谢立丹是18世纪后期英国最有成就的喜剧家。当他的第一部喜剧《情敌》初次上演时，谢立丹应观众的要求谢幕。就在这个时候，有一个人在剧场顶层的楼座上喊道："这个剧糟透了！"

谢立丹微笑地鞠躬说："我的朋友，我完全同意你的意见。"他一边耸耸肩，一边指着剧场里那些刚才为演出热烈叫好的观众，补充了一句说："但是，我们两个人反对这么多观众，你难道认为能起什么作用吗？"

大智慧 "墙头草"并不是一个褒义词，常形容那些没有主见、随波逐流的人。但认不清"大势所趋"，口是心非，刻意地去标新立异，也难免会"鸡立鹤群"。这时候，还不如去做一棵"墙头草"，至少不会被认为是做作。

◎ 研究时装

一个小偷看见他的同伙在阅读《时装》杂志，惊奇地问："怎么，要改行做时装？"

"哪儿的话，我在研究今年的时装口袋到底会缝在什么地方……"

大智慧 流行不仅仅是一个概念。以前以为流行仅仅是电视中模特的展示，现在却能实实在在地感觉到它充斥我们的生活，影响我们的穿着。不管是流行主导我们，还是消费决定流行，对我们来说，如果不能避免它，就主动去接受它。

第 14 章

幽默方法

幽默是一种特性，一种引发喜悦，以愉快的方式娱人的特性；幽默是一项指标，一项衡量人心的智力水平的指标。与人交往，方法中藏些锋芒的核，或者说锋芒外包点技巧的衣，能造成幽默轻松然而又不失自尊的效果。方法，是建构幽默资本大厦必不可少的砖瓦。

荒谬话语：使人产生一种错觉

这种幽默的生命，不但在于人物在一点上着迷，而且在于不管怎样走向极端，着迷点不但不会消失，而且会增强。并不是一切真痴真呆都能构成幽默，也不是一切真痴真呆的幽默有同样的水平。要使真痴真呆显出奇趣，起码得设法使其傻言蠢行导致显而易见的荒谬。荒谬有结果自然重要，但更重要的是导致荒谬的过程，要让读者看到荒谬的前因和后果之间的逻辑关系是如何被一步又一步、一个环节又一个环节歪曲的。

要找到一个荒谬的前提就很难，难就难在它虽然是荒谬的，但是在故事中人物却是很真诚的。如果他不真诚地信守虚假的前提，就不是真痴真呆了。

清朝程世爵编的《笑林广记》中有一个《瞎子吃鱼》的故事。说是一群瞎子搭伙吃鱼，鱼少人多，只好用大锅熬汤。鱼都蹦到锅外面去了，瞎子也不知道。他们都没吃过鱼，不知鱼的滋味。大家围在锅前，喝着清水汤，齐声称赞：

“好鲜汤！好鲜汤！”

鱼在地下蹦到一个瞎子的脚上，这个瞎子才大叫起来：“鱼不在锅里！”众瞎子感叹起来：“阿弥陀佛，亏得鱼在锅外，若是真在锅里，我们都要鲜死了。”

明明是清水汤，没有鱼，瞎子却在称赞“好鲜汤”，这是这个故事荒谬的前提。这自然是一种夸张的幻觉，但也不能完全胡吹，也得有点根据，于是把吃鱼的人设计成瞎子，让他看不见，又特别说明他们从未吃过鱼。如果没有这两点，这个前提就不能成立了。前提不能成立，以上故事的逻辑基础就垮了。

这个基础的真正荒谬之处是一种错觉，一种主观的着迷，而并不是自我欺骗，因为这是真诚的。正因为这样，它着迷得很有趣。但是光有这么一点着迷，效果还很有限，还不够劲儿，还得让效果放大一下，让瞎子的逻辑荒谬更强烈一些才成，于是便有下面的高潮：原来不知无鱼，觉得鲜，还情有可原，现在明明知道没有鱼，鲜的错觉不但没有消失，反而引出了没有被鲜死的庆幸。

古代好几本笑话书中都有刘伶嗜酒的故事：其友(或妻)答应让他醉个够，乃以缸蒸酒，酒成，推其于缸中，盖之。

过了三天，听不见缸中动静，以为刘伶这下满足了。打开缸一看，刘伶醉醺醺地坐在酒糟上，半天才把头抬起来说：

“你说要让我醉个够，却让我坐在这里闲着干什么？”

嗜酒是一种着迷，这并不幽默，幽默产生于迷至极端乃生幻觉。明明浸入酒缸三天把酒喝完了，还觉得没有喝。在通常情况下人皆可能着迷，但条件稍有变化人们就自己明白了，也就是悟了，但于幽默之道则不然。

一点着迷属于真痴真呆之法，其中效果最强烈者，原因是迷而不悟，即使迷到极点仍然不改其迷。

偷梁换柱：把原来的意思偷偷换掉

偷梁换柱就是把概念的内涵作大幅度的转移、转换，使预期失落，产生意外。偷换得越是隐蔽，概念的内涵差距越大，幽默的效果越是强烈。幽默是一种情感思维方法，它与人们通常的理性思维方法有相同之处，也有不同之处。对相同之处，人们不用细心钻研，就可以自发地掌握；而对于不同之处，许多幽默感很强的人虽然已经掌握，但不知其所以然，而幽默感不强的人则往往以通常的思维方法去代替幽默的思维方法，其结果自然是幽默感的消失。幽默的思维和通常的理性思维至少在两个方面是不同的：第一，在概念的使用和构成上；第二，在推理的方法上。这里主要讲概念在幽默中的特殊表现。

通常，人们进行理性思维的时候有一个基本的要求，那就是概念的含义要稳定，双方讨论的必然是同一回事，或者自己讲的、写的同一个概念前提要一致。如果不一致，就成了聋子的对话——各人说各人的。如果在自己的演说或文章中，同一概念的含义变过来变过去，那就是语无伦次。

看起来，这很不可思议，但是这恰恰是很容易发生的。因为同一个概念常常并不是只有一种含义，尤其是那些基本的常用的概念往往有许多种含义。如果说话、写文章的人不讲究，常常会导致概念的转移，虽然在字面上这个概念并没有发生变化。在科学研究、政治生活或商业活动中,概念的含义在上下文中发生这样的变化是非常可怕的。因而古希腊的亚里士多德在他的逻辑学中就规定了一条,思考问题时概念要统一,他把它叫做“同一律”。违反了这条规律,就叫做“偷换概念”,也就是说,字面上你没有变,可是你把它所包含的意思偷偷地换掉了,这是绝对不允许的。

可是幽默的思维并不属于这种类型,它并不完全是实用型、理智型的,它主要是情感型的。而情感与理性是天生的一对矛盾,对于普通思维是破坏性的东西,对于幽默感则可能是建设性的成分。

有这样一段对话:

老师:“今天我们教减法。比如说,如果你哥哥有5个苹果,你从他那儿拿走3个,结果怎样?”孩子:“结果嘛,结果他肯定会揍我一顿。”

对于数学来说,这完全是愚蠢的,因为偷换了概念。老师讲的“结果怎样”的含义很明显是指还剩下多少的意思,属于数量关系的范畴,可是孩子却把它转移到未经哥哥允许拿走他的苹果的人事关系上。

然而对于幽默感的形成来说,好就好在对这样的概念默默地转移或偷换。仔细分析一下就可发现这段对话的设计者的匠心。他本可以让教师问还剩余多少,然而“剩余”的概念在这样的上下文中很难转移,于是他改用了含义弹性比较大的“结果”。这就便于孩子把减去的结果偷偷转化为拿苹果的结果。可以说,这一类幽默感的构成,其功力就在于偷偷地无声无息地把概念的内涵作大幅度的转移。

机械模仿:不管变化生搬硬套

机械模仿法就是在瞬息万变的生活中,不管情境如何变化,把运用于某一事物的东西生搬硬套在另一事物上,只是机械地模仿,使其笨拙可笑。

柏格森在他的《论笑》一书中指出,滑稽是“镶嵌在活东西上的机械的东西”。在瞬息万变的生活中,突然插进一个机械死板的表现当然好笑。在卓别林表演的喜剧中,利用人物的机械僵化表现出的笑话,俯拾即是。有一个电影片断即为:在高度机械化、自动化的流水线上,一个工人的全部动作都被扳螺丝钉的动作同化了,以至于他看到女人衣服上的纽扣也要当螺丝钉去扳一下,结果笑话百出。

有一个学生,这天先生教给他三个字“你、我、他”,并用它们造句。“你,你是我的学生;我,我是你的先生;他,他是你的同学。"

学生回家后高兴地把这些告诉了父亲,指着父亲说:"你,你是我的学生;我,我是你的先生。"他又指了指他的母亲,"她,她是你的同学。"

父亲听了很气愤:"我怎么是你的学生呢?我,我是你的父亲;你,你是我的儿子;她,她是你的妈。"受了委屈的学生,来到学校,责怪先生:"先生,您教错了,应该是这样的:你,你是我的儿子;我,我是你的父亲;她,她是你的妈。"

这位学生与他的父亲都是傻到家了，不懂得情境的变化应导致语言表达的变化,机械刻板,乖傻可笑。

这种因乖傻而产生的幽默故事在我国民间笑话中也有许多实例。

有一个小伙子不善言谈。一天,邻居家生了个儿子,大家都去祝贺,他也去了。父亲特地叮嘱他,千万不要在席间说出不吉利的话,他高兴地答应了。

席间,他一言不发,只管喝酒吃肉。直到吃完了,有人问他为何不说话,他说:"你们见了吧,我今天可什么也没说,这个孩子要是死了,那可不关我什么事!"

小伙子虽然席上什么也没说,可结尾处的假设还是没有顾及到"此时不该说的话",叫人哭笑不得。

汤姆:"我看这位新来的数学教师不怎么样。"

比尔:"为什么?"

汤姆:"昨天他对我们说5+1=6。"

比尔:"错在哪儿呀?"

汤姆:"可他今天又说4+2=6。"

不懂得变通,只知一味机械记忆,也产生了一种愚蠢可笑的幽默效果。

威利的儿子到姑姑房间里玩,回到爸爸身边时拿着一小袋糖,说是姑姑给的。

爸爸问:"你说了'谢谢'没有?"

"啊,忘了。"儿子马上又跑到姑姑房里去道谢,回来以后对爸爸说:"其实我不用去谢姑姑。"

"为什么呢?"爸爸问。

"姑姑说,'好孩子,不用谢'。"

孩子们的思维一般是简单的直线型的，表现出一贯性，也常常因此而闹出笑话。

歪曲经典：对经典做荒谬的解释

歪解经典就是利用众所周知的古代或现代经典文章、词句作背景，然后作出歪曲的、荒谬的解释，新旧词义、语义之间距离越大，越滑稽诙谐。

在导致荒谬的办法中，喜剧性效果比较强的要算歪解经典，因为经典最具庄严意味，语言又多为人所共知，一旦小有歪曲，与原意的反差就分外强烈。

在我国，古典书籍多为文言，与日常口语相去甚远，通常情况下，不要说加以歪曲，就是把它译成现代汉语的口语或方言，也可能造成极大的语义反差，产生不和谐之感而显得滑稽。如一首唐诗中写到一个男子为一个姑娘所动而尾随之，写得很有诗意。可是，如果把它翻成现代汉语的“盯梢”，不但一点没有诗意，反而显得很不正经了。又如，一个语文工作者把唐朝这种轻薄青年翻译为现代汉语的“阿飞”，就变得极其滑稽了，这是由于古典诗歌的庄重或浪漫的词义在国人潜在的、共同的意识中是相当稳定的，在千百年中已经沉积在人们的无意识中，只要在语义上、风格上稍有误差，人们都十分敏感，以致在还没有来得及意识到为什么时，就可能忍俊不禁了。

写于唐代的《唐颜录》中载有北齐高祖手下有一个幽默大师叫石动筒，他就很善于用歪曲经典的办法在斗智性的幽默中取胜。

有一次石动筒去参观国子监，一些经学博士正在论辩，正说到孔子门徒中有七十二人在仕途上能够伸展自己的抱负。石动筒插进来问：“七十二人中，有几个是戴帽子的，有几个是不戴帽子的？”博士说：“经书上没有记载。”

石动筒说：“先生读书，怎么没有注意孔子的门徒：其中戴帽子的是30个，不戴帽子的是42个。”博士问他：“根据什么文章？”

石动筒说：“《论语》上说‘冠者五六人’，五六三十也；‘童子六七人’，六七四十二也，一共岂不是七十二人吗？”

本来孔夫子在《论语》中是和曾子等得意门生谈论自己志向和理想的，说的是能够带着五六个青年（年纪长大到可以戴帽子的）和少年六七人，自由地在河边田野的风中漫游，就很如愿了。这是《论语》中很有名的一篇，可是石动筒在这里把约数“五到六人”和“六到七人”，曲解成五六和六七相乘以后，又和孔子门徒贤者七十二人附会起来，这显得很不和谐，因而就充满了诙谐的意趣。

这石动筒的故事在唐朝的《唐颜录》中很多，下面是歪曲另一经典著作《孝经》的：

北齐高祖有一次会集儒生开讨论会，会上辩论很是热烈。石动筒问博士道："先生，天姓什么？"博士想北齐天子姓高，因而回答："姓高。"石动筒说："这是老一套，没有什么新鲜。蓝本经书上，天有自己的姓。你应该引正文，不要拾人牙慧。"博士道："什么经书上有天的姓？"

石动筒说："先生，你根本不读书，先生不见《孝经》上说过：'父子之道，天性也'，这不是说得明明白白：天姓'也'吗？"

石动筒在这里歪曲经典的窍门是用了"性"与"姓"的音。特别是"也"在原文中是语气虚词，没有任何实义，石动筒违反规律地把虚词实词化了，显得特别牵强附会，因而就特别滑稽。

司马迁的《史记》中有一句名言，叫做"一诺千金"，说是秦汉之际，和刘邦一起打天下的武将季布，只要他一答应，多少金钱也无法改变。有个笑话歪曲地解释了这个典故：

有一位女士问先生："'一诺千金'怎么解释？"

先生说："'千金'者，小姐也；'一诺'者，答应也。意思是：小姐啊，你答应一次吧。"

把历史英雄的典故，通过词义的曲解变成眼前求爱的语言媒介，两者之间距离有多遥远，则滑稽的程度就有多大。对于立志谈吐诙谐者，对这一规律应当深深领悟。一般人即使要作暗示性的表达，也都易倾向于进取譬。然而进取譬容易抒情，却不容易产生不和谐、不恰当的滑稽感和诙谐感。要使自己的讲话有谐趣，则应从不甚切合的远处着眼，以远取譬为上。古代典籍之于凡人，一般距离都十分遥远。既遥远而又歪曲，自然容易生谐趣。古与不古不是问题的最关键之处，最关键的仍然是曲解。

强词夺理：把无理的说成有理的

"强词夺理"是指在各种交往中，因为种种原因而明显不合理的一方，总要想方设法找出理由，证明自己是合理的，因为这理由本身的不合理性，幽默就在这中间产生。

一般来说,陷入困境的人们都急于想挣脱出来,这当然需要技巧。你完全可以从你授人以柄的话语出发,机智巧辩,强词夺理,硬要把无理说成有理,把错说成对,以此来自我保护。而在不利的环境中,越是带着自我保护色彩,越能轻易地从中脱身,幽默的成分自然也越多。这种情形在日常交往中更容易表现出来,因为日常交往一般是轻松、和谐的,如果你偶有失策,陷于被动,完全可以强词夺理,以充分的幽默感来加以掩饰。

一名电脑推销商正在费尽口舌企图说服一个男人购买他的电脑:“我卖的这款电脑是目前最先进的,能回答你提出的任何问题。”

“那好。”那个男人不耐烦地说,“问它知不知道我的父亲在哪儿?”推销商将问题输入电脑,数秒钟后电脑显示如下信息:“他目前正在苏格兰钓鱼。”

“搞错了吧,”那个男人说,“我父亲早在三年前就去世了!”

推销商耸耸肩:“没错,你母亲的丈夫是在三年前去世的,但是你的亲生父亲此刻确实正在苏格兰钓鱼。”

推销商为售出电脑,难免夸大其辞,对电脑的性能吹嘘一通。面对顾客的责难,推销商想随意敷衍了事,不料却落入顾客的质问,显得十分狼狈。他没有惊慌失措,而是巧妙地利用“母亲的丈夫”和“亲生父亲”两者间的不完全同一性,强词夺理,为顾客生造出一个“父亲”,产生意想不到的幽默效果。当然,这种强词夺理未免有些过火,他自己虽能巧妙脱困,却可能得罪顾客,不免要功亏一篑。

推销商的强词夺理虽然运用稍显失当,可他的确给我们提供了一个摆脱困境、制造幽默的思路:运用一些不成其为理由的理由,在适当的环境中就可以脱困、幽默两者兼得。

当你一不小心掉入语言的陷阱而十分狼狈时,你可能无计可施,弄得脸红脖子粗;可能愤怒或沮丧;可能手足无措。但是这一切都于事无补,你还得另想办法。这时,客观情境的严酷十分需要你调动思维的潜力,作出超常的发挥。因为你的精神处于一种十分亢奋、活跃的状态,说出的话往往机智而又幽默,让人在笑声中忘记你曾有过的狼狈。

强词夺理通常是你精神亢奋状态过程中极易闪现的念头。俗话说:“从哪儿跌倒,就从哪儿爬起来。”你在“理”上陷于被动,最好的办法当然是把“理”夺回来,不管是“强词”也好,还是“巧词”也好,只要能通过调侃自己或调侃他人而摆脱困境就行了。

强词夺理其实就是“无理而妙”。明明是无理的东西,你偏偏把它说成有理,这自然有悖于生活的常规，也不符合逻辑的推理。但是，有时候离生活的真实越远，反而越具有幽默性。越和现实相协调，幽默越不可能存在。幽默就这么回事儿！

张冠李戴：转移对方的原意

对方明明说的是甲事物，我偏偏当他是说乙事物；对方明明是这种意思，我却故意误认为另一种意思，这就是张冠李戴。

生活中，我们常常免不了与别人发生一些小冲突。这些冲突，有时是对方故意挑衅，找岔子；有时是双方无意间撞到一起，产生了小摩擦；有时是自己不小心触犯了别人，人家不肯罢休……总之，不是什么大是大非的矛盾，基本上都是鸡毛蒜皮的小疙瘩。如果大动干戈，如临大敌似地去对付，未免太小题大做，徒然浪费自己的时间、精力。但是，如果置之不理，却也痛痒相关，坐卧不宁。这时候，张冠李戴幽默术就可以大显身手。它故意将对方的意思转移到别的事物或人身上，使其产生明显的不和谐，让笑声将冲突消解于无形。

张冠李戴幽默术的运用大致有以下两种情况：

第一种情况，对方有意挑衅，试图让你感到难堪。这种情况下，最有效的办法是把"冠"直接给他"戴"回去，让他"自吞苦果"。由于预期与现实的差异性和戏剧性，幽默也随之而生。

第二种情况是双方无意间发生冲突，或自己不小心触犯别人而遭到责怪。这时候进行的回击不能像第一种情况下那样锋芒毕露、咄咄逼人，而要尽量地缩小影响，转移矛盾。使用张冠李戴时也要尽量避免直接"戴"回对方，而是"戴"到一个与双方都没有关系的第三者身上。因为"戴"得巧妙，幽默的意味就自然流露出来。

公共汽车突然刹了一下车，车上的乘客全都猛地一晃。一个青年脚下不稳，直接撞在一个姑娘身上。姑娘横眉竖目："德性？"

青年忙道："不，是惯性。"

姑娘说"德性"，是责怪青年行为不妥，有缺德之嫌。青年却巧妙地借一个"性"，故意理解为物理上物质的某种属性，再加以否定，代以"惯性"这一物理专业名词，既避免了与姑娘的争执，又委婉地解释了这一意外的原因，说明责任并不在自己身上，从而平息了姑娘的怒气，消弭了一场可能发生的冲突，并且让笑声在车厢内荡漾。

总而言之，张冠李戴幽默术在引人发笑的同时，既可以有效地驳回恶意的攻击，也可以缓和因误解而产生的嫌隙。至于怎样恰当地利用它的这种双刃的作用，使用者要视具体情况而定。

颠倒错位：违反常理，顺手移位

“逻辑”有悖于常规，于是产生歪理，幽默的素材便在“歪理”中滋长出来。有一个相声讲了这样一个故事：

甲乙两人相逢，一见如故，握手言欢，问寒问暖。待两人很是亲热了一番之后，突然发现对方竟是陌生人，于是两人异口同声地问道：“请问尊姓大名？”

作为相声里的材料，这个故事是富有幽默感的。那么它的幽默感是怎样产生的呢？它显然是将事物正常的握手顺序易了位，违反了常理。在日常生活中，人们总是先互相认识再彼此亲热的，而故事中的甲和乙还没弄清对方的尊姓大名就忙于问安言欢，这就是颠倒了人们相识的一般规律，与人们的正常逻辑不协调，于是幽默感应运而生。

梦是不能续做的，但在幽默中却可以：

有个人做了个梦，梦见朋友请他去喝酒看戏。大家刚入席，酒也斟满了，菜也端上来了，戏也开场了，可是他被老婆惊醒了。于是，他把老婆好生一顿臭骂。

老婆说：“别骂了，你还是赶早快睡吧！可能现在戏才演到一半哩！”

这个人可能是个馋鬼，舍不得梦中的一桌酒席。可是好梦未圆，就被老婆打破了，他怎能不恼？这人也够痴的，梦境岂能当真？即使梦接着做下去，他欣赏的也不过是水中月、镜中花，品尝的也不过是不能充饥的画饼。但故事发展到此还没有多少幽默味，只是一般的讥讽痴人。他老婆的答话，为这则故事起到了画龙点睛的作用。她以梦为真，让丈夫接着做梦，到梦中去找回刚才失去的快乐，显得十分荒诞，幽默感便由此而来了。

位移真义：把重点转到另一主题

人们总希望自己能言善辩，能够妙语连珠、幽默诙谐地和周围的同事、朋友们交谈。或许，位移真义法这种幽默技巧能为你的交谈增色。

位移真义法就是思想倾向的偏离，把心理重点移到另一主题上，而不是原来的主题上。人们常用这样的词询问，如怎么、怎么样、什么样等等，对于这类问题的回答，位移真义法往往会带来意料不到的幽默和机智效果。

人们说的话，往往字面意义与说话人想表达的意义并不完全一致，我们暂且称它们为表义和真义。将说话人的真意弃之不顾，而取其表义，是位移真义法的根本技巧。

有个姑娘到杂志社编辑部对总编说："我有个笑话要投稿，请你们在杂志上发表。"

总编看过稿子后，说："小姐，可这笑话有些冷。""没关系的，你们就在夏天发表吧。"

在这里，总编辑说的表义是笑话有点冷，而真义是这笑话不适于发表。尽管姑娘对真义很清楚，但她故意置之不顾，拾起话的表意，很机智地幽默了一番。这也是采用了位移真义法的幽默技巧。

每个人说话，都有一定的前提，并且这些前提往往是大家都承认的，被心照不宣地省略掉了。位移这些前提，需要敏锐的头脑和很强的逻辑推理能力。以位移真义法位移前提而成的幽默往往会引得人赞不绝口。

房客对房东说："我没法再忍受下去了，这屋顶一刻不停地往我房间里漏水。"

房东反驳说："您还想怎么样？就您那一点点房钱，难道还想漏香槟不成。"

这的确是个很精湛的幽默，房客的真义是"不论漏什么都有碍于他"。但是老练的房东故作懵懂不知，将它位移为"漏香槟比漏水要好，漏水次之"。

如果能辨明真义与表义，平时说的话，就可以应用这种位移真义法制造出很多幽默来。如果有人用很具体的事实抱怨你，比如你请客，朋友戏谑说你的酒掺了水，你不妨试着用此法幽默一番。

笑声会使人心情开朗，容光焕发，而幽默则会给你带来笑声、欢颜。生活中处处都有幽默，只要拥有幽默的心，你就能抓住它。

类比幽默：把毫不相干的事物放在一起

类比幽默法是指把两种或两种以上互不相干甚至是完全相反的、彼此之间没有历史的或约定俗成的联系的事物放在一起对照比较，显得不伦不类，以揭示其差异之处，即不协调因素。

在类比幽默中，对比双方的差异越明显，对比的时机和媒介选择越恰当，所造成的不协调程度就越强烈，对方对类比双方差异性的领会就越深刻，所造成的幽默意境也就越耐人寻味。

人们的日常生活和科学研究一样，分类都是约定俗成、得用同一标准的，否则，必然造成概念的混乱，导致思维无法深入进行。人们从小就被训练掌握这种最起码的思维技巧，如猪、牛、羊、桃就不能并列在一起，人们会把桃删去，这是科学道理，但并不幽默。

在类比分类时要产生幽默的趣味恰恰要破坏这种科学的逻辑规律，对事物加以不伦不类的并列。

类比幽默法自古就是我国人们常用的基本幽默手法，它能使人在会心的微笑或难堪的情况中开启心智，受到教育。

请看古人的类比幽默。

甘罗的爷爷是秦朝的宰相。有一天，甘罗看见爷爷在后花园走来走去，不停地唉声叹气。

“爷爷，您碰到什么难事了？”甘罗问。

“唉，孩子呀，大王不知听了谁的挑唆，硬要找个母鸡打鸣，命令满朝文武想法去找，要是三天内找不到，大家都得受罚。”

“秦王太不讲理了。”甘罗气呼呼地说。他眼睛一眨，想了个主意，说：“不过，爷爷您别急，我有办法，明天我替您上朝好了。”

第二天早上，甘罗真的替爷爷上朝了。他不慌不忙地走进宫殿，向秦王施礼。

秦王很不高兴，说：“小娃娃到这里捣什么乱！你爷爷呢？”

甘罗说：“大王，我爷爷今天来不了啦。他正在家生孩子呢，托我替他上朝来了。”

秦王听了哈哈大笑：“你这孩子，怎么胡言乱语！男人家哪儿能生孩子？”

甘罗说：“既然大王知道男人不能生孩子，那母鸡怎么能打鸣呢？”

本来秦王的母鸡打鸣已够荒谬，就当时来讲，从理性上说服秦王是很难的，因此甘罗就以谬对谬，将两个同样荒谬的事物并列在一起，就揭示了秦王要求的不可行性，显出极不协调感，这样幽默之趣油然而生。

这是古人类比幽默中的精品。

由于类比幽默的方法简便，在现代人们的社交活动中，可以广泛地用做自我调侃和朋友之间的戏谑。

类比幽默虽说简单，但也需要智慧和超脱精神，否则是很难发挥出来的。

一个吝啬的老板叫仆人去买酒，却没有给他钱，仆人问："先生，没有钱怎么买酒？"

老板说："用钱去买酒，这是谁都能办到的，如果不花钱买酒，那才是有能耐的人。"

一会儿，仆人提空瓶回来了。老板十分恼火，责骂道："你让我喝什么？"

仆人不慌不忙地回答："从有酒的瓶里喝到酒，这是谁都能办到的，如果能从空瓶里喝到酒，那才是真正有能耐的人。"

花钱买酒与空瓶里喝酒一类比，其内在就出现了针锋相对的矛盾，谐趣顿生。老板搬起石头砸自己的脚，同时也表现出了仆人的智慧。

这里不但表现出类比幽默的手法，同时有返还幽默的形式在内，即以其人之道还治其人之身。可见，幽默的表现形式往往不单一使用，而是几种幽默形式的交叉使用。

类比幽默的方法很简便，在社交活动中，被广泛运用。例如：

星期六，一个小伙子进城卖鸡蛋，他问城里常打交道的蛋贩子："今天的鸡蛋，你们给多少钱一个？"

蛋贩子回答："两毛。"

"一个才两毛！这价真是太低了！"

"是啊！我们蛋贩子昨天开了个会，决定一个鸡蛋的价格不能高于两毛。"

小伙子很难过地摇摇头，但只好卖掉，走了。

过几天，小伙子又进城来了，还是上周这个蛋贩子，他看看鸡蛋，说："这鸡蛋太小了。"

"是啊。"小伙子说，"我们的母鸡昨天开了个会，它们作出决定，因为两毛钱实在太少，所以不能使劲下蛋了！"

一个是“人会”,一个是“鸡会”,并列一比,绝妙横生。

类比幽默的幽默感是“比”出来的,其情趣也是“比”出来的。这样就有利于对方的心理接受。我们看下面一例:

有一位中学生,成绩很好,几乎每次考试都是全班前两名。有次考到第五,她妈妈生气地说:“去年我为你感到骄傲,这次你怎么了,你曾经是班上考得最好的呀!”

女儿微笑着说:“每个同学的妈妈都想为自己的孩子考第一而骄傲。如果我老是第一,他们的妈妈可怎么办呀?”

得第一的学生妈妈的心情和成绩差的学生妈妈的心情并列相比,两种心情完全相反,其趣就生于此。

一语双关:表面上说此实际上说彼

运用语言文字上的同音或同义关系,使字词或句式同时涉及两件事,表面上说此实际上说彼,这是使用频率很高的双关法。双关能使表达生动活泼,委婉含蓄,耐人咀嚼,余味无穷。

古代有这样一则故事,说的是一位县官,带着随员骑马到王庄处理公务,走到岔路口,不知该选哪条路,于是,大声地问一个过路的老人:“喂,老头,到王庄怎么走?”那农夫不睬不理,只是赶路。县官大声要他停下。农夫说:“我没时间,我要去刘庄看一件古怪的事。”县官问:“什么古怪的事?”农夫一板一眼地说:“刘庄有匹马下了一头牛。”“真的?马怎么会下牛呢?应该下马才对啊!”县官感到莫名其妙,农夫煞有介事地回答:“世上的怪事多着哩,我怎么能知道那畜生不下马呢?”

面对无礼的县官,农夫机智地运用语义双关指着“畜生”去斥责县官,其骂法实在高明。

双关是一种绝妙的幽默武器,运用时要坚持文明表达、以理服人的原则,格调高尚文雅,内容纯净正派,要以德胜人、以理服人,切忌粗俗低级,更不能像泼妇骂街。

正反对比：在心理上形成落差

俗话说：不比不知道。对比能使我们在平凡中发现特异，在正常中发现荒诞。对比还能形成差异，造就矛盾。如果把人生比作舞台，对比使我们看到了不同人对自己角色的演绎，看到了同一个人在不同场景中的表演，我们在观看演出时，常会发出会心的微笑。

英国前首相丘吉尔一次应邀到广播电台发表重要演讲。途中车出了故障，他从路边招来一部计程车，对司机说：

"载我去BBC广播电台。"

"抱歉，我不能去，我正要赶回家听收音机，听丘吉尔的演讲呢！"司机说。

丘吉尔非常高兴，马上掏出英镑给司机。

司机一见有那么多的钱，也很高兴，他叫道：

"上车吧！该死的丘吉尔。"

这两幕场景的对比或许会使丘吉尔尴尬，但我们却觉得非常幽默。

爱因斯坦在未成名时衣着寒碜。一次，有一个熟人在纽约街头见到他，便问：

"你怎么穿得这样破旧？"

爱因斯坦回答说："这里反正没有人认识我。"

过了几年，爱因斯坦一举成名以后，那个熟人在纽约街上碰到他，惊异地问：

"你怎么还穿得这样破旧？"

爱因斯坦笑着回答："反正这里的人都认识我。"

在这里，对同一个问题，两个相反的回答构成了对比。在对比中，我们充分感受到了爱因斯坦的潇洒风度与幽默感。

有一天，八仙之一铁拐李从一座小桥上走过，这座桥是用两根木头拼成的，一根高一根低。铁拐李走过，正好凑合他那一长一短的瘸腿，比走在平地上更平稳。于是，他满口称赞："天下的桥，就算这座桥修得最好了！"

几天以后，铁拐李往回走。这一次走的方向恰好和上一次调转过来，所以桥上那一高一低的木头就不凑合他的腿了。长腿走在高木头上,短腿走到低木头上,比平常瘸得更加厉害了。他发火了,连声骂道:“天下的桥,就数这座修得最坏了!”

对比总是在人们的心理中造成一种落差,而我们往往会在这种落差中感受到幽默。

设置悬念:设包袱,预作暗示

设置悬念法是幽默的一个重要的技巧,相声演员管它叫“设包袱”。即以热切的语调、真实的细节和充满戏剧性的情节引出你的幽默力量,在关键的那句话说出之前,埋下伏笔,预作暗示,让听众“着了你的道”。然后,用关键的话一语点破,或叫解开“扣子”、抖开“包袱”,让听者有出乎意料的感觉,于是,幽默的效果就发挥出来了。

公园的椅子上坐着一位老妇人,一个小孩走过来。

“婆婆,您的牙还行吗?”

“已经不行了,都掉了。”

于是孩子拿出一包胡桃,说:“请您替我拿一拿,我去打球。”

这则幽默中的悬念被顽皮的孩子设置得甚是巧妙,令人捧腹。

运用设置悬念法时,有两个问题需要注意。不要故弄玄虚,让人不着边际。设置悬念要巧妙,顺理成章,从而达到幽默的效果。否则,“斧凿”的痕迹太重了,给人以故弄玄虚之感,不仅不显得幽默,反而使人反感。设置的悬念要紧扣主题,精心设计,恰到好处。

不要急于求成。如果你迫不及待地把妙语趣事说出来,太急于引起听众发笑,太早地让人知道有趣的“谜底”,就会显得操之过急,太早泄露“天机”,泄露了惊奇,由于铺垫不够,火候不成熟,结果也就失去了幽默感。

所以,设置悬念应娓娓而谈,不疾不俗,使听众对结果有错误的预期,有一个缓冲思考的时间,然后再一语道破。但是也不能太慢,慢到使听众忘了他所期待和预期的是什么了。再看以下一则幽默,就是以不同方式埋下伏笔、设置悬念的。

邮递员送来一份电报,小芬芬用筷子夹着,小心地走进屋里,说:“爸爸,你的电报。”爸爸见了,奇怪地问:“你为什么用筷子夹着?”

小芬芬说："我怕触电啊！"

在这则幽默里，小芬芬用筷子夹电报就是埋下伏笔，设置悬念，最后小芬芬说："我怕触电。"就是一语解开了"扣子"。

含沙射影：更高于讽刺意味

罗西尼是19世纪著名的意大利作曲家。有一次，一个作曲家带了份七拼八凑的乐曲手稿去向他请教。演奏过程中，罗西尼不住地脱帽。作曲家问："是不是屋里太热了？"罗西尼回答说："不，我有见到熟人脱帽的习惯，在阁下的曲子里，我碰到那么多熟人，不得不连连脱帽。"

对于这位求教的作曲家带来的七拼八凑的乐曲手稿，罗西尼显然非常不满，但他没有点破对方"抄袭"、"拼凑"，而是用富于幽默的"不住脱帽"的动作和"碰到那么多熟人"的解释，委婉含蓄地暗示了自己尖锐的批评意见，这种批评虽不如直说那般鲜明尖锐，但它不仅生动形象，而且幽默、含蓄，更富于讽刺意味而耐人寻味。

有一位青年爱抄袭别人的作品，一天他来到某杂志社问自己所投的一首诗能否发表，编辑问他："年轻人，这首诗是你自己写的吗？"

青年答道："是的，当然是我自己写的。"

编辑很有礼貌地站起来，向他伸出手来：

"那么，莎士比亚先生，见到您我很高兴，我以为您早已不在人世了呢！"

在这里，编辑含蓄地暗示了对对方抄袭莎士比亚诗句的严厉批评，但他大智若愚，表现得那么礼貌、热情，让人信以为真，这就产生了幽默效果。

反戈一击：以眼还眼，以牙还牙

接过对方的话头，好像要向对方屈服，但突然一个逆顺势而攻，把对方本不想接受的结论用演绎的逻辑硬塞给他。

幽默贵在收敛攻击的锋芒，这是指一般的情况而言，在特殊情况下，就不然了。

尤其是在极其卑劣的事和人面前，或者对外来的攻击忍无可忍之时，过分轻松的调笑，不但显得软弱无能，缺乏正义感，而且会导致对方更嚣张的进攻。

在这种情况下，再不以眼还眼、不以牙还牙，就会丧失人格。这时的攻击锋芒，不但不可钝化，而且应该锐化。越是锐化，越是淋漓尽致，越有现场效果。而现场效果最强的方法则是反戈一击法。

苏格兰诗人彭斯，见到一个富翁被人从河里救起来，而那个冒着生命危险救了富翁的穷人，得到的只是一个铜元的报酬。围观者群情激愤，都想把这个富翁重新丢到河里去。这时彭斯对众人说：

"放了他吧，他了解自己生命的价值！"

彭斯的幽默是很有戏剧性的，表面上他扭转了众人的激愤，实质上他比众人更加蔑视这个为富不仁的家伙。彭斯幽默的妙处在于对于富人的吝啬作出了特殊的解释，把给别人报酬之低转化为对自己生命价值的低估。

幽默的攻击性在这里恰如其分，幽默感并未因攻击性之强烈而逊色，这得力于彭斯的不动声色，而且貌似温和，实质上则是绵里藏针。

在这种情况下，针对这样的不义之人，如果仅用调笑性幽默就嫌分量不够了。

弱者对付强者之时，凶猛的反击比温良的微笑更能引起人们的同情。

孔融10岁时随父亲到洛阳一个名人家去，他应对自如，主人及来宾均甚惊奇。有一位姓陈的官员却说：

"小时候挺不错的，长大了不见得有多好。"孔融说："看来你小时候大概是挺不错的。"

孔融的反应这么快，而且又这样顺理成章，实在是不可多得的。人们在欣赏他以弱胜强之时，对他的锋芒毕露就略而不计了。

在反戈一击时，要善于抓住对方的一句话、一个比喻、一个结论，然后把它倒过来去针对对方，把他本不想说的荒谬的话、不愿接受的结论用演绎的逻辑硬塞给他，叫他推辞不得，叫苦不迭，无可奈何。

德国19世纪诗人海涅是个犹太人，常常遭到无礼的攻击。在一次晚会上，一个旅行家对他说："我发现了一个岛，这个岛上居然没有犹太人和驴子！"海涅白了他一眼，不动声色地说："看来，只有你我一起去那个岛上，才会弥补这个缺陷。"

用幽默的语言、幽默的推理方式反驳，比直接反驳要含蓄得多。正因为含蓄，才可以把一些不便出口、有伤大雅的字眼包含在其中。而这些字眼又是从对方口中接过来并以逻辑的方法回敬过去的，对方要反击，除了取消自己刚才所说的话以外，别无他法。可是君子一言，驷马难追，有谁有这等本领呢？

反向求因：往反面去钻空子

反向求因幽默法就是要求在推理过程中善于钻空子，特别是往反面去钻空子，把极其微小的巧合的可能性当作立论的出发点。

在生活中有某种常态，在思维中有某种常理，人们的联想都为这种习惯了的常态和常理反复训练达到自动化的程度，以致一个结果出来，便会自动地联想到通常的原因。

反向求因法的特点，就是把一个极其微小的可能性当成现实，虽并不能最后取消对方提出的另一种更大的可能性。比这种类型的方法更具有喜剧性的是另一种完全否定了原来因果关系的幽默方法。

一位叫约翰的病人问医生："我能活到90岁吗？"

医生检查了一下约翰的身体后，问道："你今年多大啦？"

病人说："40岁。"

"你有什么嗜好吗？比如说，喜欢饮酒、吸烟、赌钱、女人，或者其他的嗜好？"

"我最恨吸烟、喝酒，更讨厌女人。"

"天哪，那你还要活到90岁干什么？"

本来读者的期待是：戒绝烟酒女人得到肯定的评价，其结果不但相反，而且把这一切当成了生命的意义。否定了这一切，就否定了活到九十岁的价值，那就是这一切的价值高出于长命的价值之上。

这种幽默方法的可贵之处，不仅在于结论，而且在于推演的过程，要环环紧扣，层层深入。

指鹿为马:把白的说成黑的

指鹿为马幽默法就是用双方心照不宣的名实不符,把白的说成黑的,从而产生反差,传达另外一层真正要表达的意思,达到幽默交流的目的。

人们之所以能心照不宣,原因是语言表层含义的不同。从字面上看,你是指鹿为马,指白说黑,从深层意思是说你传达了另外一层意思。这层意思虽不明白,但已了然于心,而其了然的程度比明白讲出来更深,更能表现出幽默感。

幽默的效果常常在名实不符的判断中产生。

指鹿为马是不科学的,但是如果不是有意欺骗,双方心照不宣地名实不符,则能产生幽默感。

英军总司令威灵顿公爵在滑铁卢大败拿破仑后,凯旋伦敦,当时举办了一个相当隆重而盛大的庆祝晚宴,参加这次宴会的有各界社会名流、贵族绅士,还有许多参战的军官和士兵。

晚宴的菜肴十分丰盛,末了,在每一个人面前摆了一碗清水。其中一名士兵竟大大方方地将这碗水端起来喝了一口,见此情形,在场的贵族都窃笑不已。

原来,这碗水是在吃点心之前用来洗手的,而这个农家出身的士兵哪里会懂得这种宫廷里的规矩,因而出了笑话,那位士兵羞得满脸通红。

就在这个时候,威灵顿端起这碗洗手水站了起来。

"各位女士们、先生们,让我们共同举杯为这位英勇的战士干一杯吧!"一阵热烈的掌声后,大家举杯同饮。

那位士兵和在场的每一个人都为威灵顿公爵的人品和作风大为感动。

威灵顿公爵的指鹿为马,不仅为那位士兵解脱了困境,也表现了他崇高的人品和幽默感。

故弄玄虚:巧设悬念,出奇制胜

故弄玄虚幽默法就是利用对方预期转化的心理,巧设悬念,解释悬念,出奇制胜,但其解释在真理与歪理之间。

由于幽默通常有这样一个规律，它总有个对转，总是让你领悟到你原来期待不同的东西，笑是在期待失落以后产生的。久而久之，一旦进入幽默的情境，人们总是期待十分出乎意外的谜底，这就形成了一种心理习惯，用心理学的术语来说，叫“心理定势”。

这是幽默的正格，但是幽默不拘一格，像任何其他事物，有正格意味着必有破格，有预期的失落，必有预期失落的失落，故弄玄虚法就属于这种破格。

法国寓言家拉封丹习惯于每天早上吃一个土豆。有一天，他把土豆放在餐厅的壁炉上晾一晾，可转眼之间却不翼而飞了。他不知道是谁拿走的。

于是，他大声叫喊起来：“啊，我的上帝，请告诉我，是谁吃了我放在壁炉上的那个土豆？”

他的佣人匆匆赶来说：“不是我。”

“那就太好了！”

“先生为什么这样说？”他的佣人问。

“因为我在土豆上放了砒霜，想用它毒老鼠。”

“啊，上帝！我中毒了！”那个佣人焦急地喊道。

拉封丹笑了：“放心，我不过是想让你说真话罢了。”

这里，拉封丹用的正是故弄玄虚法，从心理预期来说是双重的失落。第一次是仆人说自己没有吃，而拉封丹说太好了，仆人有轻松的预期，结果却转化为非常严重的后果。接着又来了一个对转，预期的危险完全消失：这是双料的故弄玄虚幽默。

故弄玄虚法的全部奥秘就是利用对方预期转化的心理。这种方法变化万千，有时不是给人一种双重转化，而是相反，故意给他一个没有转化的谜底，让他期待对转的心理落空，恢复到常态。

值得注意的是幽默的功力不仅在于构成悬念，而且在于解释悬念。解释悬念，要有一定的逻辑性，才能服人。

所以，在解释悬念时，往往要讲一点歪道理。歪道理从逻辑上来说，本来就是没道理，明明没道理，却要讲出道理来，就靠歪得巧妙，不给人武断之感。这时的关键就在于抓住任何一点在概念上沾边的枝节来作为推理的支点，大加发挥。

因此可以说，幽默之妙就妙在“真理”与“歪理”之间。

顺水推舟:借人之口,为己所用

所谓顺水推舟是指按照对方的思维模式因势顺推，或者以对方的核心论点为前提进行演绎推论,得出一个明显错误或荒谬的结论,然后集中火力,发起猛攻,制服论敌。其中“顺”是承接,是“推”的前提;“推”是逆转,是结果。顺水推舟的方法有很多,如因果顺推、选择顺推、归谬顺推。

某人牙痛,前去医院拔牙。医生技术娴熟,很快就把牙拔掉了。病人虽然觉得医生技术不错,但又觉得这一会儿工夫,就被他赚了30元,有点心不甘。于是,他一边付钱,一边揶揄地对医生说:“你们牙医真会赚钱,只用10秒钟就赚了30元。”

医生没有直接反驳对方的意见,只是说:“你要是愿意的话,另一颗牙,我可以慢慢地给你拔。”病人一听,连连叫道:“不,还是请快些给我拔吧!”

面对病人的挖苦,医生回答得十分巧妙,不正面讲理,顺着对方10秒钟的话茬儿说下去,答应慢慢地拔另一颗牙。无疑,这好好地将了对方一军,使自己处于主动地位。

这位医生运用的就是顺水推舟法。

再如,一位作家在讲述其写作经验时,有人故意与之为难,在下面学鸡叫。他停下来,说:“我如果没弄错的话,现在不是午夜吧!可是,动物的本能又应该是对的。”

顺水推舟,是借人之口,为己所用,不作正面抗衡,而是在认同、甚至赞美的言语中出其不意、巧妙制敌。

有一次,毛拉和几个人在野外行走,突然传来“哞—哞—”的牛叫声。这几个人不怀好意地对毛拉说:“牛在叫你呢,快去听听看它要对你说点什么?”

毛拉去了一会儿,回来告诉他们:

“牛问我:为什么要和几头野驴出来散步?”

对那些人的攻击,毛拉不是直接与之对抗,而是顺水推舟,借牛之口将对方说成是野驴。

一位记者问扎伊尔总统蒙博托："你很富有。据说你的财产达到30亿美元！"蒙博托听后发出一阵长时间地哈哈大笑，反问道："你是否还听说过，一位比利时的议员说我有60亿美元！"

记者的提问是荒谬的，面对荒谬，总统先生不是怒上心头，而是"哈哈大笑"，表示了自己的大度情怀，然后巧妙过渡"你是否还听说过"，给对方来一个更为夸张的反问，荒诞不经的结果当然让记者自觉失言。

暗度陈仓：制造明与暗的反差

"明修栈道，暗度陈仓"讲的是这样一个历史故事：刘邦灭秦后，被项羽封为汉王。在从关中往汉中去时，他听从张良的计策，沿途烧毁栈道，以表示无意东归，麻痹项羽。后来，刘邦又表面上修栈道，暗地里却绕道陈仓打回关中，取得了楚汉战争的初步胜利。

"明修栈道，暗度陈仓"幽默术就是指表面一套做法以掩人耳目，暗地里却另有打算，明与暗之间的反差给人以不和谐的感觉，往往就能产生强烈的幽默效果。因为这表面的一套往往吸引了人的注意力，所以暗地里的意图经常能实现。既然古人能运用它取得战争的胜利，那么我们在生活中运用它以达到自己的目的或摆脱某种困境也未尝不可。并且，如果使用得当，还能产生幽默的效果。

局长："我要直言不讳地批评你，你不会介意吧？"

秘书："能得到领导的指正，对我来说是种荣幸，是更大的鞭策。"

局长："我到任以后，有很多的人向我反映，你过去在领导面前，专门讲好听的话，那可不好。老实说，我最讨厌这种作风。"

秘书："您的意见很中肯！那些领导喜欢恭维，喜欢听好话，我不得已才投其所好。哪儿有像您这样不爱吹、不爱拍的好领导。"

局长："是吗？"

秘书："当然。我参加工作二十多年了，当秘书也不是一两年，像您这样作风正派、工作能力强、领导艺术高明的领导，还从来没有遇到过。"

局长："照你看来，我在各方面都要比其他领导强？"

秘书："那还用说。"

局长："好！好！好！今天就谈这些。"

面对局长的批评，秘书不慌不忙，谦虚地表示接受。表面上他承认自己是因为别的领导喜欢恭维才专拣好话说，即为"明修栈道"；暗地里转移到该局长，指出局长不爱吹、不爱拍，即为"暗度陈仓"，对局长使劲地拍了一通，拍得局长心花怒放。该秘书对"明修栈道，暗度陈仓"运用得炉火纯青，不仅躲过了局长的批评，而且讨得了局长的欢心。并且，在我们看来，其中也不乏幽默的意味，真是一举三得。

"明修栈道，暗度陈仓"幽默术在生活中随时都可以运用，如果你要称赞别人歌唱得好，并标榜一下自己时，就可以说："你唱歌真棒！差一点可以赶上我了。"别人当然会捧腹大笑，并佩服你说话的本领。你呢？借"你唱歌真棒""明修栈道"，用"差一点可以赶上我""暗度陈仓"，既称赞了别人，又标榜了自己，还令人大笑，一举三得，这样的事何乐而不为呢？

"明修栈道，暗度陈仓"的关键在于"修栈道"，让对方不能明白你的真实意图，这样你才能顺利地"暗度陈仓"，实现自己的目的。"修栈道"的目的就是迷惑对方，做得越像，对方越容易上当，你就越能轻易地"暗度陈仓"。并且，因为这"修栈道"与"度陈仓"之间有一种明与暗的反差，反差之间的不和谐往往就迸射出幽默的火花，让你开怀一笑，在笑声中让矛盾涣然冰释，让心情豁然开朗。既然如此，我们何不在适当的时候，用"明修栈道，暗度陈仓"来幽他一默呢？

故卖关子：不露声色，出人意料

故卖关子幽默术是幽默的一个重要技巧，也是一个比较容易掌握的幽默方法。它是指用夸张性的语言和戏剧性的情节，伴以煽动性的动作，让听众自觉不自觉地随着你的思路走，然后在结尾处一语点睛，抖出出人意料的结局，从而产生强烈幽默效果。它要求说话者在最后的关键话语说出来之前，一定要不露声色，巧卖"关子"，让听众"着道"，然后再打开"关子"，抖出真相，幽默效果就产生了。也就是说，你的"关子"卖得越巧，埋伏打得越好，听众入"道"越深，最后的幽默效果就越强。请看下面一则幽默是怎样运用故卖关子幽默术的。

一位有名的男高音歌唱家对朋友们说："我的歌声曾经救过我一命。"

"快把这件事讲给我们听听。"

"我每天早晨在城里练嗓子。有一天，我的邻居对我说：'如果你再唱下去，我就割断你的喉咙！'"

"后来呢？"朋友问道。

"后来吗？我就不唱了。"

这则例子后来曾被一些聪明人反向利用过，虽然大意一样，但语言不同，幽默效果也不相上下。那位歌唱家对朋友们吹嘘他的歌声曾救过别人一条命，朋友便让他讲讲，他就讲他有一天练嗓子时，邻居对他说："你要是再唱下去，我就自杀！"后来那歌唱家便不唱了。两者异曲同工，相比之下，前一个故事的"关子"设置得更巧妙一些。刚开始，歌唱家一句话"我的歌声曾经救过我一命"便把听众吸引住了。接着讲到"如果你再唱下去，我就割断你的喉咙！"时，听众已经完全入了道，都是心提到嗓子眼上了，不禁为歌唱家的命运担忧，这时整个故事达到了一个小高潮，悬念却达到了顶高潮，确实悬起来了，也就是说埋伏已经打好，下面就准备"露底"了。按照听众的常规思路，歌唱家一定会和他的邻居发生激烈冲突，甚至想到歌唱家会报警之类的事。但歌唱家紧接着一句"后来吗？我就不唱了。"确实让听众意料不到，同时马上想到前边歌唱家说他的歌声曾救他一命的真实含义，不由捧腹大笑。好像一个气球，前面歌唱家一直吹一直吹，直到把它吹得大大的，忽然，最后一句话却像一枚钢针猛然向气球上扎了一个洞一样，顿时气瘪，幽默效果也随之而起。不论怎样，两者都运用了故卖关子幽默术，并且非常成功，幽默味道焯然而出。

运用这种幽默技巧时要注意两点：一是不要故弄玄虚让人不着边际，否则"斧凿"的痕迹太重了，不仅不幽默，反而会使人反感；二是不要急于求成。如果你太早泄露"谜底"，也就泄露了惊奇，就会由于铺垫不够、火候不成熟而失去幽默感。

所以，运用此法时，千万要不急不躁，娓娓而谈，让听众有思考时间，从而产生错误的预期，然后再一语道破，就大功告成了。

旁侧敲击：谜底深藏于谜面

旁敲侧击法就是利用风趣的语言来回击或反驳一些错误的观点，是一种更加含蓄迂回的方法。

旁敲侧击法要取得幽默的效果，在很大的程度上取决于听众的静心默想、反复品味，因为它的特点是：谜底被深深地埋藏在谜面的下面。所以，听众在听完话之后，必须有个回味的时间，才能体会到谜面和谜底之间微妙的联系。因此，一个真正有幽默感的人，不但要自己善于说，而且要善于领悟别人的幽默。

请看这样两个例子：

“哪种笨蛋可以被认为是不可救药的？”有人问一位哲学家。

“在同一地方被绊倒两次的人。”哲学家回答。

哲学家似乎答非所问，他没有具体回答不可救药的人生什么病，却指同一地方绊倒两次的人，提示这些人不会吸取教训，便无可救药。用这种旁敲侧击，含义则丰富得多。

1937年的时候，维也纳的人们谈论的中心是合并的危险性。

地理教师断言：“希特勒永远也不会进攻奥地利，否则就要打大仗了。请你们注意看这个地球仪，德国在这里，那么一点点大，而在它的周围，有英国、法国还有俄国，都比德国大。美国就更不用讲了……”

历史教师摇着头说：“这个我也知道，可是老弟，希特勒也知道这点吗？”

历史教师这句话的言下之意，即为希特勒这个法西斯的头子是战争狂，他决不会量力而行的。

在现代交际中，当需要批评或提醒他人又不便直接向他提出时，便可考虑使用这种幽默风趣的旁敲侧击法。从侧面提出一些看似与主题无关的话题，以此来达到启示、提醒、劝阻、教育他人的目的。

运用旁敲侧击法时，要注意在话说出口之前，不妨先开动脑筋，从正面、反面、侧面多角度地想一想，寻找出可以使人得到启示的多种不同的表达方式，选择其中一种最好的，从而达到预定的交际目的。

以谬就谬：以子之矛攻子之盾

将谬就谬幽默法是不要立刻纠正对方的荒谬，而是模仿他的推理方法，使戏谑味升级的一种幽默技巧。

人际交往中，互相幽默地攻击有两种表达方式。一种是纯粹戏谑的，主要为了显示亲切的情感，引起对方的共鸣，或者为了展示智慧，引导对方欣赏。一种是互相斗智性的，好像进行幽默外的比赛，互相争上风，这时的调笑性攻击性更重要。当然，有时攻击性是很凶猛的，但表现形式是很轻松的。不管有无攻击性，都以戏谑意味升级为主，将谬就谬乃是使戏谑意味升级的常用办法。即明明知道对方错了，不但不予以否定，反而予以肯定。肯定的结果是更彻底地否定。

一位小姐与一位先生在聊天。小姐认为世界上最锋利的是这位先生的胡子。这位先生不解。小姐说："你脸皮这么厚，但你的胡子居然还能破皮而出。"

这显而易见是戏谑性的，因为其原因和结果之间的关系是荒谬的。与其说是显示先生的脸皮之厚，不如说显示了小姐的口齿之伶俐。在戏谑性的相互攻击中，戏谑性要递增，但方向要恰恰相反。正如中国古书上所说的以子之矛攻子之盾。

然而，这位先生却将谬就谬，将这位小姐的荒谬往更荒谬处推演。

他反问："小姐，你知道吗？你为什么不生胡子？"小姐自然不知道。

"因为你脸皮更厚的缘故，连尖锐、锋利的胡子也无法破皮。"这位先生反攻小姐的根据并不是另行构思的，而是从小姐攻击他的逻辑引申出来的。即我有胡子是因胡子尖利穿透了皮肤，而你没有胡子则是因为你的脸皮更厚，再尖利的胡子也无用。同样的前提得出相反的结论，指向不同的目标。

这种以谬攻谬的幽默的特点是后发制人。关键不在于揭露对方的错误，而是在荒谬升级中共享幽默之趣。而要达到这个目标，得有模仿对手推理错误的能耐。

当你拒绝别人不合理的要求时，直接拒绝会导致不必要的紧张。如果用以谬还谬法，让对方去体会自己要求的不妥之处，比正面顶回去要文雅得多。

故作愚蠢：偶尔故意地装装傻

故作愚蠢幽默法是通过故意装傻的方式，以表面的愚蠢来掩饰自己的难堪或寄寓过人的智慧，让人透过表象，曲折地品尝出潜藏的幽默之趣。

通常，人们都十分注意自己的外在形象，力求给人留下聪明绝伦的印象，稍稍做了一点"傻"事，都要想方设法地掩饰过去，很少有人愿意将自己的"愚蠢"暴露给大家看。这几乎成了一个思维定式。正是这个定式给我们提供了施展幽默才华的空间。偶尔故意地装装傻，煞有介事地暴露一下自己的缺陷，人们初看之下会吃上一惊，不免对你产生疑问，继而加以思考，随即完全领悟，发出会心的微笑，进而佩服你的机智和幽默。

有一个流浪汉闯进一个果园，他见到什么摘什么。苹果、梨什么的，摘了好多。一边摘一边塞进自己的怀里和口袋里。

园主突然走过来，一把抓住他的衣襟，问道："你怎么跑进我的果园里来了？"

流浪汉吃了一惊，只好答道："对不起，老兄！这几天刮大风，是风把我吹到这里来的。"

园主问："那你为什么要摘我的苹果和梨？"

流浪汉："风太大了，把我吹得东倒西歪，所以我碰到什么就抓什么，要不风就把我刮跑啦！"

园主问："那你为什么把果子装到你的口袋里呢？"

流浪汉："真对不起，你来的时候，我也正在想这个问题呢！"

流浪汉偷摘园主的苹果和梨被当场拿获，当然十分难堪，却又不得不找些理由为自己辩护。他厚着脸皮，东拉西扯，却不能自圆其说，被园主抓住要害，逼得无路可走。忽然间，急中生智，来一个故意装傻，把过人的机敏隐藏于痴呆木讷的表象之中。园主听了他最后一句话，会不免一怔，随即自然会哈哈大笑，佩服流浪汉的幽默，当然也会宽恕他。

故作愚蠢幽默法要求你不动声色地把自己的"愚蠢"惟妙惟肖地展露，这样人们才会因为意料不到而惊诧莫名："这个人怎么啦，他真的这么傻吗？"疑窦顿生，随着疑问的涣然冰释，你的真实意图的暴露，就会给人们带来一种说不出的快意，幽默的春风就会拂过人们心田。

在人际交往中，故作愚蠢有着很强的戏谑性。人们不会为了一个人的聪明而发笑，也不会留意那些刻意耍弄的小聪明。而愚蠢却是人们的聚焦点，不管是真的，还是假的，人们都乐于为之开怀。何况故作愚蠢本是高度机智的产物，对方和自己都明白其中的"呆傻"的成分，双方心照不宣，又抵制不住其俏皮味的诱惑，笑得也就更加的快意和自然。

应当注意的是，故作愚蠢背后所隐藏的真实意思，要让对方稍加思考后就能明白。即要让对方很容易明白你的"愚蠢"是假的，是你故意运用它来制造幽默。不然，对方对你的"愚蠢"百思不得其解，不仅领会不到你幽默的本意，反而会真的认为你是一个愚蠢的人，这可就糟了。

返还幽默:软对软,硬对硬

返还幽默法就是按照对方的逻辑去理解或推论,由此及彼,物归原主,使其搬起石头砸自己的脚,自食其果。

返还幽默法,要善于抓住对方的一句话、一个比喻、一个结论,然后把它接过来去针对对方,即把对方给自己的荒谬语言或行为及不愿接受的结论,经逻辑演绎后还给他,以其人之道还治其人之身。

餐馆里有一位顾客叫住老板:“老板,这盘牛肉简直没法吃!”

老板:“这关我什么事?你应该到公牛那里去抱怨。”

顾客:“是呀,所以我才叫住了你。”

顾客按照老板的荒谬逻辑,推论出老板即是“公牛”,让对方哭笑不得,自食其果。

这里顾客所用的幽默方法就是返还幽默法。

返还幽默法一般是对方攻击有多少分量,就以同等的分量还击。软对软,硬对硬,不随意加码,加码过重会影响幽默情趣。

有个年轻人初入社交场合,生性腼腆,不善言辞,心情特别紧张。有一次,一个新上任的领导约见他,他紧张得直冒冷汗。领导见状说:“看你热得一身汗,我给你开开风扇吧。”

他忽然灵机一动,顺口接过“出汗”这个话题说:“我这个人真没出息,见了生人除了指甲之外,全身都冒汗。”

真怪!说完这句话,他的心情很快就平静下来了,汗也不冒了。以后每逢这种场合,他都要找一两句幽默的话语说一说,现在他可以在大庭广众之下滔滔不绝,高谈阔论,再也脸不改色心不跳了。

寓庄于谐法就是把十分庄重严肃的事情,采用开玩笑的方式把话说出来,以产生幽默效果。

“汉武帝看寿”这则幽默就是这样的例子。

西汉时,东方朔滑稽多智、能言善辩。一天,汉武帝议论寿相时对大臣们说:“依我看,《相书》有一句很有道理:人是否长寿,只要看看鼻子和嘴之间的人中长短。人的人中如果长一寸,就可以活到一百岁。”

众位大臣都应声说:“对!陛下高见。”东方朔却仰天大笑。

有个大臣指责他胆大妄为,竟敢取笑皇上。东方朔辩解说:“我哪里是笑陛下,我是笑彭祖的面长!”

汉武帝便问:“彭祖面长有什么好笑?”

东方朔说:“传说彭祖活到八百岁,如果《相书》真的很准,那么按人中长一寸寿百岁推算,彭祖的人中就应有八寸长,而他的脸岂不是要有一丈多长了。”

汉武帝听罢,想了一会儿,也不禁大笑起来。

东方朔的推算,使发怒的汉武帝由怒而笑,的确达到了幽默效果。以轻松愉快的形式,诙谐风趣的语言,表达庄重严肃的道理,使人在喜悦和谐的氛围中,接受道理,服从对方,从而表现出幽默感。

黑色幽默:用喜剧来表现悲剧

所谓黑色幽默,实际上是一种用喜剧形式来表现悲剧内容的幽默。

黑色幽默,兴起于20世纪60年代初。1961年,美国作家约瑟夫·海勒出版了一本惊世骇俗的小说《第二十二条军规》。此书一出,即受到美国读者的关注,至20世纪70年代而轰动文坛。随着这本书的流传,黑色幽默一词也家喻户晓。黑色幽默是作为一种文学流派而存在的。在这里,我们把它当做一种幽默的形式,一种幽默的技巧。

黑色幽默是一种与传统幽默不同的幽默。传统的幽默比较明朗、外向、充满信心、针对别人,而黑色幽默忧郁、内向、心酸绝望、嘲讽自己。黑色幽默中的人物和事件几乎都是荒诞不经、生活中不可能有的。而且,黑色幽默总是面带笑容地讲述在残酷命运捉弄下的烦恼,用自我解嘲来反映百思不解的心理和人生渺小的意识。它是在用貌似轻松达观的口吻来表现最无可奈何的心理和情绪,它虽然在笑,但这是一种“使道德的痛苦发展到滑稽的恐怖,使事情荒谬到令人发笑的程度”。这种笑,是痛苦的笑、恐怖的笑,是对荒谬现实入木三分的笑。换言之,黑色幽默是一种“大难临头时”的幽默,或者,更传神地说是“绞刑架下的幽默”。

且看下例:

在一个对死囚执行公开绞刑的日子里，绞刑架旁聚集了大批观众，可是却不见死囚犯押来。监刑人、刽子手和周围的人都等得不耐烦了。终于，狱卒押着囚犯来到刑场，囚犯看见人们焦急贪婪的目光不禁笑了，得意地说："没有我，你们什么也干不成。"

这种幽默就是典型的"黑色幽默"。

海勒在"黑色幽默"代表作《第二十二条军规》中这样描写"二战"的伤兵：

清澈的流体从一个洁净的瓶里输入他的身体。从腹股沟敷石膏的地方，另外伸出一根固定的锌制的管子，拉上一根细长的橡皮软管，他的肾脏排泄就是通过这条管子一滴不漏地流入放在地板上的一个洁净的封口的瓶内。等地上的瓶子满了，从胳膊肘儿那儿输入流体的瓶子也空了，这两个瓶子于是很快地互换位置，使瓶里的排泄物又重新注入他的身体。

这里写的不是即将走上绞架的囚犯，而是一个伤兵。对于伤兵的痛苦与不幸，作家用如此残酷的欣赏性的笔调来描写，确是罕见而特殊的。但正是这种特殊的幽默笔调起到了特殊的效果，它在苦笑中揭露了第二次世界大战给人类带来的痛苦和不幸，它在幽默诙谐中表示了作者的愤怒与厌战的情绪。

自我吹捧：自己夸奖称赞自己

自我嘲讽因为和人们通常极度自我尊重的心理惯性相背离，所以能产生幽默。自我吹捧因为和人们通常谦虚谨慎的心理惯性相背离，也能产生幽默。

让我们来欣赏王朔小说中的几段内容。

刘美萍挤上前来，手里举着个小本。"冯先生，您给我签个名，要那种狂草。"

冯小刚给她一笔一画认真签名时，她又说："冯先生，今天您真是把我感动了，好久没听过这么好的大道理了。您是真有学问，您讲的那些话好些我都没听懂，好些字都不会写——您真是有学问。"

冯小刚签完名笑着说："何止你感动了，我都被自个儿感动了。我由衷地佩服我自己，我怎么就能说哭就哭，什么也没想却张嘴就来，听着还挺像那么回事——多读书啊，这是个秘诀。"

照常理猜测,我们听到别人的称赞夸奖,一般会表示谦虚,如“您过奖了”、“哪里哪里”、“不敢当不敢当”。哪儿有像冯小刚这样顺竿爬的呢?别人夸他一句,自己还觉得不过瘾,又自吹自擂起来。不过,在这种碰撞中,产生了强烈的幽默感。

再看一段:

杜梅躺在床上就着台灯看一本小说,我躺在一边目不转睛地看着她。

她翻过一页,调脸瞪我一眼:“看我干什么?”

“羡慕你!”我也瞪眼。

“我有什么可羡慕的,整个一个苦命人儿。”她又看书,端起床头柜上的水杯喝了口水。

“能嫁我还不该羡慕?真是傻人有傻福气,居然能找着我这样的还不费吹灰之力。”

“得了吧,你别自我感觉良好了。”她笑。

自我吹捧逗得人乐了,看来确实是制造幽默的一种方法。

还有:

贾玲大声对杜梅抱怨:“怎么搞的?我回家休趟假,你就匆匆忙忙把自己嫁出去了,也不等我把关,将来吃亏怨谁?”

“怨我怨我,”我对贾玲说,“本来杜梅是想等你回来再说的,可我的魅力实在无法抵挡。”

一屋子姑娘大笑,贾玲也笑,横我一眼:“别臭美了,我要在就没你什么事了。”

“对,那就是咱俩的事。”

“哎,杜梅,看出你丈夫是什么人了吧?”

“早看出来了。”杜梅倚在桌边笑。

自我吹捧时可以用一种调侃的口吻,如果夸夸其谈,那就沦为吹牛皮了。吹捧的内容也要虚虚实实、半真半假。总之,不能让人信以为真,也不能让人以为你说的全是假话、大话、空话。这样,就能取得良好的幽默效果。

自我吹捧,有时用一种严肃的口吻道来,也能让人忍俊不禁。

公园里,一位刚发表了第一首诗的青年诗人忧郁地走着。一位朋友碰见他,问道:“你怎么了?”

诗人愁闷地叹口气，回答说："莎士比亚死了，雪莱和拜伦——都死了，我担负的责任太重了。"

诗人一本正经的口吻逗人发笑，也许人们是在笑他太自不量力了吧。

一分钟小幽默大智慧

◎ 出猎

"那次出猎我一共打死了12只野鸡。"一位猎人对他的朋友说。

"可是，爸爸，"猎人的儿子说，"去年那次你不是说只打死了7只吗？"

"去年你还太小，有些事还不能全都告诉你。"

大智慧 看来，语言真的是谎言的罪魁祸首。

◎ 倒霉

詹妮小姐下夜班，看见一个男子大张着双手向她走来。"流氓！"詹妮小姐骂道，一脚向那男子的腹部踢去。只听"哗啦"一声，男子大叫："天哪！第三块玻璃还是没能拿回家！"

大智慧 有时候，我们必须注意自己的行为是不是会被别人误会。尤其是面对女性的时候。

◎ 到天上去

有个人很愚钝，每逢跟他的妻子回娘家饮宴，都被其他女婿欺负，让他坐在"下座"。他的妻子经常教导他，说要争取坐到高处的"上座"才好。

一次又逢家宴，把酒让座的时候，妻子老是用目光示意他"往高处坐"。他见庭前有张木梯，便急忙爬上去，妻子又羞又急，怒目示意，他这回也发火了："难道叫我坐到天上去？"

大智慧 我们可能会笑话这个愚钝的人，笑话他对妻子的暗示不能心领神会。但是，一个人能够真正理解另一个人吗？这是一个非常深刻的哲学问题，也许一切所谓的"理解"都是"误解"，都是从自我出发的解释和创造性的发挥。

◎ 禁止和不禁止

守林人走到池塘的附近，他发现有个人在游泳，他便走上前问道：

"喂！你没看见池塘边上的牌子吗？这里禁止游泳。"

"先生，我没游泳，我是掉进去了。"这个人答。

"是吗？那就是另一回事了。"守林人说，"这个不禁止。"

大智慧 若刻意去寻找，那没有什么东西是不存在漏洞的，尤其是语言。

◎ 煮竹席

北方人到南方去，南方人请他吃笋。他问："这是什么？"南方人回答说："是笋，长起来便是竹子。"这人回到家里，以为竹席既然是竹子做的，也是可以吃的，便把床上的竹席拿来煮，煮来煮去却煮不熟。他恼了，就跟妻子说："南方人真滑头，专门戏弄别人！"

大智慧 对事情没有彻底的了解，只一知半解，便鲁莽地去做，是做不好的。

◎ 农场和老爷车

一农场主夸耀他的农场："我乘汽车沿着我的农场从南走到北，得花两天时间！"

一听众深表同情："是啊，当年我也有这么一部老爷车。"

大智慧 当一种自负足以引起他人的反感的时候，我们得到的将不再是一种虚荣的满足，而是一种羞耻的咎由自取。

◎ 精神对抗

——您瞧，昨天公共汽车司机盯着我看，仿佛我没买票。

——那您怎么办？

——很简单，我也盯着他看，就像我买了票似的。

大智慧 生活中类似的眼神交会，你我都不会感到陌生——的确，坚定的目光代表一种力量；可是，友好的沟通和交流是不是更具温情呢？让眼睛微笑吧！

◎ 削蹄割尾

有一天申先生写信给他的朋友熊先生，一时疏忽把"熊"字下面四点忘了，写成了"能先生"。熊先生一看，又气又恼，提起笔来写了一封回信，故意把申先生误写成"由先生"，还说："你削掉了我的四个蹄子，我也要割掉你的尾巴。"

大智慧 人与人之间的误解和矛盾也许在所难免——但是至少我们还可以选择对待的方式：以暴制暴，恩怨何时了？多点理解，多点宽容，多些合作，多些团结，不是更好吗？大到国事，小至市井，莫不如是！

◎ 饭后一支烟

汤姆去医院检查身体，发现自己有肺炎，就问医生："我怎么才能治癌呢？"医生说："你平时要多注意，特别是不要抽那么多烟，如果控制不住自己，只能饭后抽一支。"

一个月后，汤姆又来检查身体，却发现自己患了胃炎，医生问其原因，他回答说："我就是依照你说的呀！我想抽烟时就先吃一顿饭。"

大智慧 生活中，很多人总是犯这样的错误，从自身需要出发，去理解别人的话，结果却是害了自己。

◎ 淡得有味

父亲生日前一天，我去定做蛋糕。由于父亲不能吃太甜的东西，所以我嘱咐老板糖不要放得太多，稍微淡些。那老板顺手在纸上记着："父亲生日稍淡。"第二天，我去取蛋糕。打开一看，可真是让人啼笑皆非。原来蛋糕上的字样是："祝父亲大人生日快乐，稍淡敬上"。

大智慧 生活中总是难免误会。但是很多时候，误会却是人为的疏忽造成的。所以，遗憾之余，还是好好思量一下，如何做到良好畅通的沟通和理解吧！

◎ 排辈

有一个人没有名字，被人入赘后邻居都喊他姐夫。一次，他跟人打官司，请人写状子。

当问他名字时，他说："我叫姐夫。"

状子递上去后，县官升堂："传姐夫上堂！"

当差的齐声喊道："请姑老爷上堂！"

县官听罢怒喝道："混账，什么姑老爷！"

差人慌忙跪下道："回禀老爷，您老的姐夫不就是我们的姑老爷吗？"

大智慧 "偷梁换柱"为孙子兵法中一计。名字相同而实质不同的事物，在生活中造成的误会不在少数，应尽量细致体察使错误减少到最低。

◎ “啥”

有个自以为很聪明的人，读到“啥”字，不认识了，于是去问另一个人。

——这字念啥呀？

——这个字嘛，念“啥”。

——是呀，它念啥呢？

——念“啥”！

——我问的就是它念啥？

——念啥！念啥！我说念“啥”就念“啥”！

大智慧 一些本来很熟悉的东西已经摆在眼前，人们却怎么也认不出来。

◎ 处世之道

妻子雇了个油漆工回家将卧室粉刷一新，那个油漆工下班前还未漆完。丈夫晚上回家，不知道油漆未干，开电灯时把手印留在电灯开关的墙壁上。翌日，油漆工来继续工作，妻子对油漆工说：“请你到卧室来，我要你看看昨晚我丈夫摸过的地方。”油漆工尴尬地说：“不了，太太，我的处世之道是洁身自爱。”

大智慧 更多时候，我们为之一笑的误会，不过是语言的功能在不同情境之下的差别。

◎ 求宿

有一个俄罗斯人旅游时迷了路，晚上走到中国边界一个小村庄里，外面漫天大雪，他冷得受不住了，便去敲农家的门要求住宿。

一个老太太在屋里大声问：“你是谁啊？”

俄罗斯人说：“依力奇瓦·莫波洛夫·克里拉维奇！”

“人太多了！”老太太嘭地关上了刚打开的门，干脆地拒绝道。

大智慧 在很多时候我们自认为对他人的拒绝有着极其充足的理由，却没发现，可能只是一时的言语误会便丧失了在我们内心深处其实并不排斥的事情发生的可能。

◎ 曲解

我的朋友乘火车在欧洲旅游，对火车上味道好的饭菜以及餐车上周到的服务印象很好。一天吃晚饭时她觉得肉很好吃，但那一份肉确实太多。她想留下一些明天做三明治吃，就请服务员把它放在狗食袋里。服务员笑着拎着一个鼓鼓的袋子回来了。“夫人，希望您的小狗食欲好。”他非常有礼貌地说，“我把所有盘子中的剩肉都刮来了。”

大智慧你的内心，他人永远毫无所知。

◎ 他离家时六岁

因为飞机起飞延误，一个人在机场等着接人已经三个多小时了。他走近问询处打听飞机到达时间的最新消息。“他非常着急，因为他是来接侄子的，而侄子是第一次乘飞机。

“男孩多大了？”航空公司的人关心地问。

“他离开家时六岁。”他不客气地回答。

大智慧当我们的言语中隐喻着不满，并且这种隐喻直接而尖刻，那么这种不满已经被倾听者所接收。只是事实的结果可能是我们发泄了不快，却更容易让倾听者以不提下文而避之，并使我们陷入更严重的不满。

◎ 轮流

我的一位朋友到佛罗里达州看望母亲时，带着母亲去一家鞋店买鞋。在她试穿不同式样的鞋时，我的朋友将经理拉到一边说：“她如果挑到一双她喜欢的鞋，你告诉她是12块钱。正式的价钱由我来付，不管有多贵。”

第二个星期，我的朋友走过鞋店时，经理认出了他，并叫他进去。

“怎么回事？”我的朋友边往里走边问，“我的支票有什么问题吗？”

“不是那事，”经理回答，“问题是你的母亲把她所有的朋友都带来买这12块钱一双的鞋了。”

大智慧我们在了解他人的言语的同时，往往忽略了他的内心，那种内心只对你一人充满了爱的语言，可能会让我们于不经意间习以为常，并推之及人。所以善于辨别那种可能只针对你一个人的爱的语言吧，然后于甜蜜中独自享受。

◎ 郢书燕说

楚国国都有人写信给燕国丞相，夜间书写，烛光不亮，写信人就对拿蜡烛的人说：“举烛。”一边说一边就把“举烛”两个字误写到信上去了。“举烛”，本来不是信中要说的话。燕国丞相接到信却很高兴，他说：“所谓‘举烛’，就是崇尚光明啊，尊崇光明，就要选任有贤德、有才能的人。”燕相把这个意思告诉国王，燕王也很喜欢这个主张。由于起用贤才，国家安定繁荣，国家安定了，但与那封信的本意并无关系。如今世上的学者读书做学问，也大多这样穿凿附会。

大智慧不深入探寻事物的真义，却好望文生义、穿凿附会，由此得出的结论往往与原意相悖逆。郢书燕说尚是歪打正着，产生了积极的作用，而曲解原意，更多的结果是产生负面的影响。

◎ 秀才买柴

有一个秀才去买柴，他对卖柴的人说：“荷薪者过来！”卖柴的听不懂“荷薪者”(担柴的人)三个字，但是听得懂“过来”两字，于是把柴担到秀才前面。

秀才问他：“其价如何？”卖的人听不太懂这句话，但是听得懂“价”这个字，于是告诉秀才价钱。

秀才接着说：“外实而内虚，烟多而焰少，请损之(你的木柴外表是干的，里面却是湿的，燃烧起来，会浓烟多而火焰少，请减些价钱吧)。”卖柴的人因为听不懂秀才的话，于是担着柴就走了。

大智慧最好用简单、易懂的言词来传达讯息，而且对于说话的对象、动机要有所掌握，有时过分的修饰反而达不到想要达到的目的。

◎ 摇自己的头

在英国议会开会时，一位议员在发言时见到坐席上的丘吉尔正摇头表示不同意。这位议员说：“我提醒各位，我只是在发表自己的意见。”这时候丘吉尔站起来说：“我也提醒议员先生注意，我只是在摇我自己的头。”

大智慧在这个没有上帝的世界上，任何人都没有权力用自己的言行去影响别人。但是，每个人的言行不自觉地影响着他人。这大概就是萨特所说的“他人就是地狱”的深刻含义吧！

◎ 最好的和最坏的

有一天，老爷对侍仆说：“你去宰一只羊，把最好的给我们端上来。”

侍仆端来了羊舌。

第二天，老爷又对他说：“你再宰一只羊，把最坏的给我们端上来。”

侍仆端来的仍然是舌头。老爷问他为什么，他说：“说好没有比舌头更好的，说坏没有比舌头更坏的。”

大智慧“众口铄金，积毁销骨”，语言的魔力尽在于此。其实在痛恨的同时，人们又何尝不是活在别人的评说当中，只不过有人能做到尽量地不在意而有人却不能罢了。

◎ 招聘

古玩店招聘售货员，一个年轻人前来应聘。

老板从地上捡起一块木屑，把它放在红丝绒垫子上问道："这是什么？"

"乾隆皇帝用过的牙签。"

"好极了，你现在就开始工作！"

大智慧 事物本身究竟会有什么不同呢，区别在于人们怎样去说起它。

◎ 称赞

"你喜欢我这个新剧本中的那个窃贼吗？"

"当然，您把这个窃贼简直写活了。他无所不偷，就连他的台词都是偷来的。"

大智慧 记得孔乙己曾为自己辩解道"读书人的事，能算是偷吗"，这自然是一种可悲的自欺欺人。并且，所谓偷与窃，其对象不仅有物品，更有人的思想。

◎ 晚餐的内容

一个学生跑到食堂问厨师："今晚有什么好吃的？"

厨师说："今天好吃的可是成千上万哪。"

"真的！都有什么？"

"炒黄豆。"

大智慧 我们总是用自以为贴切的语言形容别人所期盼的事情，以为与己无关，以为我们并没有欺骗，却忽略了在不知不觉间，我们早已经让他人淡淡地失望。

◎ 偷火鸡

小偷儿到教堂做弥撒。牧师问："什么风把你吹来了？这星期你没偷火鸡吧？"

"没有，一只也没有偷。"

"其他鸡有没有偷？"

"也没有。"

"太好了，你已经接近上帝一步了。"

小偷儿低声说："如果他问我偷鸭子没有，我就远离上帝了。"

大智慧 语言是一种艺术，询问是一种技巧。能否最快地得到想要的答案，是判别一个人设计问题高下的方法。这也是为什么有些人能当首席记者，采访世界名人，而有些人只能替人校稿。

◎ 24头猪

年轻的律师为他的第一个案子出庭，他的当事人的24头猪被铁路局的车轧死了。为了强调损失的巨大，他激动地说："先生们，想一想吧，24头猪呀！24头！是我们陪审团的两倍呀。"

大智慧 当我们想要表达的一切在不经意间开始背离我们最初想要达到的效果的时候，不妨想想，是不是我们忘记了，我们是在对他人讲述，而绝不是自言自语而已。对他人的尊重总是让我们获益。

◎ 差别

甲：外交官与女人之间，有何差别？

乙：外交官说"是"就是"也许"，说"也许"多半意味着"不"，而直接说"不"的就不是外交官了。相反，女人说"不"就是"也许"，说"也许"多半意味着"是"，而直接说"是"的，就不是一个女人。

大智慧 学会辨别不同人的"语意"差别，会让我们在实际社交中游刃有余。

◎ 放荡与淫荡的区别

亨利四世到一个庄园用餐，派人找来一个放荡汉作陪。亨利四世让放荡汉坐到他的对面，问道："你叫什么名字？""陛下，我叫放荡汉。"这位乡下人回答。"哦！放荡汉！你叫放荡汉，这个名字有意思，那么，你能告诉我放荡与淫荡之间的区别吗？""陛下，他们只隔一张桌子。"乡下人答道。

大智慧 面对外来的攻击，如果说不以牙还牙，就会使对方更加嚣张地嘲弄自己，面对富人的不屑，穷人更应该有骨气来响应，这时不应该以金钱、地位为筹码，而是机智的语言。

◎ 我姓达令

公司总裁钻进他那辆豪华小轿车，发现司机换成一位陌生姑娘。

"请问你叫什么名字？"

"查尔斯，先生。"姑娘回答。

"对不起，我对我的雇员从来不直呼其名。"总裁说。

"先生，我姓达令。"

"……"总裁犹豫了片刻，只好说："开车吧，查尔斯。"(注：达令，英语，意即亲爱的)

大智慧世界上没有完全绝对的事情，有些意外会让人改变初衷，但改变初衷并不代表没有原则，坚持原则也应该是有条件的。

◎ 借题发挥

美国五星上将卡特利特·马歇尔(1880—1959)在他驻地的一次酒会后，请求一位小姐答应让他送她回家。这位小姐的家就在附近不远，可是马歇尔开了一个多小时的车才把她送到家门口。

“你来这里不是很久吧？”她问，“你好像不太认识路似的。”

“我不敢那样说，如果我对这个地方不熟悉，我怎么能够开一个多小时的车，而一次也没有经过你家的门口呢？”马歇尔微笑着说。这位小姐后来嫁给了马歇尔。

大智慧爱情表露的最佳方式，永远是委婉加直白。过于委婉，未免拘谨；过于直白，未免浅薄。

◎ 穿井得人

宋国有个姓丁的人，家里没有井，为了浇地，每天要派一个人到山下取水。后来，他家打了一眼井，再也不用派人到山下取水了。他告诉别人说：“我家开穿一口井，等于得了一个人哟！”这话传来传去，不断有人添枝加叶，结果被传成：“丁家穿井挖出了一个人。”这句话传到了宋国的国君那里。他觉得很奇怪，便派人到丁家去查问。丁家答道：“我家挖井省了一个人，等于得到了一个人的劳力，不是在井里挖出一个人呀。”

大智慧谣言积毁销骨，往往脱离事情的原貌。听信他人、失去判断，错！人云亦云、到处散播，则是错上加错！

◎ 恢复常态

一位男士傍晚凭吊墓地，忘了墓地关门的时间，等他想起来时，大门已经关上。他害怕极了，忙跑到门口，对要走的守墓人大声呼救：“我的天哪！别关，我要出去，我要出去！”守墓人回答：“您幽默过分了，还是恢复常态好！”

大智慧当误解发生的时候，我们所有的辩解语言都是无力而苍白的。他人已经将思维范式固定于我们所有的行动之上。这时我们能做的就是等待他的“清醒”。

◎ 军人保险

亨特先生被派到美国新兵培训中心推广军人保险。听他演讲的新兵100%都自愿购买了保险，从来没人能达到这么高的成功率。培训主任想知道他的推销之道，于是悄悄来到课室，听他对新兵讲些什么。

“小伙子们，我要向你们解释军人保险带来的保障，”亨特说，“假如发生了战争，你不幸阵亡了，政府将会给你的家属赔偿20万美元。但如果你没有买保险，政府只会支付六千美元的抚恤金……”

“这有什么用，多少钱都换不回我的命。”下面有一个新兵沮丧地说。“你错了，”亨特不急不忙地说，“想想看，一旦发生了战争，政府先会派哪一种士兵上战场？买了保险的还是没买保险的？”

大智慧 演讲中的表达方式很重要，不同的表达方式会给人带来不同角度的思考，也会让你的演讲有不同的反响，你就会得到不同的结果。

第 15 章

幽默趣谈

幽默是不会刺伤任何人的，它带给人的是喜悦和快乐。在社会交往中，幽默是以爱换来爱，以喜悦换来喜悦，以快乐换来快乐。保持喜悦和快乐，不仅带给自己幽默，也让别人幽默起来。幽默，因此被誉为“没有国籍的亲善大使”。

神采飞扬：毛泽东幽默趣谈

在我看来，毛泽东是一个令人极感兴趣而且经历丰富的人。他有着中国农民的质朴纯真的性格，颇有幽默感，喜欢憨笑。甚至在说到自己的时候和苏维埃的缺点的时候，他也笑得厉害——但是这种孩子气的笑，丝毫也不会动摇他内心对目标的信念。他说话平易，生活简朴，有些人可能以为他有点粗俗。然而，他把天真质朴的品质同锐利的机智和老练的世故结合了起来。

——斯诺

你的爱人可能姓张

这是1962年中南海举行的一个周末晚会上发生的故事。

一天，毛泽东亲切地问他身旁的一位女同志叫什么名字。

那位女同志告诉毛泽东，她叫崔英。

毛泽东听了便风趣地微笑着说：“那么你的爱人可能是姓张了？”

崔英被问得茫然不知所措，毛泽东见此情景，又问：“你读过《西厢记》吗？”

崔英这时才茅塞顿开，恍然大悟，明白了毛泽东为什么说她的爱人可能姓张的由来。因为《西厢记》写的是崔莺与张生恋爱的故事。崔英想到这里不禁笑起来，毛泽东也开始哈哈大笑。

她的耳朵起火了

一次，在中南海春藕斋的舞会上，毛泽东指着一位和朱仲丽初次见面的女孩子，问朱仲丽：“你猜，她姓什么，她的耳朵起火了！”

朱仲丽一时答不上来，毛泽东和周围的人都望着朱仲丽笑起来。

过了好大一会儿，朱仲丽才说出来：“她姓耿！”

毛泽东笑着说："我说你是聪明人嘛！但人家耳朵并没有起火，好好的。她这个人，不是耿耿于怀，而是忠心耿耿。"

毛泽东接着又说："耿直的人最好。有人逢人只说半句话，不肯全抛一片心，这不好，要讲真心话，以诚相见，有高尚的风格。"

大家在愉快的笑声中受到了生动而深刻的教育，同时，毛泽东以他风趣诙谐的话语令满座生风！

有你来我就不怕了

新中国成立不久，一位新来的卫士初见毛泽东时，心情特别紧张。

毛泽东先问他："你叫什么名字。"

那卫士回答说："张宝金，弓长张，宝贝的宝，金银的金。"

毛泽东笑着说："好啊，有你来我就不怕了，因为金银宝贝都有了，还怕什么？"

张宝金听了毛泽东风趣的话语和爽朗的笑声，最初那种紧张的情绪一下子烟消云散了。

你为什么叫程思远

1965年，毛泽东在接见从海外归来的李宗仁及其机要秘书程思远时，一起畅叙之后，接着便问程思远："你的名字为什么叫程思远？"

程思远回答说："思远就是想得远，正因为想得远，我才回来跟毛主席和共产党嘛。"

毛泽东笑了，接着又问："你有别字吗？"

程思远答道："没有。"

毛泽东说："那好，我来给你取个别号。我国古代有个大文豪韩愈，他的别号叫退之。现在我给你取的别号是'近之'。"毛泽东一番别有深意的话语使程思远深受感动。

蒋介石断了奶

1940年秋的一个上午，毛泽东到延安马列学院演讲。

毛泽东讲到1940年的形势后，把日本的侵华头目比作狡猾而最讨厌的狐狸，说他们利用德、意、法西斯主义者在欧洲一时的胜利，又得意起来，举起两只爪子抓人。一爪叫做军事进攻，一爪叫做政治诱降。他说："这只狐狸胃口很大，想发动太平洋战争。它一是要侵略南洋，一是加紧向中国进攻。国际形势的急剧变化，蒋介石就更加动摇了。投降危险是空前地加重了。必须估计到，抗战的第四年将是最困难的一年。日军占领了宜昌，上百架飞机轰炸了重庆。滇越铁路、滇缅公路被切断了。蒋介石这个'儿皇帝'断了洋娘娘的奶了。周恩来同志从重庆带来的情况说明，国民党顽固派的投降论调已到了甚嚣尘上的地步。国内外形势，现在是乌云压城城欲摧呀！”

毛泽东停了停，望着一张张严峻的脸庞，话锋一转，说：“形势是严峻的，形势也是令人鼓舞的！帝国主义战争造成的极端严重的政治危机和经济危机，必然导致许多国家革命的爆发，必然导致帝国主义崩溃。中国革命，我们正在进行的伟大的民族民主革命战争，在我党全体党员和友党友军及全体人民的共同努力之下，一定能够战胜困难，驱逐日寇，让他们还我河山。我们的前途是光明的！”

随着，毛泽东又详细地分析了我各抗日根据地的形势、各地抗日民主政权的形势，阐明了党的任务和策略。大家听得入了神，一个个抑制不住内心的激动，恨不能插上双翅，飞到杀敌战场，同日寇决一死战。

四大金刚和腌菜缸

1947年，沙家店战役获胜后，毛泽东在一次会议上的讲话中说：“胡宗南说他有四大金刚，我看他的'金刚'不如老百姓的腌菜缸。”又说：“他们四口缸被我们搬掉了三口：何奇、刘子奇、李昆岗，只剩下一口缸，叫什么？——”

话还未说完，后面有人喊道：“叫李日基！”

毛泽东浓重的湖南口音把“日”念成“二”。毛泽东接着说：“对，李二吉，这次没抓住他，算他一吉；下次也许还抓不住，再算一吉；第三次可跑不了啦！”

毛泽东毫不掩饰自己内心那种胜利者的豪情，风趣幽默的话语令全场哄地笑声一片。毛泽东把这次沙家店战役胜利后的喜悦带给了同志们，更鼓舞了士气。

菩萨得了心脏病

1948年3月下旬，中央一行东渡黄河后，经临县、兴县、宁武，出雁门关南下，再经代县、繁峙县，于4月7日到达五台山北麓的坝强村，遭遇大雪，暂停前进。

在这里，毛泽东写了《再克洛阳后给洛阳前线指挥部的电报》等文件。

天气稍有好转，毛泽东决定于4月11日由坝强村启程，强行通过五台山。然而上山后不久，气温骤变，下起了鹅毛大雪，道路、山沟、山坡全被覆盖，无法辨认，毛泽东只好下车步行。过了五台山主峰，到了台怀镇，一行人决定休息，住进了中台山的寺院前院。

第二天，毛泽东用一整天时间到处察看。

在寺院的贮藏室，毛泽东看见许多经卷和各种贡品，他叮嘱当地干部要好好保护这些文物，不可丢失。

到了一座大庙，毛泽东看见中间一尊菩萨胸前被挖了一个大洞，问当地干部："这是怎么回事？"

有人回答说："这是土改时翻身农民同寺庙清算，听人说神像胸膛里藏有黄金，就挖开找金子。"

毛泽东听后幽默地说："原来是菩萨得了心脏病，群众来给她施行手术医疗的。你们要把它好好保护起来，原封不动，以便对日后来参观的群众作解释，说它害了什么病，为什么给它施行手术。"

毛泽东来到了台怀附近的一座龙王庙前，只见庙内灯火辉煌，香烟缭绕，比起别处颇为萧条的庙宇来，似乎显得隆盛。

毛泽东问庙里的住持："这座庙宇遭到过破坏么？"

住持回答说："没有！不仅没有破坏，农民还派专人来护庙，秋毫无犯。"

毛泽东笑着对大家说："你们看，从这里应得到的结论是多么明显！群众对山上的菩萨和山下的这位龙王的态度是多么的不同。山上的那位菩萨同农民群众的利益距离太远了，而龙王管着天雨，与农民的关系太密切了。群众就是这样认为，这样对待问题的。"

这不是鲁子是曾子

1952年10月，毛泽东风尘仆仆地赶到了济南。与他随行的有李烛尘、黄敬、杨尚昆、滕代远、罗瑞卿等同志。

毛泽东对山东分局的负责人说："我不扰民、不害民，我是来玩的，在紫禁城住烦了，出来散散心，你们分局同志该干什么干什么，不要给我汇报工作，我也不听你们汇报。"

毛泽东说完之后，许世友立即起来说："主席，你来，我们不照顾你，照顾谁？再忙，我们也得照顾你啊。"

毛泽东笑了，向李烛尘介绍说："这是我们的许世友同志，山东军区司令员，原来在吴佩孚那里当兵，国民革命军北伐时参加了北伐军，解放济南就是他任的指挥。"

接着，毛泽东对许世友说："那就这样，明天5点钟你来我这里，看千佛山你的指挥所，看你怎样指挥打济南的。"许世友回答道："行！"

第二天，毛泽东在许世友的陪同下，来到千佛山，观看了当年打济南的指挥所。

毛泽东兴致十分高，下山后还游览了大明湖。当他看到群众也在游湖时高兴地说："游湖的人不少，与民同乐不亦乐乎。"游毕上岸后正要离开大明湖，他们一行人被几个小孩认了出来，孩子们大声喊："毛主席！毛主席！"接着大家一拥而上，围住了毛泽东，都好奇地想看看毛爷爷的样子，这下却忙坏了警卫人员，他们劝说群众散开，乘隙扶毛泽东上车离开。

第三天，毛泽东在许世友等陪同下南下曲阜参观。在参观中有人对毛泽东说："有一个鲁子庙，去看看吧！"

毛泽东愕然，笑着说："孔子弟子七十二贤，没有鲁子，哪儿来的鲁子庙？"

不一会儿。大家来到"鲁子庙"前，毛泽东一看那庙门上方匾额上写着"曾子庙"三个草体字，风趣地说："你这个同志，这不是鲁子是曾子。"原来这个同志误把草写的"曾"字看成"鲁"字。大家都情不自禁地笑了。

请客又不给我肉吃

1956年初，毛泽东刚从杭州视察归来，国务院负责经济工作的薄一波去向毛泽东汇报工作。说话间，偶然谈到，现在少奇同志正在听取一些部委的汇报。没想到，毛泽东对这件事很感兴趣，对薄一波说："这很好，我也想听听，你能不能也替我组织一些部门来汇报？"

时隔不久，薄一波组织的一些部委的汇报就开始了。这个前后历时两个多月、总共34个部委的汇报，是毛泽东在中国社会主义改造处于高潮、第一个五年计划进入第四个年头时的一次重要的调查和探索，直接为他提出和论述十大关系问题提供了主要的资料。毛泽东听取34个部委的汇报是按"口"的顺序进行的。每个"口"先由国务院主管办公室作综合汇报，然后由各部汇报。听取汇报的，除毛泽东外，还有周恩来、陈云、邓小平以及书记处的其他同志。

在听汇报的那些日子里，毛泽东非常疲劳。有一次听完汇报，他神情疲倦地说："现在每天是'床上地下、地下床上'。起床就听汇报，穿插处理日常工作，听完汇报就上床休息。"

的确，情况还真是如此。就拿2月15日这一天来说吧：早晨9时40分开始，刘澜涛汇报电力工业部的工作，13时左右结束；17时20分，毛泽东去勤政殿，会见以西哈努克为首的柬埔寨王国政府代表团；19时10分，会见结束，回到颐年堂，继续听汇报，直到22时10分才结束。

听汇报劳累，除了时间紧凑、"连续作战"以外，还有一些因经济部门整理的汇报材料很不理想的原因，例如只有干巴巴的条条或数字，没有事例，这让毛泽东听起来十分吃力。有一次听汇报，他紧皱眉头，忽而抬起头来说："听这样的汇报，是使我强迫受训，比坐牢还厉害。坐牢，脑子还有自由。现在脑子也不自由，受你们指挥。""你们这些条条，一定是从许多具体材料中得出来的，应把具体问题写清楚。要请我的客，又不给我肉吃，是不是自己要留一手？""半个月来的汇报，都存在这个问题。"这是毛泽东对经济部门文风的又一次尖锐的批评，为经济部门改变文风敲响了警钟。

要按太阳的规律办事

1957年，苏联最高苏维埃主席伏罗希洛夫来中国访问。5月6日清晨4时30分，毛泽东来到伏罗希洛夫在北京的下榻处，为他送行。

毛泽东关切地问："20天来你累了吧？节目可能紧一些，你是不是没有休息好？"

伏罗希洛夫说："我最亲爱的朋友——毛泽东同志，我一点也不累，一切都好极了。偶尔会由于太阳晒而有些头昏，在广州吃了点蛇肉，肚子里也许展开了龙虎斗。刚回北京稍稍感到不舒服，很快就过去了……"

伏罗希洛夫接着说："我听说你每天熬夜，我真担心啊！你无论如何也别熬夜了。过去我也曾通宵地工作，结果身体受损不少。希望你这样做：太阳一出来你就向它问好，太阳一落你就向它告别，去休息。"

"好，要按太阳的规律办事。"毛泽东又笑着说，"不要紧，我已经习惯了夜里工作。"

伏罗希洛夫说："不行不行，你不能这样做。"接着又问毛泽东每天吸几支烟。

"不多，有时把烟拿在手里不抽，或者是燃着了不吸，看着它冒烟，在精神上也好像是吸了。"毛泽东说。

伏罗希洛夫摇着头说："我亲爱的毛泽东同志，如果你想休息，随时都可以到我那儿去，你想去哪儿就去哪儿，像是南俄的索奇和黑海岸上的克里米亚等地都可以……"毛泽东说："我深深地感谢你，这是你的好意。"……

还有水里的鱼

1958年9月，张治中带着秘书余湛邦随毛泽东视察大江南北。他们同在武汉下船后，张治中把秘书介绍给毛泽东："这是我的秘书余湛邦同志。"

当时船上十分嘈杂，余湛邦怕毛泽东听不清楚自己的名字，便赶快迈前一步，握着毛泽东温暖的手，紧张而拘谨地自我介绍说："我叫余湛邦。"因他的广东腔吐字不准，便补充说："是湛江市的湛，联邦的邦。"

毛泽东问："是干钩于吗？"

余湛邦赶忙说："是人未余。"

毛泽东微笑地说："yú姓很多，有干钩于，有人未余，有人则俞，还有虞姬的虞。"接着，毛泽东用手指一指长江说，"还有水里的鱼，其鱼甚多呢！"

这句风趣幽默的双关语，说得大家哄堂大笑，余湛邦紧张、拘谨的情绪一扫而光，船上的气氛也立即活跃起来。就这样，领袖与普通干部、群众就像老朋友一样，叙谈起来。

随后，毛泽东又指着张治中笑着问大家："你们知道他为什么字文白吗？"

大家都说不清楚。毛泽东便说："因为他在青年流浪时当过预备警察，取名警魄，后来不当警察了，此名不用了，于是从警字中取一个'文'字，魄字中取一个'白'字，成为文白，他是个简化汉字的创始人呢！"大家顿时又大笑起来。

当毛泽东一行从武汉到达杭州时，浙江省的几位省领导来见毛泽东，毛泽东为张治中一一介绍。当介绍到省委书记霍士廉时，毛泽东说："是霍去病的霍。"然后他把目光转向霍士廉说，"你大概是霍去病的后裔吧？霍去病在汉代战功很多，可惜27岁就死了。"当介绍到副省长吴宪时，毛泽东说："他这个人厉害，口衔天宪。"大家听后都笑出了声。

又给我封了好几个官

1967年的一天，毛泽东正在翻看报纸，突然把手停住，问在场的人："谁封我四个官啊？"

毛泽东的手指着报上登的林彪"五一"题词，绘声绘色地念道："伟大的导师，伟大的领袖，伟大的统帅，伟大的舵手毛主席万岁！万岁！万万岁！"

毛泽东说起话来风趣幽默，可是当时在场的人却没有笑出来。

毛泽东烦躁地说："什么永远健康，难道还有不死的人吗？"毛泽东转身，语重心长地对身边的工作人员说，"你们不要宣传这些，要讲马克思主义万岁！讲马列主义万岁！不要宣传个人，否则将来要吃大亏。"

在场的人第一次听到毛泽东对他的"亲密战友"表示不满，感到吃惊，屋里静极了。

后来，毛泽东接见阿尔巴尼亚的客人说："又给我封了好几个官，什么伟大导师、伟大领袖、伟大舵手，我就不高兴。"毛泽东还对斯诺说："什么'四个伟大'，讨嫌！"

斯诺说："我有时不知那些搞得过分的人是不是真心实意。"毛泽东说："有三种，一种是真的，第二种是随大流，'你们大家叫万岁嘛'，第三种是假的。你才不要相信那一套呢。”

斯诺先生，老天保佑你

1970年10月1日，天安门广场举行盛大国庆庆祝活动。

周总理早已到了天安门城楼上。当埃德加·斯诺和夫人洛易斯·惠勒·斯诺刚刚走出升上城楼的电梯时，周总理快步迎了上去。

“斯诺先生，欢迎您。毛主席让我请您来的。您是中国人民真诚的朋友。”周恩来热情地说。

“34年前，我穿过封锁线去找红军，遇见的第一个共产党领导人就是您。您当时用英语同我讲话，让我很吃惊。”斯诺激动地说出了心里话。

周总理说：“我还记得我替您草拟了92天旅程，还找了一匹马，让您骑着去延安找毛主席。”

斯诺当年闯到陕北写了《西行漫记》，将红军介绍给全世界，是独家新闻。可是，斯诺此时还没有完全意识到周恩来请他上天安门的独家新闻的重要含义。不一会儿，毛泽东来了。周恩来将斯诺夫妇领到毛泽东跟前说：“主席，您看，谁来了？”

毛泽东一看到斯诺，十分高兴，并和斯诺夫妇亲切地握手，说：“斯诺先生，老天保佑你，我们又见面了。” 让斯诺觉得毛泽东的幽默感不减当年。

天要下雨，娘要嫁人

林彪篡党篡权的阴谋败露后，1971年9月13日零点22分，林彪、叶群、林立果和刘沛丰仓皇登上飞机，从山海关机场起飞，向西朝内蒙古西部方向逃去。

零点32分，北戴河的警卫部向北京发出报告：“林彪坐飞机跑了！”

空军司令部高度指挥室立即报告周总理：“林彪的飞机向北飞去！”

周恩来当机立断，发布命令：“立即关闭全国各机场，所有飞机停飞，开动全部雷达监测天空。”

空军司令部调度指挥室的雷达，密切跟踪着林彪的256号专机，随时向周恩来报告飞机的方位和飞行角度。

“用无线电向256号飞机呼叫，他们能不能听到？”周恩来问。

“能听到。”调度员回答。

“我要对潘景寅(驾驶员)讲话，请给我接上。”周恩来说。

“他开着机器但不回答。”调度员说。

“那就请你向256号飞机发出呼叫，希望他们飞回来，不论是在北京东郊机场或西郊机场降落,我周恩来都到机场去接。”周恩来在作最后的努力。“他不回答。”调度员报告周恩来。周恩来立即报告毛泽东主席:“空军部队请示是否要对林彪飞机进行拦截?”

毛泽东回答说:“不能拦截。天要下雨,娘要嫁人,他要走就让他走。”

13日凌晨1时55分,调度员报告:“飞机越出国境,进入蒙古,从荧光屏上消失了。”

林彪乘坐的256号专机爆炸了,落得个折戟沉沙的结局!

离了我,地球照样转

毛泽东的地位在中国人民的心目中是至高无上的。过去有一首歌唱道:“毛主席走遍全国,山也乐来水也乐……”所以毛泽东每到一地,总是被群众前呼后拥。欢迎的人们拉着他的手握了又握。有时候毛泽东的身子被推到前面去了,可他的手还被后面的群众拉着收不回来。警卫人员怕毛泽东的手臂被拉脱了臼,就赶快说服人们把手放开。毛泽东有时便会说:“不要伤群众的心啊!”

1974年7月,毛泽东已80高龄,又身患重病,走路都十分困难,上下汽车要几个人帮扶。但他还是坚持视察了湖北、湖南、浙江、江西等地。直到1975年4月才回到北京。回京后不久,毛泽东的眼病进一步恶化,动了手术。病刚有些好转,他就说:“等我眼睛好了,还要下去看看。”

身边人员见毛泽东的身体还没有全好,就劝他休息、养好病,他却风趣地说:“我这一辈子就吃亏在认识几个字上,其实离了我,地球照样转。唐朝有个大诗人刘禹锡说过‘沉舟侧畔千帆过,病树前头万木春’嘛。可是,说是说又由不得我啊,谁叫我是共产党员呢!”

毛泽东的幽默口才就是这样,于“诙谐之中夹带有一些暗示和主题,犹如瓦格纳歌剧的序曲,需要加以发展才能显示出它们的意义”(基辛格语)。

日本大平正芳这样谈毛泽东的幽默:我对毛泽东的印象是,他是一位无限深邃而豁达的伟大思想家、战略家。他非常真诚坦率,谈起话来气势磅礴,无拘无束,富于幽默感,而且使人感到和蔼可亲。

静水流深:邓小平幽默趣谈

邓小平写过许多精彩的文章,讲过许多精彩的话;这些文章和讲话不仅闪烁着思想的光辉，也尽显其优秀的口才。我们从中不难看出他是一位卓越的口才大师。诸如“不管黑猫白猫，抓住耗子就是好猫”、“两手抓，两手都要硬”、“杀出一条血路来”、“胆子更大一点，步子更快一点”、“一个中心，两个基本点”等等。

一个石头打的乌龟

童年时的邓小平，活泼好动，肯开动脑筋思考问题，而且很有胆识。

有一次，邓小平同几个小孩去石坝玩耍。石坝离他家只有半里远。说起这个石坝，还颇有一番来历。

石坝的路旁有两块神道碑，是清朝嘉庆年间朝廷为表彰两名广安籍高官邓时敏和郑人庆的功绩而赐造的。石碑高3米，宽1米多，镶立在两个巨大的石乌龟背上。当地百姓对这两位先人是十分尊崇的，流传着一些十分敬畏二人的神话，说这两块神道碑碰不得，更攀不得。

这天，邓小平和几个乡间的孩子正好在这石坝上尽情地玩耍。他看着这庞大的石乌龟对小伙伴们说：“我们爬到乌龟背上去耍好不好？”

小伙伴们一听全都吓坏了，赶紧劝说道：“不行，不行，爬石乌龟会肚子痛的！而且听大人说，得罪了神碑，家里要招灾的！”

邓小平壮起胆子沉着地说：“一个石头打的乌龟有那么大的本事？我就不信。人们不敢爬，我去试一试！”

说完，邓小平就大踏步走向神道碑，一直爬到石乌龟伸出的脑袋上，坐在上面踢打着两腿大声喊道：“快来哟！好耍！好耍！”

其他小伙伴见状都惊呼起来：“贤娃(邓小平原名邓希贤)，快下来，你要惹祸的！你惹了祸，我们也逃不脱！”

邓小平还是悠闲自在地玩着，扭转身来又向龟背上爬了过去，边爬边说：“惹祸就惹祸，看它怎么奈何我！”最后，他爬到神道碑上坐定下来。

此时，小伙伴们在惊怕之余也露出了羡慕的神情。

从此以后，邓小平常常爬到石龟及神道碑上去玩耍。慢慢地，其他小孩的胆子也大了起来，跟着邓小平一块爬到石龟背上去玩。

红薯皮营养高

邓小平于1931年8月从闽西赶到江西瑞金，奉命担任瑞金县委书记。当时，在瑞金群众中间流传着这样一句谚语：“当官不为民做主，不如回家种番薯。”邓小平十分喜欢这句话，他要求县里工作的干部必须了解群众的愿望，切实为群众解决困难。在他的带领下，瑞金经济建设蒸蒸日上。

1931年9月28日黄昏，一队快马由宁都方向疾驰而来，骑兵下马向邓小平报告："毛泽东、朱德率苏区中央局和红军总部机关马上就到。"

叶坪村外，毛泽东、朱德、项英、陈毅、王稼祥等与前来迎接的江西省苏维埃主席曾山、中共瑞金县委书记邓小平等见面了，久别重逢，一片欢腾。

是夜，村东大樟树底下的一幢二层楼房里，灯火通明。毛泽东与大家围坐在一起，听取曾山、邓小平等同志的汇报。

邓小平非常兴奋，高兴地侃侃而谈："经过一段时间的努力，瑞金的政治局势已趋稳定，经济建设走上了发展的轨道，召开第一次全国工农兵代表大会的各项准备工作正在加紧进行……"

毛泽东平静地听着邓小平的汇报，很满意地点了点头。

11月7日，中华苏维埃第一次全国工农兵代表大会按期在瑞金叶坪村胜利召开了。中华民族历史上第一个代表工农大众的全国性革命政权——中华苏维埃共和国临时中央政府在瑞金诞生了！

瑞金县城成为中华苏维埃共和国的首都后，更名为"瑞京"，并划为中央直属县。年仅27岁的邓小平担起了中央直属县县委书记的重任。中央政府建都瑞金，住的、吃的、用的等经费都要增加，这给原本就很薄弱的瑞金经济带来了更大的困难，眼下必须将瑞金的生产建设加快搞上去。

"一苏"大会刚结束，邓小平便把县委、县苏干部召集起来开会，郑重地和大家商量："我们要发动广大的劳苦群众，特别是党员团员，积极带头行动起来，出谋划策，多想办法，发展生产，发展经济。既要保证中央机关的生产需要，又要保障红军的供给，也不能让人民群众挨饿受冻。"

邓小平这番话可谓面面俱到，并且他的中心是"发展生产，发展经济"，一下子就抓住了要害。

邓小平在瑞金时，住的是民房，有时甚至住在祠堂、庙宇中。他在瑞金10个多月，先后迁居五六次。他常穿粗布中山装，吃的与大家没有两样。他吃红薯从来不剥皮，还风趣地说："红薯皮营养高，吃了不怕风吹雨打，丢了太可惜。"

邓小平所做的这一切，以及他那风趣幽默的口才，都是为了厉行节约，支持革命战争。

怕啥子嘛，要跟党走

1931年8月，邓小平担任瑞金县委书记后，非常关心干部队伍的成长，他常说："革命干部是党培养起来的，是党的财富。我们要大力培养和重视革命干部，革命才能成功。”

年终，瑞金县委在县城同善社举办了一期干部培训班。当时在南郊乡工作的杨荣香年纪很小，才十五六岁。邓小平待他像自己的小弟弟一般，十分关心他的学习和各方面的成长进步。

这一天，邓小平对小荣香说：“荣香，你准备一下，参加干部培训班。”

“我不去！邓书记。”小荣香沉思片刻后回答说。

“为啥子不去？”小荣香低头不吭声。

原来小荣香心存顾虑。他想，前几个月肃反杀“社会民主党”，杀了那么多人，那些人都是党员、团员、干部，连老县委书记邓希平等人也惨遭杀害。

邓小平了解小荣香的心事后，和蔼地对他说：“荣香啊，肃反扩大化是错误的，我们不是已经纠正了吗？难道老书记被杀害了我们就不革命了？怕啥子嘛，不能一朝被蛇咬就十年怕井绳。要跟党走，要坚定革命的信念才对头。”

通过邓小平的引导教育，小荣香终于解除了思想顾虑，来到邓小平的办公室，他双手揉搓着衣角，红着脸对邓小平说：“邓书记，我想通了，只有跟党干革命，我们穷人才能翻身过上好日子，让我去参加培训班吧。”

“这才像个干革命的样子。”邓小平微笑着在他鼻子上轻轻刮了一下。

小荣香参加干部培训班后，学习十分认真，进步非常快，受到老师和同学们的普遍赞扬。不久他光荣地加入了共产主义青年团，还当上了瑞金少先队的总队长。

“脱裤子”的精神

1943年11月10日，邓小平在北方局党校第八期开学时作了整风动员讲话。这个讲话是抗日战争时期邓小平的又一次重要讲话，同时也是整风运动中的重要文献。邓小平在这篇讲话中说：“遵义会议之后，在以毛泽东为首的党中央领导之下，彻底克服了党内‘左、右’倾机会主义，一扫主观主义、宗派主义和党八股的气氛，把党的事业完全放在中国化的马列主义，即毛泽东思想的指导之下……”

“的确，在以毛泽东思想为指导的党中央的领导之下，我们回忆起过去机会主义领导下的惨痛教训，每个同志都会感觉到这九年是很幸福的。

“每个同志都要下决心把自己的思想作风整好。首先好好地认识一下自己，看看自己思想意识有无毛病，毛病在什么地方，然后才会有决心改造自己。过去有些同志到党校，目的只是想听听报告，这种想法是错误的，要知道整风主要靠自己下苦工夫。”

“自己要抱有高度的革命热情和对党负责的精神，这样才会胸怀坦荡，才会有‘脱裤子’的精神，也才会把思想作风整好。没有这种决心的人，或者只是企图‘秘密'地改正错误，不肯露出'尾巴'的人，是绝对整不好的。上期党校有些同志就吃了这个亏，于党于个人都是有害无益的。"

不能患急性病

1950年7月21日，邓小平在欢迎赴西南地区的中央民族访问团大会上，就关于西南少数民族问题发表了谈话。他说："在中国的历史上，少数民族与汉族的隔阂是很深的。在我们过去的以及这半年工作的努力下，这种情况开始逐渐地发生了变化，但不是说我们今天已经消除了隔阂。要经过一个长时间，并且通过事实，才能解除历史上大汉族主义造成的民族间的隔阂。

"我们要做长期的工作，达到消除这种隔阂的目的。要使他们相信，在政治上，中国境内各民族是真正平等的；在经济上，他们的生活会得到改善；在文化上，也会得到提高。

"所谓文化，主要是指他们本民族的文化。如果我们不在这三方面取得成效，这种历史的隔阂、历史的裂痕就不可能消除。我们中华人民共和国是一个多民族的国家，只有在消除民族隔阂的基础上，经过各族人民的共同努力，才能真正形成美好的中华民族大家庭。

"我们是有条件消除民族隔阂的。历史上的反动统治实行的是大民族主义的政策，只能加深民族隔阂，而今天我们政协共同纲领所规定的民族政策，一定能够消除这种隔阂，实现各民族的大团结。"

关于如何开展少数民族工作，邓小平说："如果我们患急性病，像在汉族区域一样，总想很快地拿到粮食，很快地把群众组织起来，使工作见效，那就非出乱子不可。过去其他地区出了些乱子。其中极重要的原因就是患急性病。这教育了我们的许多同志，不能患急性病，来一点'慢性病'没有关系。'慢性病'不会犯错误，急性病就要犯错误，别的事情既不能患急性病也不能患慢性病，这件事情不要怕患'慢性病'。当然我们还是要做工作，不要因为怕患急性病就睡起觉来，要稳步地做，摸准情况前进。"

不要把腊肉搞失传了

20世纪50年代中期，邓小平出任中共中央总书记。1958年11月1日，邓小平在西南局第一书记李井泉的陪同下，乘飞机抵达贵州清镇机场，来贵州视察工作。

在乘车向贵阳方向行驶的途中，邓小平对时任贵州省委常委、省政法委党组书记、副省长的吴实及贵州省委常委、省军区司令员田维扬说："贵州光山多，要搞绿化。”还说，“公路太窄了，农村茅草房子太多，要改造。”

11月4日，邓小平针对当时自人民公社化之后，社员的生活出现千篇一律和单调的倾向，对遵义地委负责同志说：“将来高跟鞋、胭脂、口红也可以用，电视、运动场都要有。办食堂，现在是办啥吃啥。可不可以个人有点机动？各个人口味不同，自己搞点咸菜，腌点腊肉，自己加一个菜，不可以吗？是生活越搞越单调，还是越搞越丰富？共产主义是把大家搞成一个口味，还是允许各人有各人的口味？穿衣服也一样，发钱自己买，愿意买什么就买什么；穿鞋也是一样，有的愿穿皮鞋，有的愿穿布鞋，还有愿穿草鞋的。该享受的应该享受。现在穷，问题还不大，富起来了就要求多样性。生活不仅是衣食住行，还有学习和文化娱乐，这些也是生活。”

小平同志在视察过程中，发现农民生活非常困难，并提出每家喂一头猪，腌腊肉，并风趣地说：“不要把云贵川的腊肉搞失传了。”他还进一步说：“农村茅草房子多了，生产队应实行互助，用两个冬、春的时间改造茅草房。”他当即估算了一下，每户农民购玻璃及小五金只需一两元钱，就说：“可以办。”

在遵义县大风暴人民公社，小平同志对那里的负责人说：“各人有各人的喜好，要允许人们有这个自由。同样分30元，有的愿意进馆子，有的愿储蓄起来买手表，各人自由支配。这就是说，要不要点自由？毛主席向来主张个人要有点自由，大集体小自由。”

搞革命、搞社会主义的目的，就是要改善和丰富广大人民群众的物质和文化生活。这段话正体现了小平同志一贯的思想。

杀出一条血路来

关于创办特区的设想，是邓小平同志1974年4月在北京中央工作会议上提出来的。他说：“可以划一块地方，叫特区。过去陕甘宁就是特区嘛。中央没有钱，你们自己去搞，杀出一条血路来!”言语中的“你们”是指来中央开会的广东省委负责人习仲勋一行。

这一席话，不仅显示出邓小平思想的深刻，同时显示出邓小平幽默口才的魅力。一句“杀出一条血路来”，用语铿锵有力，掷地作金声。

就在中央工作会议后不久，广东、福建两省委分别于1979年6月6日、6月9日写出了《关于对外经济活动实行特殊政策和灵活措施》的报告，呈送中央。

7月15日，中央、国务院批转了两省委的报告，确定在深圳、珠海、汕头、厦门试办特区。

1980年8月26日，中国第一批经济特区中的第一号特区——深圳经济特区诞生了！从此，深圳特区成为改革开放的一面旗帜，实现了邓小平的总体战略构思，即对外开放与对内搞活的这一经济策略。

在邓小平的建设有中国特色的社会主义思想以及石破天惊的口才“杀出一条血路来”的感召下，中国人民开始了改革开放时期的新长征，且发展蓬勃。血路开始杀出来了！1984年1月24日，邓小平视察深圳特区。他满怀激情地说道：“经济特区是我的提议，中央的决定。5年了，到底怎么样。我要来看看。”这几句平凡的话饱含了邓小平内心多少殷切的期望。

邓小平不无感慨地说：“这次我到深圳一看，给我的印象是一片兴旺发达的景象。”

邓小平接着又说：“我们建立特区，实行开放政策，有个指导思想要明确，就是不是收，而是放。”

在邓小平的心中，特区是一个窗口：“是技术的窗口、管理的窗口、知识的窗口，也是对外政策的窗口。从特区可以引进技术，获得知识，学到管理，管理也是知识。”

“特区将成为开放的基地，不仅能让我们在经济方面、培养人才方面得到好处，而且会扩大我们的对外影响。”

终于，血路杀出来了！一条通向世界经济大舞台的血路杀出来了！

不能听到风就是雨

1975年9月27日，邓小平在农村工作座谈会上讲话时说：“我总觉得现在有一个很大的问题，就是怎样宣传毛泽东思想。林彪把毛泽东思想庸俗化的那套做法，罗荣桓同志首先表示不同意，说学习毛主席著作要学精神实质。当时书记处讨论，赞成罗荣桓同志的这个意见。林彪主张就学‘老三篇’，那是割裂毛泽东思想。毛泽东思想有丰富的内容，是完整的一套，怎么能够只把‘老三篇’、‘老五篇’叫做毛泽东思想，而把毛泽东同志的其他著作都抛开呢？怎么能够抓住一两句话、一两个观点，就片面地进行宣传呢？”

“割裂毛泽东思想这个问题，现在实际上并没有解决。比如文艺方针，毛泽东同志说，要古为今用，洋为中用，百花齐放，推陈出新。这是很完整的。可是现在，百花齐放不提了，没有了，这就是割裂。现在相当多的学校的学生不读书，这也不符合毛泽东思想。毛泽东同志反对的是教育脱离劳动，并不是不要读书，而是要读得更好。毛泽东同志给少年儿童的题词是‘好好学习，天天向上’嘛。”

“还有，毛泽东同志讲了四个现代化，还讲过阶级斗争、生产斗争、科学实验是三项基本社会实践，现在却把科学实验割裂出来了，而且讲都怕讲，讲了就是罪，这怎么行呢？恐怕在相当多的领域里，都存在怎样全面学习、宣传、贯彻毛泽东思想的问题。毛泽东思想紧密联系着各个领域的实践，紧密联系着各个方面工作的方针、政策和方法。我们一定要全面学习、宣传和实行，不能听到风就是雨。”

从摘录的这几段话中，我们能够看出，邓小平从实事求是的角度出发，对怎样理解毛泽东思想做了很好的说明。对怎样学习和宣传毛泽东思想，邓小平向来是非常清楚的。

我的抓法是抓头头

1977年9月16日，邓小平和教育部主要负责人谈话时，谈到了《教育战线拨乱反正》问题。他说："教育部要争取主动。你们还没有取得主动，至少说明你们胆子小，怕又跟着我犯'错误'。我知道科学、教育是难搞的，但是我自告奋勇来抓。不抓科学、教育，四个现代化就没有希望，就成为一句空话。抓，要有具体政策、具体措施，解决具体的思想问题和实际问题。你们要放手去抓，大胆去抓，要独立思考，不要东看看，西看看。把问题弄清楚，该怎么办就怎么办。该自己解决的问题，自己解决；解决不了的，报告中央。教育方面的问题成堆，必须理出个头绪来。现在群众劲头起来了，教育部不要成为阻力。教育部首要的问题是要思想一致。赞成中央方针的，就干；不赞成的，就改行。"

"重点大学搞多少，谁管？体制怎么定？我看，重点大学教育部要管起来。教育部直属重点大学，双重领导，以教育部为主。教育部要直接抓好几个学校，搞点示范。学校每周学习时间多少、政治活动时间不能超过多少等等，这些都要具体化，教育部要干预。人民大学是要办的，主要培养财贸、经济管理干部和马列主义理论工作者。师范大学要办好，省、市管的师范院校，教育部也要经常派人去检查。不办好师范教育，教师就没有来源。大学学制本科一般定为四年，这个问题认识基本一致了。医科不同，可以长一些。还有个别专业也可以长些。所谓四年，基础课恐怕要两三年。基础打得不好，搞科研是有困难的。我看了你们编的外国教材情况简报。看来，教材非从中小学抓起不可，教书非教最先进的内容不可。当然，也不能脱离我国的实际情况。"

"教育要狠狠地抓一下，一直抓它十年八年。我是要一直抓下去的。我的抓法就是抓头头，抓方针。重要的政策、措施，也是方针性的东西，这些我是要管的。教育方面有好多问题，归根到底是要出人才、出成果。"

"总之，教育部要思想解放，争取主动。过去讲错了的，再讲一下，改过来。拨乱反正，语言要明确，含糊其辞不行，解决不了问题。办事要快，不要拖。"

在这次谈话中，邓小平公开提出了拨乱反正这一重大主题，从教育界开刀。百年大计，教育为本。教育，历来是任何一个国家都应高度重视的。只有教育上去了，国民素质才能上去，国家的建设才能上去。由这一点足见邓小平的英明以及救国救民的良苦用心。

任何一只手削弱都不行

1979年6月28日，邓小平在接见日本公明党以竹人义胜委员长为团长的第八次访华团时说：

“民主和法制，这两个方面都应该加强，过去我们都不足。要加强民主就要加强法制。没有广泛的民主是不行的，没有健全的法制也是不行的。我们吃够了动乱的苦头。前一段时间上海发生冲击领导机关的事，那是不能允许的。这实际上是属于‘四人帮’打砸抢、武斗的思想体系。”

“我们好多年实际上没有法，没有可遵循的东西。这次全国人大开会制定了七个法律。有的实际上部分地修改了我们的宪法，比如取消革命委员会，恢复原来的行政体制。这是建立安定团结政治局面的必要保障。没有安定团结生动活泼的政治局面，搞四个现代化就不行。”

“这次会议以后，要接着制定一系列的法制。我们的民法还没有，要制定；经济方面的很多法制，比如工厂法等等，也要制定。我们的法律是太少了，成百个法律总要有的，这方面有很多工作要做，现在只是开端。民主要坚持下去，法制要坚持下去。这好像两只手，任何一只手削弱都不行。”

在谈到民主与法制这两个重要的问题时，邓小平打了一个非常生动形象的比喻：“这好像两只手，任何一只手削弱都不行。”的确，此语巧妙如珠。我们能从邓小平幽默的口才中，于平常处见到不平常的东西。这，正是邓小平幽默口才的魅力所在。

冲口而出：外国名人幽默趣谈

西方人比较擅长表达自己的感情，并把幽默当成一种良好心境的表现。他们把机智看成幽默的重点所在，可谓准确地把握了幽默的真谛。

西方人的生活态度有其闲适的一面，因此幽默的语言往往能脱口而出，这些幽默语言无形中成了社会生活的润滑剂。

海明威，从左往右写

我站着写作

美国著名作家海明威的文章素以精练、富有新意而著称。有一次，一位记者向他请教文章简练的秘诀，海明威幽默地回答说：

“我站着写作，而且一只脚站着。我取这种姿势，使自己处于一种紧张的状态，迫使我尽可能简短地表达我的思想。”

从左往右写

在一次宴会上，美国著名作家海明威身旁坐着的是一位资本家。这位资本家想方设法要同海明威搭讪。

“什么是最好的写作方式？”资本家问。

“从左往右写。”海明威答。

连地皮一起带去

美国作家海明威迁居古巴哈瓦那后，一位纽约富商慕名前去拜访，并坚持要海明威在他的日记簿上签名留念。

海明威知道这个来访者是依靠地产买卖发财的。他灵机一动，即刻用手杖在沙地上划出一个签名说：“请你收下，不妨连地皮一起带回纽约去。”

不吃软、不吃硬、不吃眼前亏

有人挖苦海明威说：“文人的胃口真好，在你们的笔下什么都能吃：吃苦、吃力、吃醋、吃官司、饮泣、饮恨、食言、啃书本、喝西北风、咬文、嚼字……还有什么不吃的？”

海明威冷冷地回答：“不吃软、不吃硬、不吃眼前亏。”

谢

有一个嫉妒海明威的人，写了一封信给海明威：“我知道你现在的身价是一字一金，现在附上一元美金，请寄个样品来看看。”

海明威收下钱，回答了一个“谢”字。

写作入门

有人询问海明威：“写作如何才能入门？”

海明威回答说：“你必须具有正确的观察力、由衷的态度、牧师的虔诚、海盗的勇气和作家的良心。具备了这些，你就入门了。”

在字典里

有个贪财而又胸无点墨的人问海明威：“你能告诉我一个能保证找到黄金的地方吗？”

“可以。”

“在哪儿？”

“在字典里！”

尽量想法子活下去

有位自命不凡的“才子”，不知天高地厚，向海明威表明他的意愿，他说：“先生，我早就有心为你写一篇传记，希望你死了之后，我能获得为你写传记的专利与光荣。”

海明威淡淡一笑：“哦，先生，我知道你想写我的传记，所以我就不得不尽量想法子活下去。”

决斗的条件

海明威在军官学校任职期间，曾直率地批评过一些军官。因此，先后有五位军官准备找他决斗。

海明威欣然接受决斗者的挑战，他说：“既然你们先提出决斗，我有权提出决斗的条件：在十步之内，使用手榴弹……”

那些要求决斗的军官们一听，个个咂舌，都拒绝了。

卓别林，我比狗还穷

只是在模仿

一次，好莱坞为查理·卓别林举行生日宴会。宴会结束前，卓别林用自己的抒情高音，演唱了一首意大利歌剧插曲。

在座的朋友都惊叹不已：“查理，我们相处多年，也不知道你唱得这么好啊！”

卓别林谦虚地回答说：“我根本不会唱歌。这只不过是在模仿剧中人恩瑞柯·卡如索罢了。”

语言大师应是谁

有位朋友询问卓别林：“您认为世界上最著名的语言大师应该是谁？”

卓别林耸耸肩，幽默地回答：“恐怕应该算是上帝吧，你没见人们可以用各种不同的语言向他祈祷。”

出名后才能写

一个初出茅庐的作家，请卓别林看他写的一个电影剧本，并询问他的意见。

卓别林仔细翻阅过他的剧作后，摇了摇头说：“等你和我一样出名的时候，你才能写这样的东西，你这个时候要写得更好才行。”

趣味十足的回信

爱因斯坦非常钦佩查理·卓别林。一次，他写信给卓别林说：“你的电影《摩登时代》，世界上每个人都能懂，你一定会成为一个伟人。　爱因斯坦”　卓别林谦虚地回信说：“我更钦佩你，你的相对论世界上没有几个人能懂，但你已经成为一个伟人了。卓别林”

第一次受勋章

1921年10月，艺术大师卓别林来到法国巴黎，受到了巴黎人民空前热烈的欢迎。法国政府鉴于他在世界艺术领域的巨大贡献，决定给他授勋。

在授勋之前，有一位美国记者向卓别林透露说："法国政府在捉弄你，那勋章是授给学校教师的。"

"不，先生，您错了。"卓别林微笑着回答说："教师是全人类都尊重的人，我能得到学校教师的勋章，那是我一生最大的快乐。"

这枚勋章，是卓别林一生中第一次接受的勋章。

我比狗还穷

卓别林曾编导一部喜剧影片。内容是西方国家想打通宇宙间的道路，决定买一只狗发射到其他星球上去试验。

剧中的主人公听到这个消息后，连忙去找发射台要求说："我愿意代替狗去试验。"别人问他的理由，他说："因为我比狗更便宜，同时我比狗还穷呀！"

真假卓别林

某公司举办了一场别开生面的评选会，让所有扮演、模仿过卓别林的人竞赛，并请专家来评选出名次。

卓别林听到这个有趣的消息后，也兴致勃勃地赶来参加。不料，第一名竟被别人夺去，自己反倒屈居第二！

比赛结束后，该公司老板为了庆祝这次评选活动，特地邀请桌别林为大家讲几句。卓别林风趣地说："关于卓别林，世界上当然只有一个，那就是我。既然我被评为第二，那就应该尊重大家的意见，让获得第一名的卓别林来讲话吧！"

希特勒偷了我的胡子

1937年，卓别林在美国一家报纸上，郑重其事地指控希特勒有偷窃行为。其理由是希特勒那种胡子"是我第一个发明的这种胡子！""我要控告希特勒偷了我的胡子。"

卓别林这一幽默的控告，在全世界广为流传。法西斯大独裁者希特勒知道后，气得全身发颤，七窍冒烟，咬牙切齿，顿足大骂："卓别林，你……你这个该枪毙的犹太人！"

伊索，该死的石头

该死的石头

古希腊寓言作家伊索曾经是个奴隶。一天伊索的主人要去浴室洗澡，他把伊索叫来说："到公共浴室里去看看，今天洗澡的人多不多。"

伊索走到公共浴室门口，看见往浴室里走的人非常多。他刚要转身回去告诉主人，忽然发现浴室门口有一块石头，碍手碍脚，也不知是谁把这块石头放在那里的。

进出浴室的人，只要稍不小心，就要被这块石头绊倒。可是被绊的人总是将那个放石头在这里的人咒骂一句，然后爬起身走开，从没有人动手将这块石头移开。

伊索正站在那里心中暗暗觉得好笑时，忽然又有一个人被石头绊倒了。那人也骂了一句："哪个该死的将石头放在这里！"

这个人爬起身后，却动手将石头移开，然后才走进浴室。

伊索回去对主人说："今天浴室只有一个人。"

主人听了大喜说："只有一个人吗？那真是好机会！可以舒舒服服地入浴一次了。" 他吩咐伊索赶紧收拾衣物跟他去。到了浴室，伊索的主人发现里面挤满了人，便责备伊索说："里面这么多人，你为什么告诉我只有一个人？"

于是，伊索就将他在浴室门口见到的情形告诉主人，并说："人被石头绊倒后，只晓得骂人，从不想将石头搬开，只有一个人在绊倒之后，想到将石头搬开，以免再绊倒别人，所以我认为只有他才说得上是一个人，我一点也不曾说谎。"

不知道

伊索虽然是个出身贫困的奴隶，却成为著名的古希腊寓言作家。他的作品被译成各种文字，在世界各地广为流传，深受人们的喜爱。

有一次，主人叫伊索进城去办一点事，在路上偶然遇到一位法官，法官问他："上哪儿去？" "不知道。"伊索说。法官一听，对伊索起了疑心，便将他关进了监狱。 "法官先生，我讲的全是实话。"伊索在监狱里分辩说："我确实不知我会关进监狱呀！" 法官无奈，只好把他放了。

好回答

有一天，寓言家伊索在乡下遇到一个过路的人，那人问伊索："到前面村子需要走多长时间？"

伊索回答说："你一直往前走吧！"

"这我知道，"过路人说，"但我是请问你需要走多长的时间？"

"你一直往前走吧！"伊索还是这样回答。那人以为伊索是个疯子，自认晦气，摇着头走了。可是，当他走了几分钟后，伊索突然把他叫住，说："两个小时以后，你就可以走到了。"

"那你怎不早告诉我呢？"过路人奇怪地问。

"我当初不知道你走路的快慢呀!"伊索两手一摊说，"那叫我怎么好回答你呢？"

萧伯纳，再次敬赠

"干活"是一个外国词

在一次宴会上，萧伯纳身边坐的是一位有钱的纺织老板娘。这位肥胖的老板娘带着娇媚的笑容问萧伯纳："您知道有防止肥胖的办法吗？"

萧伯纳摸着胡子，故意装出一副非常郑重其事的样子说："我知道有一种办法，但是怎样也想不出法子把这个词翻译给你听，因为'干活'这个词对你来说，是个外国词呀！"

送到盲人院最适合

一位商人收集了不少抽象派画家的画，临死前他想把这些画捐送给一个团体，以便留名于后世。于是他去向萧伯纳求教。

萧伯纳看了这些画后对那位商人说："我想，把它们送到盲人院去最合适了。"

再次敬赠

有一天，萧伯纳在一家旧书店翻看削价处理的书籍，猛然看到他的一本剧作集，而且该书的扉页下方，有他给那一位朋友的亲笔题赠"乔治·萧伯纳敬赠"的字样。

他当即买下此书，在题赠下写上"乔治·萧伯纳再次敬赠"，然后将此书再寄回给那位朋友。

喜欢不等于拥有

萧伯纳喜欢花卉。一位朋友来到他的住所，发现他屋内只有几个作为装饰品的花瓶，便问他："我一向认为你是爱花的，没想到你屋里连一朵花也找不到。"

萧伯纳立即回答说："我也喜欢儿童。但是，我并不把他们的头割下来供养在花瓶里。"

我刚好知道这一点

在一次宴会上，有个人在萧伯纳面前滔滔不绝地炫耀自己的才学。萧伯纳彬彬有礼地听了很久，最后实在忍无可忍了，便说："朋友，有了我们两个人，世界上应该知道的事情，全都知道了。"

"不见得吧？"那人说。

"我看你好像什么都知道，可就是不知道自己令人厌烦。"萧伯纳回答说，"因我刚好知道这一点。"

把三个数字加起来

有一个年过半百的贵妇人，每天花很多时间和精力打扮自己，似乎以为经过这番打扮自己会年轻许多。在一个偶然的场合，她遇见了萧伯纳，便问道："您看我有多大年纪？"

"看你皎洁的牙齿，只像18岁；看你蓬蓬的卷发，不超过19岁；看你扭捏的腰身和那涂满胭脂的脸蛋，顶多14岁吧！"萧伯纳一本正经地说着。

贵妇人受宠若惊，极为高兴。又问道："您能确切地说一下，我究竟像几岁吗？"

"几岁吗？很容易，只要把刚刚说的三个数字加起来，18加19，再加14，"萧伯纳打趣地说,“你应该是51岁呀!”

这是太阳的福气

1933年2月,英国剧作家萧伯纳到中国游历,鲁迅、蔡元培等人与他在宋庆龄家里欢聚。饭后,大家去花园散步。

这时,柔和的阳光照在萧伯纳的银须上,蔡元培先生对萧伯纳说:“肖翁,您真有福气,在上海看见了太阳。”

萧伯纳听后微笑着说:“不,这是太阳的福气,可以在上海看到萧伯纳。”

最伟大的戏剧家

萧伯纳常在他写的戏中揭露资本家的丑恶面目,所以得罪了一些有钱人。一次,有个资本家想在大庭广众之下羞辱萧伯纳,他挥着手大声地说:

“人们都说,伟大的戏剧家都是白痴。”

萧伯纳笑了笑,随即回敬道:“先生,我看你就是最伟大的戏剧家。”

你要当心

英国大文豪萧伯纳,是一个妙趣横生的幽默家,他擅长和人开玩笑,但也有上当受骗的时候。

一次,美国人麦唐纳因倾慕萧伯纳的大名,请他亲笔题签一本书,报酬是每个字一元美金。萧伯纳认为报酬并不优厚,还要亲自动笔,所以当时没有答应他。

几天后,他收到麦唐纳的一封信,麦唐纳自称正在推销一种药丸,要借萧伯纳的亲笔大名做商标,可更加畅销。

萧伯纳接到这封信后很生气,认为这是对他的侮辱,于是提笔写信拒绝,信中说:“……如果你敢把我的名字做商标,我一定用法律和你较量,你要当心……”

哪里知道,麦唐纳碰了这个钉子后,反而喜不自胜。因为他已经如愿以偿,得到了萧伯纳一个潦草的签名,于是他把原信保存起来。

你们一共有八位

爱因斯坦开拓了科学革命的新纪元,成为20世纪举世瞩目的科学巨星,受到人们的尊敬和赞扬。1921年爱因斯坦访问英国时,与萧伯纳见面了,萧伯纳风趣地对他说:“你们一共八位!”

爱因斯坦不解地问:“哪八位?”萧伯纳说:“毕达格拉斯,托勒密,亚里士多德,哥白尼,伽利略,开普勒,牛顿,爱因斯坦!”

奖励没有写东西

1925年,瑞典学会推举萧伯纳为当年的诺贝尔文学奖获得者。

肖翁毕生作品甚多,唯独1925年没有发表过什么作品。因此当他得知获奖一事时,幽默地回答说:

“那一定是奖励我这一年没有写东西吧!”

还以为我死了

萧伯纳70岁生日那天,英国许多报纸登了他的照片。他看到后风趣地说:“我早上一起来见这么多报上有我的照片,我还以为我死了呢!”

苏格拉底,正还是不正

一大一小两个圆

古希腊哲学家苏格拉底的学生曾询问他:“您的学问如此渊博，可为什么您常常对自己的理论表示怀疑呢?”

于是,苏格拉底马上在地上画了两个圆,一大一小。并解释说:“这个大圆相当于我的知识,这个小圆相当于你的知识,虽然我的知识数倍于你,但我的大圆外面的无知部分也就相对越大,而你的小圆外面的无知部分却相对地较小,这就是我为什么时常困惑的原因。”

哪一种都要后悔

一个学生请教苏格拉底:“结婚与不结婚究竟何者为好?”

苏格拉底说:“有这种想法的人,取任何一种都是要后悔的。”

双倍的学费

有一个年轻人,去向苏格拉底学习演讲才能。他为了表现自己的口才,滔滔不绝地讲了许多话。苏格拉底要他缴纳双倍的学费。年轻人惊诧不已地问道:“为什么我要加倍呢?” 苏格拉底说:“因为我得教你两门功课,一门是怎样学会闭嘴,另外一门才是怎样演讲。”

学习要靠拼搏

一名青年对苏格拉底说:“我想获得知识……”

苏格拉底并没说什么,只是将年轻人带到海里。海水淹没了年轻人。他奋力挣扎才将头探出水面,这时苏格拉底问他:“你在水里最大的愿望是什么?”

“空气,当然是呼吸新鲜空气!”

“学习就得使上这股干劲。”苏格拉底说。

让我们把这件事忘却吧

有一次,有人问苏格拉底:“先生,你可曾听说……” “且慢,朋友,”这位大哲学家立即打断他的话,“你是否确知你要告诉我的话全部都是真的?”

“那倒不是,我只是听来的。”

“原来如此,那就不必讲给我听;除非那是件好事,请问你讲的那件事是不是好事?”

“恰恰相反。”

“噢,那么也许我有知道的必要,以免贻害他人。”

“噢,那倒也不是……”

“那么,好啦!”苏格拉底最终说道:“让我们把这件事忘却吧!人生有那么多有价值的事情,我们没有功夫理会那些既不真又不好的事情了。”

难道你希望我犯罪

苏格拉底被当权者判处了死刑,其罪名是传播异说、败坏风俗、反对民主等。当权者没有采取绞死他的方式,也没有采取砍下他脑袋的方式,而是让他喝一杯毒芹水,让他体面而无痛苦地死去。

临刑之时,一个女人突然跑到他跟前,伤心地说:“我真伤心,你什么罪也没犯,可是他们就要处死你了。”

“傻大姐,”苏格拉底答道,“难道你希望我犯罪,做一个罪犯死去才值得吗?”

毕加索,冒牌货

冒牌货

一位专门贩卖艺术品的商人,买到了一幅有毕加索名字的画,他赶紧来找毕加索,想证实一下这幅画是不是毕加索的真迹。

毕加索瞥了一眼那幅画说:“冒牌货!”

不久,商人又买了一幅毕加索的画来找毕加索鉴别,问他这幅画是真是假。“冒牌货!”毕加索答道。“可是,先生,”商人急了,大声喊道,“这幅画是您不久前亲笔画的,当时我在场!”

毕加索耸耸肩膀,作出一副无可奈何的神态说:“我自己有时也画冒牌货。”

“前卫”的甘苦

毕加索漫长的一生都是在不倦和无畏的探索和进取中度过的,因此有人称他是艺术的前卫。

这做“前卫”的甘苦,知道得最清楚的莫过于毕加索自己了。他深有感触地说:“前卫受到从后面来的攻击要比前面来的多得多。”

绝不像他们画的那样坏

一次,毕加索在巴黎参观一个全世界的同时代画家的画展。参观结束后,主办方问他对此有何印象和感想。

毕加索不假思索地回答道:“我觉得,世上的人绝不像他们画的那样坏。”

平面图

1917年,斯特拉文斯基访问罗马和那不勒斯。在这次旅行中,他结识了西班牙大画家毕加索,两人从此结为密友。回到瑞士时,海关人员从斯特拉文斯基的皮箱里翻出一个奇怪的文件。

"这上面画的是什么？"检查人员问斯特拉文斯基。

"毕加索给我的肖像画。""不可能，这明明是平面图。""对了！这正是我的脸的平面图。"斯特拉文斯基回答说。

毕加索的风格

1946年，住在法国戛纳的内地城市瓦洛里斯的毕加索，发现这个地方的陶瓷艺术业正值衰微之际，于是他突然迷上了这种必须经过考验的创造艺术。他带着一种狂热的激情沉浸在学习和创造中，很快就掌握了制造工艺的奥秘，不到两年的时间，就创作了近两百件作品。

像在绘画上一样，毕加索在陶瓷工艺上同样表现了他艺术风格的大胆果敢和不为章法所羁。毕加索在陶瓷工艺上从来不曾试图取悦什么人，或者囿于某种风格，他风趣地说："难道上帝也只有一种风格吗？"

作画的境界

毕加索经常在画布前一站就是几个小时，不坐下休息，不和人讲话，甚至废寝忘食。一位好心的朋友以关切的口气问他："你这样拼命工作，不感到太累吗？"

毕加索笑了笑说："每当我作画时，只有一心一意，仿佛身体已经在画室外了。就像穆斯林进寺院前，先把鞋子留在门外一样。不但不知道累，还感到极快乐呢。"

爱迪生，我没有失败

上帝往往是很大意的

著名的美国发明家爱迪生，时常被采访记者包围，有时不得不回答他们提出的各种极其刁钻古怪的问题。

一次，有人问爱迪生："是否需要给某个修建中的教堂装避雷针？"爱迪生回答说："一定要安装，因为上帝往往是很大意的。"

当记者问他是怎样想象上帝的，爱迪生回答说："没有重量、没有质量、没有形状的东西是不可想象的。"

我没有失败

爱迪生在试制电瓶时，有人问道："你一而再、再而三地失败，为什么还要继续搞呢？""失败？"爱迪生回答说，"我没有失败。现在我的成就是知道了五万种不成功的方法。"

我到哪里去好

爱迪生的妻子见爱迪生整天泡在研究室里忙碌不停，心疼得不得了，就劝他说："你太辛苦了，应该换个地方休息休息。""我到哪里去好？"爱迪生问。"拣你爱去的地方。”“那我只好去研究室了。”

经过设计的房门

爱迪生以自己的发明创造闻名世界,但让他的朋友们感到奇怪的是,他的房门开起来非常费劲。有一次,一位朋友对爱迪生说:“真不明白,像你这样有天赋的人,却不能设计出一扇轻便灵巧的门?为了推开你的门,我几乎把全身的劲都使出来了。”爱迪生笑着说:“我的门是经过设计的,它与一个家用压水泵连接在一起,每个进屋的人,一次能给我的蓄水池里压上来20公斤水哩!”

托尔斯泰,你太残忍了

拥有的都是所爱的

列夫·托尔斯泰新婚不久,俄国另一位作家索洛古勃前来拜访他。索洛古勃看到托尔斯泰万事如意,对命运所赐的一切都感到心满意足。

“您真幸福!托尔斯泰先生。”索洛古勃非常欣赏地对托尔斯泰说,“您所爱的一切都有了。”

“不对,您错了,索洛古勃先生,”托尔斯泰立即予以纠正道,“我并非拥有我所爱的一切,只是,我所拥有的都是我所爱的。”

你太残忍了

一位朋友抱怨托尔斯泰:“你为什么要让小说主人公安娜·卡列尼娜卧轨自杀呢?你太残忍了!”

托尔斯泰笑着解释说:“这个意见让我想起了关于普希金的一件事:有一次,他对一个朋友说,‘你想想看,塔吉雅娜(《叶甫根尼·奥涅金》的女主人公)跟我开了多大的一个玩笑,她结婚了。我万万没料到她会这样。’关于安娜·卡列尼娜,我也完全可以这样说。一般来说,我们男女主人公有时跟我开的那种玩笑,我简直不大喜欢!他们做那些在现实生活中应该做的,和现实生活中常有的事,而不找愿意的。”

永远说实话

托尔斯泰虽然出身于贵族,但他从青年时代起就能严格要求和约束自己,自觉地克服贵族阶层给他熏染的不良习惯,并给自己确立了一些“生活准则”。其中有:“永远说实话。”“要尽可能做一个对祖国有用的人。”“要做个好人,并且力求让谁也不知道你是个好人。”“要有生活目标:一辈子的目标,一段时间的目标,一年的目标,一个月的目标,一个星期的目标,一天的目标,一个小时的目标,一分钟的目标,还得为大目标牺牲小目标。”

大仲马，你自己疯了

这双手是劳动的手

有一回，在依奥省的一次选举会上，一个人用粗鲁的喊叫声，打断了大仲马的发言：“你这个侯爵，你这个黑种！”

大仲马一把抓住喊叫者的裤腿，把他高举起来，对他说：“快向我求饶，要不我把你扔到河里去！”喊叫者连连告饶。

大仲马说道：“我只是给你证明一下，我这双手二十年来写出过400部小说，55个剧本，这双手是劳动的手……”

把两个执达吏埋了

大仲马常常说：“除开那些债主外，任何人什么时候找我要钱，我都不会拒绝。”有一回，一个法院执达吏死了，家里人请求他资助20法郎的丧葬费。大仲马倒是很大方，他说：“这是40法郎，拿去把两个法院执达吏埋了。”

我没有苦写过

大仲马活了68岁，晚年时自称著书1 200部。他白天写作，晚上则与朋友交往、谈天。有人问他：“你苦写了一天之后，第二天怎么还会有精神呢？”

大仲马回答说：“我没有苦写过。”

“那是怎么回事呀？”

“你去问一棵梅树它是怎样结果的吧。”

你自己疯了

有一天，心爱的小狗无意中咬伤了大仲马的手指，大仲马便不得不改用左手来继续写作。

这件事很快传开了，甚至还有谣者说大仲马病危了！这时有个人匆匆来到大仲马的家里，说：“大仲马先生，我很喜欢读您的小说，特别是《三剑客》。现在我正在收集名人的亲笔签名，可就是没您的。因此，我请求您签一个。”

“啊，很对不起，先生，我的右手指被小狗咬了，左手写的字又很不像样……”

“这我知道，”来人抢着说，“您的小狗真是发疯，您也病得很重，所以我特地赶来。不然，再过几天，恐怕就太晚了！”

大仲马一听，气愤极了，他声色俱厉地对来人说：“先生，请注意，不是我的小狗疯了，而是你自己疯了！我不愿见到你，更不会为你签什么名。你快走吧！”那人只好怏怏而去。

不同的创作方法

亚历山大·仲马父子都是法国著名的作家，大仲马对他和儿子间在创作方法上的不同有过形象的叙述:"我从我的梦想中选取题材，我的儿子却从现实中选取题材;我闭着眼睛写作,他睁着眼睛写作;我绘画,他照相。"

小仲马,不嘲笑别人

我最好的作品就是你

1852年,小仲马的话剧《茶花女》首演就受到观众的热烈欢迎。他发电报给当时流亡在布鲁塞尔的父亲大仲马说:"巨大的成功!就像我看到您的一部作品初次上演时所获得的成功一样。"

大仲马对儿子的成功十分高兴,马上回电说:"我最好的作品就是你,我最亲爱的儿子! "

后者作为前者的补充

大仲马去世之后,各家报纸急忙把"小仲马"的"小"字去掉,但立即遭到小仲马的抗议:"这个字眼是我名字的一个不可分割的部分,这就好像一个人有两个姓,后者作为前者的补充。"

就是为了这两句台词

小仲马的剧本《私生子》中的私生子最后得知"叔叔"就是自己的生父。结尾部分的台词是这样的:

父:"当我们两个人单独在一起时,你一定会允许我叫你儿子的。"

子:"是,叔叔! "

儿子的简短回答,表示出巨大的愤怒。

首演时,剧院老板要求修改这个结尾,改成父子热烈拥抱的场面。

小仲马冷冷地回答说:"我就是为这两句台词才写这个剧本的。"

不嘲笑别人

有人问小仲马:"您对世人有什么要告诫的吗? "

小仲马高兴地回答说:

"我奉告世人,每日步行两小时,每夜睡眠七小时;困意上来即眠,睁开眼睛即起,起床后即投入工作;吃饭喝水则以刚饱为度。"

"只说应该说的,只写有胆量署名的文章,只干你能够在人前说的事。切莫忘记,应该做一个别人能够信任的人。不要盲目地创造,亦不可肆意地破坏,待人首先持有宽容的态度,而不应蔑视、仇恨或嘲笑别人。"

马雅可夫斯基，抓住她

我正在追求他的女儿

马雅可夫斯基还是不为人知的青年诗人时，一次，颇有名气的文艺批评家科·楚柯夫斯基特地从彼得堡来到莫斯科，会见了马雅可夫斯基。见面以后，文艺批评家对青年诗人大大地鼓励和赞扬了一番。可是，马雅可夫斯对这些恭维的话很不以为然，他对楚柯夫斯基说：

"我还有事要办，请原谅。如果你要夸奖我，就请到那边的餐桌上去，那里坐着个小老头，系着白领结……请你把要夸奖我的话，讲给他听好了。"

"这和那个小老头有什么关系呢？"批评家大惑不解。

"有关系！"马雅可夫斯基笑了笑说，"我正在追求他的女儿呀！"

苏联大画家列宾见过马雅可夫斯基之后，对他那一头漂亮的头发十分欣赏，准备找个机会为他画像。

1915年春，列宾正式与马雅可夫斯基约定了时间，诗人欣然同意。可是等到画像那天马雅可夫斯基来到列宾的画室时，画家着实吃了一惊。原来，马雅可夫斯基剃了个光头，那一头秀发已无影无踪了。列宾为此惋惜不已。

马雅可夫斯基却对列宾说："表现一个人内在美比外形美更为重要。我剃了光头，就是为了让您更鲜明地刻画我内在的感情气质。"

我的诗不是鼠疫

马雅可夫斯基在一次大会上做演讲，他的演讲生动、尖锐、幽默，不仅锋芒毕露，而且妙趣横生。

忽然，有个故意捣乱的人喊道："您的笑话我不懂！"

"您莫非是长颈鹿！"马雅可夫斯基感叹道，"只有长颈鹿才有可能星期一浸湿了脚，直到星期六才能感觉到呢！"

那人又喊道："马雅可夫斯基，您的诗不能使人沸腾，不能使人燃烧，不能感染人。"

"我的诗不是大海，不是火炉，不是鼠疫。"诗人微笑着回答。

自以为干净吗

有一次，马雅可夫斯基正在演讲会上，有人递给他一张条子，上面写着："您说，我们应当时时把沾满'尘土'的传统和习惯从自己身上洗掉，您既然也需要洗脸，那么就是说，您也是肮脏的了。"

马雅可夫斯基看后，风趣地回答说："那么，您不洗脸，就自以为干净吗！"

贝多芬，那双靴子病了

那双靴子病了

举世闻名的音乐家贝多芬生活十分贫困，经常只能去低档饭店吃饭。有一次，他隔了好几天才去饭店，一位酒友一见他就问："您怎么了？但愿您这几天不是生病了。"

"不，我没病哩，"贝多芬幽默地说，"只是我那双靴子病了，而我又只有这么一双，所以只好蹲在家里不出来了。"

不为蠢猪们演奏

有一次，贝多芬应一位亲王的邀请，参加一个音乐会，并准备在音乐会上演奏自己的作品。音乐会在亲王的庄园里举行，那天十分寒冷，并且下着瓢泼大雨。

贝多芬坐在钢琴旁，熟练地奏起那支著名的《月光奏鸣曲》。沉静优雅的旋律从他的指端流出，在大厅里回响。优美的乐曲使人们陶醉，人们停止了交谈，忘记了屋外的大雨，忘记了一切，好像他们不是在风雨中听演奏，而是沐浴在明亮柔和的月光中。

这时，一位伯爵忽然旁若无人地说起话来，他的声音越来越大，简直就像噪音一样干扰着贝多芬的演奏。贝多芬再也忍受不了这种吵闹，他愤怒地停止了演奏，起身高声说道："我决不能为这些蠢猪们演奏。"

主办音乐会的亲王不但不制止那位破坏了全场气氛的伯爵，还大声斥责贝多芬，妄想以亲王的威势压住他。面对这种侮辱，贝多芬怒不可遏地对亲王说道："你之所以成为亲王，只不过是凭借你的出身罢了，而我却是靠自己的努力成功的。亲王过去有很多很多，现在也有很多很多，将来也会有很多很多，而我——贝多芬只有一个！"

说完，贝多芬气愤地离开了会场。

拿破仑的葬曲

贝多芬曾对法国的资产阶级革命十分向往与同情。因为他反对帝制，主张自由和民族独立。所以，他把当时的拿破仑看成是一位建立共和体制的英雄人物，并于1804年写成《第三交响乐》来献给他。

正当他准备把总谱交给法国驻维也纳大使馆的时候，却突然听到拿破仑已把法兰西共和国改为帝国并自称皇帝的消息。贝多芬气愤极了，狂怒地说："那么，他也不过是一个凡夫俗子。现在，他要践踏一切人的权利，只顾自己的野心，就要高居于所有人之上而变成暴君了！"

于是，贝多芬把乐谱的封面撕得粉碎，扔在地上。紧接着换上一个有报复意味的标题——《英雄交响曲——纪念一个伟人的遗迹》。他断定拿破仑逆历史潮流而动的行为，一定会彻底失败，必然将以“遗迹”告终！

1821年，当贝多芬得知拿破仑在圣海伦岛上死去的消息时，他高兴地说：“17年前，我写的乐曲正适用于这件事啊！”原来这乐曲就是葬曲！

音乐家的心声

贝多芬去世前耳聋了二十多年，当时他日夜都希望自己的耳朵能复聪。

到了生命的最后一刻，贝多芬还是断断续续地说：“到了天堂，我就能听得见了。”

在旁侍候的人无不泪水直下。

贝多芬去世后，恰鲁比尼成为欧洲的音乐巨星。有一次，一位时髦音乐家带着一套乐谱去见恰鲁比尼，说那些谱是大音乐家巴赫所写。

恰鲁比尼细细地审视了一遍，肯定地说：“这绝不是巴赫所写的，实在太坏了！”

那位音乐家狡猾地说：“那么，如果我告诉你这是我写的，你会相信吗？”

恰鲁比尼笑笑说：“不，你还不能写得这样好呢！”

一分钟小幽默大智慧

◎ 最好的一边

有一位电影明星向著名导演希区柯克唠叨摄影机的角度问题，她一次又一次地告诉他，务必从她最好的一边来拍摄。“抱歉，做不到，”希区柯克说，“我们没法拍你最好的一边，因为你正把它压在椅子上。”

大智慧 人贵有自知之明，不能自视清高，不能自以为是。当你妄图凭自己的意愿去做事的时候，就是别人最反感你的时候。

◎ 高龄的原因

马尔科姆·萨金特是美国音乐指挥家和风琴手。他为古典音乐在年轻听众心目中的复活尽了很大的努力。

在他70岁那天，一个采访者问他：“您能活到七十高龄，应该归功于什么？”

“嗯，”指挥家想了想说，“我认为必须归功于这一事实，那就是我一直没有死。”

大智慧 现代人都在挖空心思地寻找养生之道。其实，人的生命是非常奇妙的，没有任何一种所谓的科学的方法能证明可以延长生命。既然这样，我们为什么还要在长寿这个问题上浪费这么多精力和时间呢？为什么能高寿？萨金特回答得好："因为我一直都没有死。"

◎ 开皇家学会的玩笑

英国植物学家、作家约翰·希尔因为未能被批准加入皇家学会，一直耿耿于怀。有一次，他从朴次茅斯给学会寄来一封信，信中他编造了一例神奇的病例：一名水手从桅杆上摔下来，跌断了一条腿。医生用绷带替他扎牢后，给他用焦油冷浸，效果奇好，三天内他的腿就恢复了。这一案例引起了学会认真的讨论。谁知不久学会又收到约翰·希尔的来信，说他在上封信中忘了说明那条断腿是木头做的。

大智慧 在现代社会也是如此，一些无聊、毫无价值的事情总是以严肃的面目出现，值得我们警惕。

◎ 首相与熊猫

英国首相丘吉尔头一回看见熊猫时，觉得这种动物很有意思。只见那头熊猫仰卧在地，怡然自得，压根儿不理会这位叱咤风云的大人物。首相对它凝视良久，最后耸耸肩说："真想不到，它竟是如此的高不可攀！"

大智慧 不想跌入低谷的人，最好是稳稳地站在一座高山上。

◎ 美化语言

美国前总统杜鲁门在公共场合讲话时，总是不自觉地说上几句脏话。据说，一位民主党的知名女士曾请求杜鲁门夫人劝她丈夫说话干净些，因为她刚听到杜鲁门指责某个政治家的发言"像一堆马粪"。杜鲁门夫人听后，毫不吃惊地说："你不知道，我花了许多年时间，才把他的语言美化到这种地步。"

大智慧 做大事者不拘小节，有时候一些所谓的"缺憾"更能够增加你的人格魅力。

◎ 不费神的阅读

德国幻想小说的奠基人库尔德·拉斯维茨，一次在回答记者关于他最喜爱什么样的书籍的问题时说，他只读歌德的作品和描写印第安人生活的庸俗惊险小说。记者对这位大作家如此古怪的阅读趣味大惑不解，拉斯维茨便进一步解释道："你知道，我是一名职业作家，总是情不自禁地想对所读的作品分析品评一番。这样做实在太费精神了。而读上述那两类书籍，则可以省却这种麻烦，让脑子完全休息。因为，歌德的作品太高超了，简直不容置评；而庸俗的惊险小说又太低劣了，根本不值一评！"

大智慧人应该根据自己的需求去选择生活物资和生活方式，而不应该过分地去追求潮流。

◎ 权威人士的俏皮话

有一次，贝尔纳说了句俏皮话，把他的朋友们逗得捧腹大笑。其中一位非常佩服他的才华和为人，就恭维他说："只有你才能说得出如此妙不可言的话来。"

可是，贝尔纳坦率地告诉他，这句俏皮话是他刚刚从报纸上看来的。

"是吗？可你说得那么自然，就像是发自你的内心一样。"

"这一点算你说对了，"贝尔纳得意地说，"不同的是，我把它权威化了。"

大智慧有时候尽管它是平常的或者是错误的见解，也很难被人置疑，这就是权威。

◎ 柯南道尔的威力

有一次，柯南道尔收到一封从巴西寄来的信，信中说："有可能的话，我很希望得到一张您亲笔签名的照片，我将把它放在我的房内。这样，不仅仅我能每天看见您，我坚信，若有贼进来，一看到您的照片，肯定也会吓得跑掉。"

大智慧对于心存不轨的人来说，很多代表正义和智慧的东西都能让他们害怕，这就是所谓的"邪不胜正"。

◎ 向不知趣的人"道歉"

英国诗人罗伯特·勃朗宁作起诗来没完没了，从不知厌倦，可他十分憎恶任何无聊的应酬和闲扯。在一次社交聚会上，一位先生很不知趣地就勃朗宁的作品向他提了许多问题，勃朗宁既看不出问题的价值，也不知道他到底用意何在，便觉得十分不耐烦，决定一走了之。于是，他便很有礼貌地对那人说："请原谅，亲爱的先生，我独占了你那么多时间。"

大智慧对于不同的人，时间的价值是不同的，浪费别人的时间无异于谋财害命。

◎ 低产和高产

古希腊悲剧作家欧里庇得斯曾承认写三句诗有时要花三天时间。一位跟他谈话的低能诗人惊讶地叫了起来："那么长时间，我可以写出一百句诗呢！"

"这我完全相信，"欧里庇得斯答道，"可它们只会有三天的生命力。"

大智慧 经典是智慧的结晶，艺术的生命力和付出的心血成正比。

◎ 留影的用意

20世纪20年代，匈牙利剧作家费伦茨·莫尔纳尔居住在维也纳的一家旅馆里。一天，他的一大批亲戚来看望他，并希望分享一点剧作家的巨大成功。事先，他们估计可能会受到冷遇，所以做好了思想准备。但是，使他们感到吃惊的是，莫尔纳尔很热情地与他们打招呼，甚至还坚持要大家坐下一起合影留念。照片洗出来后，莫尔纳尔把照片交给旅馆的门卫，说："无论什么时候，你看见照片中的任何一个人想走进旅馆，都不要让他进来。"

大智慧 在你成功时才会想到你的人，希望与你分一杯羹的人，多半不会有什么善良的目的，对于这样的人，最好是在不动声色中将他们拒之门外。

◎ 反守为攻

但丁在参加一次教学仪式时，陷入了沉思，以至在举起圣餐时竟忘记跪下。他的几个对头立刻跑到主教那里告状，说但丁有意亵渎神圣，要求予以严惩。在宗教统治的中世纪，这一罪名可非同小可，何况他还是个反教皇党人。但丁被带到主教那里，他听过指控以后，辩解说："主教大人，我想他们是在诬蔑。那些指责我的人如果像我一样，把眼睛和心灵都朝着上帝的话，他们就不会有心神东张西望。很显然，在整个仪式中，他们都心不在焉。"

大智慧 在攻击、指责别人的时候，一个人往往也会暴露出自己的险恶用心。

◎ 石学士

诗人石曼卿性情放荡，诙谐幽默，喜欢饮酒。一次，他乘马游览报国寺，牵马的人一时大意，马失控惊走，他不慎落地。侍从们连忙把他搀起来扶上马。行人见了，纷纷过来围观，都以为他会大发雷霆，把牵马人大骂一番。不料，石曼卿却慢悠悠地挥起马鞭，半开玩笑地对牵马人说："幸亏我是石学士，如果我是瓦学生，岂不早被摔碎了？"

大智慧 有些事情既然已经发生，再过于计较也于事无补，莫不如多些宽容，只需一个玩笑，既让自己摆脱了狼狈，又免去别人的愧疚、窘迫。当然，涉及原则问题时，却万万不可如此。

◎ 谁能考我呢

有人问美国大学问家葛特里奇，为什么他这样一位伟大的学者却从未获得博士学位。他回答："谁能考我呢？亲爱的先生！"

大智慧只有世俗的人才总是用世俗的眼光看每件事情、每个人。这是他们无法成为伟人的原因之一。

◎ 打错了

电影院的灯刚熄灭，一个小偷把手伸进了雷加的衣袋，当即被雷加发现了。小偷说："我想掏手帕，掏错了，请原谅！"

"没关系。"雷加平静地回答。过了一会儿，"啪"的一声，小偷脸上挨了一记重重的耳光。

"对不起，打错了，我脸上落了一只蚊子。"雷加说。

大智慧对于恶人，绝对不能迁就和退让，你越退让，他们越得寸进尺。

◎ 打赌治病

卡尔松说："我不明白这所医院究竟在干什么。当我躺在这里时，一个医生说我得的是阑尾炎，而另一位医生却坚信我得的是胆结石。"

"那这一切是怎么结束的呢？"

"他们用硬币的正反面打赌，结果却割掉了我的扁桃腺。"

大智慧有些时候，我们觉得正规和严谨的地方并不如我们想象的那么负责。唯一的原因是职业道德的沦丧。面对我们生命安全的选择，我们要做的是仔细仔细再仔细。

◎ 挤柠檬

博比·贝克是伯勃马戏团的大力士，他的表演很受观众的欢迎，一根很粗的铁棒，他用手轻轻那么一扳就折断了，就像人们折断一根甘蔗那么轻巧。然后，在观众们阵阵喝彩声中，博比向观众提出他那著名的一百英镑的悬赏："你们看到这颗柠檬吗？每个人都可以把柠檬挤出汁来，现在我先把柠檬汁挤干，如果谁能把我挤过的柠檬再挤出一滴汁来，我就给他一百英镑。"有那么三四个气力大的人上台试试，但都失败了。一天晚上，一个五十多岁的小个子走进表演场来碰运气了，这引起人们一阵阵哄笑声。然而，令人吃惊的是，这个小个子居然把大力士博比挤过的柠檬挤出汁来，而且几乎挤了一汤匙！博比不禁惊叫道："先生，你真行！你是干哪行的？”

小个子“啊”了一声，说：“收税的。”

大智慧 税收是立国之本，富裕的国家都是通过高税收高福利来进行社会转移。正是由于有如此多的偷漏税之人，才造就这样的税务官员。

◎ 瞒岁数

一个六十岁左右的富有的单身汉，爱上一个比他年轻得多的女子。他去请教伏尔泰。“我想跟她结婚，但是我怕把真实年龄告诉了她之后，会使她失望，不肯和我结婚。所以我想对她说，我只有五十岁。”“那不行！”伏尔泰回答说，“你应该告诉她，你已经七十岁了。”

大智慧 爱情里不能容忍谎言，用谎言追求爱情有多大意义？伏尔泰的讽刺直接道出了爱情的本质。

◎ 绅士是什么东西

富兰克林的仆人是个黑人，他问富兰克林：“主人，绅士是什么东西？”富兰克林回答说：“这是一种生物，是一个能吃、能喝、会睡觉可是什么也不做的有生命的东西。”过了一会，仆人跑到富兰克林身边说：“主人，我现在知道绅士是个什么东西了。人们在工作，马在干活，牛也在劳动，唯有猪只知道吃、睡什么都不干。毫无疑问，猪便是绅士了。”

大智慧 生活中有那么一些自认为是“绅士”的人，表面上衣冠楚楚，冠冕堂皇，其实是真正的寄生虫，这样的人对社会毫无价值可言。但奇怪的是，人们为什么总是被他光滑的外表迷惑呢？

◎ 勋爵的伤

有一个英国勋爵，擦破了点皮，受了一点轻微的伤痛，就去召请著名的外科医生塞缪尔·夏普。夏普给“病人”检查后，立即吩咐勋爵的仆人赶快跑到药房去取药。勋爵听到这急促的吩咐后，脸色都吓白了。他紧张万分地问外科医生：“我的伤口看来很危险吧？”

“是的，如果您的仆人不尽快跑的话，那么我担心……”

“将会发生什么意外？”

“我担心，在他回来之前，您的伤口已经愈合了。”

大智慧 自从赵本山的电视剧《刘老根》热播以后，“得瑟”这个词立刻传遍了大街小巷。“得瑟”的人唯恐自己不被人注意，唯恐别人忽视了自己的存在，于是为了一点无聊的小事，就开始闹得鸡飞狗跳，沸沸扬扬。

◎ 高科技

戈尔巴乔夫访美，里根邀其享用美国最新科技成果：全自动超舒适马桶。用毕，戈尔巴乔夫从心底赞叹，暗下决心：我国也要研制。回国后，一个攻关部门成立了，进展顺利。可是，里根突然访苏，戈尔巴乔夫措手不及，召开紧急会议，给攻关部门立下军令状：三天后必须制出。三天后，报曰：可也。戈尔巴乔夫遂与里根会谈，久久不见里根有便意，左右加巴豆于咖啡杯给里根饮，终于，里根入厕。

里根端坐马桶之上，事毕，感到的确舒适如意，心想，苏联的确厉害，这么短时间就研制出这么舒适的马桶。不行，我得好好研究一下，为我国的发展提供第一手资料。于是，里根又一次掀开马桶盖，扭了一下按钮，只见，马桶下伸出一只手，将里根的脸仔仔细细地抹了一遍。

大智慧 科技落后的国家，只能用人力替代。也许表面上和科技的效果一样，但实际上并不能达到科技进步解放人力资源的目的。

◎ 一条想象中的线

一次，德国政治家瓦尔特·乌布利希（1893—1973年）为了吹嘘他们的国家繁荣昌盛，造声势说：“一个空前的太平盛世已经出现在地平线上。”

“妙极了！”他的助手附和着说，“可空前的太平盛世真的已经出现在地平线上了吗？”

“毫无疑问，”乌布利希说，“你知道词典里是怎么解释‘地平线’的？一条想象中的线，一走近它，它就退远了。”

大智慧 吹嘘者总是使用语意不清和模棱两可的话语来为他们的夸大其词伪装。

◎ 察昏睡病

非洲有一种昏睡病，人得了以后，成天昏昏欲睡，神志不清，直至死亡。德国微生物学家罗伯特·科赫曾专门到非洲考察，研究这种病。回国以后，他被邀请到国会去等待高级官员的接见。科赫在等候接见时，大厅里正在开国家预算委员会会议，他看到许多昏庸的代表在开会时呼噜呼噜地睡大觉便忍不住地讥讽说：“我认为，我在非州考察团里历尽千辛万苦是根本没有必要的。专供研究昏睡病用的丰富材料我完全可以在德国得到，只要观察一下国家预算委员会会议上许多代表的行为就行了。”

大智慧臃肿的机构和无能的官员也是一种病态行为，它导致的是社会肌体的死亡。不过不像普通疾病那样表现明显罢了。

◎ 更大的荣耀

戴奥珍尼斯是古希腊有名的讽刺哲学家。有一天，他来到柏拉图家中。他从不穿鞋，两脚很脏，就这样在柏拉图的地毯上来回走动，并说："我在践踏柏拉图引以为荣耀的东西。"柏拉图说："这倒是真的，可是我得到了更大的荣耀。"

大智慧敢于讽刺荣耀是高明的，可坦然接受对于荣耀的讽刺又更高明些。

◎ 肯定射不中

一位讽刺哲学家看到一个技巧不高明的人在射箭，他就坐在靶子上。他说："这是最安全的地方，他肯定射不中我。"

大智慧有力的讽刺用行动来表达再好不过，可这却需要勇气与智慧同时的参与。

◎ 最优美的气喘

18世纪最著名的歌剧演员索菲·阿诺尔德再也不能自如地运用她的嗓子了。尽管如此，她在舞台上的那种妩媚的风姿和迷人的身段，仍然吸引着大量的观众。

一次，意大利经济学家加利亚尼(1728—1787年)出席了她的音乐会后，她问这位在音乐鉴赏方面也相当权威的观众，她的演唱如何？加利亚尼说："这是我一生中听到过的最优美的气喘。"

大智慧"江山代有才人出，一辈新人换旧人"，新陈代谢是生物界的自然规律，推陈出新是人类的进化规律。"日日维新"，《周易》中这句话说的正是这个道理。自己已经没有了当红的资本，为什么还要"翘首弄姿"，企图挡住后来人？

第 16 章

幽默训练

有人说过，幽默感是判断一个伟大民族智慧和气质的尺度。

幽默是话语，具有愉悦、美感，批评教育和讽刺的作用。列宁曾说："幽默是一种优美的、健康的品质。"口才的培养，不仅仅在于口齿伶俐，以幽默的谈吐来增强交际的生动性和亲切感，已被看成是一个人的优点。国外把是否"有幽默感"作为评价大学教学好坏的标准之一。可见，语言具有幽默感是何等的重要。

有的人说，幽默的确重要，但我天生嘴笨，不可能有风趣幽默的谈吐。幽默真是天生的吗？事实并非这样。幽默是可以训练的。

良好的文化素养和表达能力

一个人的幽默谈吐，是同他的聪明才智紧密相连的。因此，这就要求我们有良好的文化素养，丰富的文化知识。如果一个人对古今中外，天南地北的历史典故、风土人情等等各种事情都有所了解和掌握，再加上较强的驾驭语言能力，说话就容易生动、活泼和谐趣。古今中外著名的幽默大师往往都是语言大师。幽默并不是矫揉造作，而是自然地流露。有人非常有见地、且深有感触地说："我本无心讲笑话，笑话自然从口出。"其中的道理正说明了这一点。

在古今中外浩瀚如海的书籍中，特别是在讽刺小说、喜剧剧本、笑话集和寓言等作品中，关于幽默语言的记述甚多，多多阅读这些作品，我们可以从中受到启发。此外，还可以多欣赏些滑稽剧、相声等文艺节目，从而开阔眼界，丰富知识。因为，幽默是在广闻博见的基础上产生奇妙联想而涌现出的语言，有时只需几句话就能说明许多问题。对实际事物，对历史知识所知甚少的人，一个孤陋寡闻、离群索居的人，是很难把话说幽默的，当然就谈不上有幽默感了。

我国有源远的幽默历史传统。如我国四大古典长篇小说《三国演义》、《西游记》《水浒传》、《红楼梦》，或全篇富于幽默谐趣的基调，或其中不少人物形象生动，情节幽默风趣。多读一些中外名著对提高一个人的文化素质，增强一个人的表达能力大有好处，从而能逐步地培养自己的幽默感。

另外，多读些短小的幽默作品也让人受益匪浅。三国时魏人邯郸淳所撰《笑林》三卷，为我国最古笑话专集，读来令人捧腹，如其中一则：

鲁国有个人拿着长竹竿进城门，起初他竖着拿，不能进入；后横着拿，也不能进入，怎么也想不出计谋。过了一会儿，有一位老人来，说："我不是圣贤，但是见过的事很多了啊。为什么不用锯当中截断，进入城门？”于是那个人就按照老人讲的截断了竹竿。

故事讽刺了那些愚蠢而又自作聪明的人，幽默风趣包含其中，多读类似作品定有好处。

除要有丰富的知识、良好的文化素养外，还必须有较好的口才，才能使言谈富于幽默感。

著名医生周礼荣在一次讲演中，谈到访问非洲的经历时说：“非洲朋友对我们自力更生制造出的高质量的显微镜感到惊奇。”接着他话锋一转，向大家介绍这种显微镜的性能，这时，他突然风趣地用起了电视广告语言：“上海光学仪器厂出品的显微镜，可以和德国的显微镜相媲美，质量可靠，物美价廉，代办托运，实行三包。”一时间，笑语满堂，气氛活泼轻松。没有知识，没有生活，没有口才，是绝不可能说得如此活灵活现、绘声绘色的。

敏锐的观察力，丰富的想象力

反应迅速是幽默谈吐的特点之一，这就要求说话者思维敏捷，能言善辩。然而，这些又是对生活的深刻体验和对事物的认真观察的结果。敏锐的观察力不仅是科学研究中必备的条件，也是产生幽默谈吐的重要因素。

以语言犀利、锋芒毕露见长的英国生物学家赫胥黎，在一次讲演中勇敢抨击了当时的社会对科学极不公正的态度，他说：“科学这位‘灰姑娘’天天生起火来，打扫房间，准备餐食；而到头来，人们给她的报酬，则是把她叫做贱货，说她只配关心低级的物资的利益。”六十岁那年，他怀着既沉重又难舍的心情辞去了英国皇家学会会长的职务。他在一次讲话中说：“我的理智和良心已经向我指出，我已经无法完成这个会长职位的各项重大任务，所以我一分钟也不能干下去了。”这位德高望重的老人痛心地讲完上述话语后，又不无谐趣地对朋友们说：“我刚刚宣读完了我去世的官方讣告。”

赫胥黎以拟人化的比喻，将教会和习惯势力摧残扼杀科学的狰狞面目揭示得淋漓尽致，因而具有震撼人心的力量。他又风趣幽默地将辞职演说喻作“官方讣告”，这正是他自己复杂、痛苦的内心的写照。科学家如果没有对事物入木三分的观察力，无论如何也说不出如此传神的话语。

要把话说得幽默，要做到“意料之外，情理之中”，没有丰富的想象力是难以奏效的。必须能够把一件平凡的事物由里往外、由外往里看个透，一两句话就能把那讳莫如深的东西端出来，凭借丰富的想象力来创造幽默，从人们熟视无睹的现象中创造出别人所不曾问津的东西。每个人都具有想象力和创造力，切莫自己束缚自己。

具有想象力的幽默例子是很多的，现举一例：

主人请客人在家里吃饭。客人酒醉饭饱仍不想告辞。主人终于忍不住了，指着窗外树上的一只鸟对客人说："最后一道菜这样安排：砍倒这棵树，抓住这只鸟，再添点酒，现烧现吃，你看怎样？"

客人答道："只恐怕没砍倒这棵树，鸟早就飞了。"

"不，不！"主人说，"那是只笨鸟，不知道什么时候该离开。"

从上例可以看到，这位主人的确有着丰富的想象力，因此，幽默的语言才能脱口而出。

另外，一个人的幽默感同他的社会活动紧密相连。要使自己的语言幽默，最好的办法是向生活学习，向社会学习。中外无数的大政治家、大思想家、大文豪都是极富幽默感的人，我们的周围也不乏颇富幽默感的人。跟各行各业的人聊天，你会经常意外地发现他们运用语言之妙，表达之风趣，足以令人倾倒。在与各种各样的人接触的过程中，你会增强自己语言的库存和会话的才能。幽默，也是一种酵母，跟幽默的人在一起待长了，自己就会受到"传染"。我们要有意识地多接近幽默感强的人。通过接触与交谈，增强幽默感。

注意言语的健康和新颖

说话幽默风趣，切忌出怪相、油腔滑调或低级趣味。

虽然我们不能苛刻地要求幽默的语言都要有深刻的思想意义，因为它是一种诙谐风趣的语言，但一定要健康，切莫庸俗、轻浮，也不能混同无聊的调笑。

例如，有的人嘲笑人家的生理缺陷，如口吃，跛脚等等，这是很不道德的。又如，有的人对男女之间的话题津津乐道，绘声绘色，以此哗众取宠，博得哈哈一笑。这样非但不能表现你的幽默，反而只能显露你自己的庸俗和浅薄。幽默的出发点应当是善意的，有利于团结和身心健康的。

说话人含而不露的神情会增加幽默的效果，因此，谈吐宜含不宜露，宜淡不宜浓。我们每个人都有这样的体会，一个人在说笑话之前，如果自己已经笑得前仰后合，笑得透不过气来，就很难让别人产生幽默之感。

另外，幽默也不能过于深奥，应通俗易懂，否则像猜谜一样，百思不得其解，也达不到让人发笑的效果。

最后，再提一下，人们对新鲜东西最感兴趣。因此，即使是很幽默的话，讲了多遍也会使人厌烦。因此话应力求新颖，言人未言，发人之未发。

必备的素质

挪威探险家托尔·海雅达尔在同几位同伴孤筏重洋后，感触至深地写道：在冒险航行的恶劣条件下，开开玩笑，说说笑话，对一个探险集体来说，其重要性绝不亚于救生圈。

海雅达尔对幽默的重要性作了极富幽默感的描述。是的，无论是身负重任的领导者，或是普普通通的平民百姓，幽默感都是一项必备的素质。

古今中外，借幽默的力量"反败为胜"的例子层出不穷。

罗纳德·里根是美国历史上年龄最大的总统，这在崇尚年富力强的美国，不消说是一个令其头疼的问题，难怪他的对手蒙代尔总想抓住他的年龄做文章。1984年10月24日晚上，里根为了连任总统，与蒙代尔进行了一场至关重要的公开辩论。法新社记者在当天的电讯中是这样描述的："他在回答他是否认为自己担任总统年龄太大的问题时，把在市政礼堂里的观众都逗笑了，并得到了好评。里根说：'我将不把年龄作为一个竞选问题。我将不利用我的对手年幼无知这一点以占尽便宜。'"

幽默使里根"反败为胜"，度过了不好下台的难堪局面。当然，幽默并非是现代社会少数大人物的专用武器。《南亭笔记》中有这样一则幽默故事：

彭玉麟有一次路过一条偏僻小巷。一个女子用竹竿晒衣服，一失手竹竿坠落下来，正好击中彭的头部。彭大怒，厉声斥骂。那女子一看原来是彭玉麟，内心十分害怕。但她在慌乱中急中生智，连忙说："你这副腔调像是行伍里的人，所以这样蛮横无理。你可知道彭宫保就在这里！他清廉正直，假如我去告诉他老人家，怕要砍了你的脑袋呢！"彭玉麟听了，马上转怒为喜，心平气和地走了。

身份低下的女子失手伤了权重势盛的彭宫保老爷，即使她反复道歉、请罪，也难解尴尬，难脱困境。这位聪明绝顶的女子，采用幽默的语言，运用间接赞美的方法，面对彭玉麟却假装不知，以“清廉正直的彭宫保”来对付这个“行伍里的人”，这种迂回赞美比直言赞美既多了幽默的色彩，又让彭玉麟觉得是“真心”的赞美，并非“恭维”，于是息怒而去。

不少企业、公司、学校将有幽默感列为选择工作人员的必备条件之一，因为，具有幽默感的口才是衡量一个人社交能力的重要标志。作为社会代表的领导者，当然更应具备幽默这种必备的素质。一个谈吐风趣、具有幽默口才的人，易于博得广大群众的好感；也往往具有随机应变的能力，能婉言地道出难以启齿的问题，能使自己所领导的集体变得友好与和睦，并成为众望所归的领导者。

培养自己的幽默才能，一定要在一开始就很注意把握分寸。特别是担任一定职位的领导人，句句言谈非同小可，如果不慎过了头，非但不起作用，反而可能会适得其反，甚至造成严重的后果。

千里之行，始于足下

知道了幽默是什么，怎样才能幽默，明白幽默的种种技巧是必要的，但具备幽默的才能才是我们的目的。正如毛主席所说“学习的目的全在于应用”。

不少人说“知易作难”，那我们不知从哪里下手，从何做起，这话有一定的道理。古人云“千里之行，始于足下”。从现在做起，在自己实际的工作、生活中学起。

习是创造的前提，有人说得好：“在生活中，留心处处皆幽默。”因此，我们要竖起耳朵，听别人讲趣事，听同事幽默地谈工作，也听家人的欢声笑语。

有一个人自称很会下棋。有一天，他和别人下棋，接连输了三盘。

有人问他：“今天你和人家下棋，一连下了几盘？”

他回答：“三盘。”

又问他：“几胜几负？”

他说：“第一盘我不曾赢，第二盘他不曾输，第三盘我要和，他不肯。”

别人说：“那你不是都输了吗？”

他不服气地说：“我哪儿能输给他，不过是让他几盘罢了。”

留心听别人的交谈，就会发现许多妙语和幽默故事，让自己受用不尽，并带来莫大的益处。像这则故事中这位输了不认输的人，在生活中是常见的。

某医院有个医术很差的年轻大夫。一天，一位病人求他治病。病人讲了病情之后，年轻的大夫就对病人进行了检查。可是，查来查去，却说不出病人患的是啥病。他思索了一会儿，突然严肃地问病人："请问先生，你以前得过病吗？"

"得过，大夫。"

"嗯，对了！你现在是旧病复发。"

再看一则"不要忘记鄙人"的幽默：

求职者："申请开店营业，请办理手续。"

办事员："大家有数，今后店里有了便宜货，可不要忘记鄙人。"

求职者："……"

办事员："经营何种业务？"

求职者："精制各种花圈和骨灰盒子。"

在这两则幽默故事中，这位医生是庸医，而办事员则是条蛀虫。人们往往对后一类故事更欢迎，因为人们对社会上的不正之风深恶痛绝，以幽默进行讽刺，令人们感到痛快。又如：

爸爸：四同三谁大？

孩子：当然四比三大。

孩子：为什三元比四角大？

爸爸：这是单位不同。

孩了：为什么三个苹果比四个核桃大？

爸爸：这是概念不同。

孩子：那为什么三姨妈比四姨妈大？

爸爸：……

孩子是很天真的，童言多雅趣，小孩往往能给我们很多的幽默启发。只要我们细心观察，身边的人常有许多有趣的言语、行为值得我们模仿和学习。必须注意的是，不要去揭人家隐私，谈话间宁可赞扬别人抑自己，也千万不可以损人达到使人发笑的目的，这是不道德的行为。

在大千世界，每个人都有自己的故事，每个人都有自己的幽默。发掘自己的故事，是你幽默制胜的一条捷径。台湾作家三毛的幽默，如同快乐，随手可得，现摘录几段。

清晨起来，喝冷茶一杯，慢打太极拳数分钟，打到一半，忘记如何打下去，从头再打，依然打不下去，干脆停止，深呼吸数十下，然后对自己说："打好了！"再喝茶一杯，晨课结束，不亦乐乎！

静室写毛笔字，磨墨太专心，墨成一缸，而字未写一个，已腰酸背痛。凝视字帖十分钟，对自己说："已经写过了！"绕室散步数圈，擦笔收纸，不亦乐乎！

……

逛街一整日，购衣不到半件，空手而回，回家看见旧衣，倍觉件件得来不易，而小偷竟连一件也未偷去，心中欢喜，不亦乐乎！……

匆忙出门，用力绑鞋带，鞋带断了，丢在墙角。回家来，发觉鞋带可以系辫子，于是再将另一只拉断，得新头绳一副，不亦乐乎！

……

上课两小时，学生不提问题，一请二请三请，满室肃然。偷看腕表，只一分钟将下课，于是笑对学生说："在大学里，学生对于枯燥的课，常常会逃。现在反过来了，老师对于不发问的学生，也想逃逃课，现在老师逃了，再见。"收拾书籍，大步迈出教室，正好下课铃响，不亦乐乎！

……

交稿死(日)期已过，深夜犹看《红楼梦》。想到"今日事今日毕"格言，看看案头闹钟已指凌晨三时半，发觉原来今日刚刚开始，交稿事来日方长，心头舒坦，不亦乐乎！

……

三毛的确是位幽默家。对于平常的事都以创作快乐之意，创作出幽默。从中我们亦可体验到：幽默并非高深莫测，生活是幽默的源泉！幽默的材料是层出不穷的，只要我们巧妙地加以运用，就能在社交场合获得良好的效果。

"千里之行，始于足下"，从现在做起，从吸取身边的幽默素材做起。让我们共同记住：幽默地对待生活，幽默地想问题，每时每刻从生活中挖掘自己的幽默！

愿您成为幽默家！

在实践中多加训练

幽默，离不开语言，要使自己具有更多的幽默素质，每一个人都要进行语言的训练。

宋朝著名爱国诗人陆游，曾对儿子说过这样一句话：“汝果欲学诗，工夫在诗外。”虽谈的是诗，但这句话用在幽默也是一样。

幽默是言语间闪现的智慧的火花，但要做到妙语连珠，就要在实践中作加强多方面素质和基本功的训练。

演讲要吸引人，当然少不了“生动有趣”四个字，而生动有趣又非用幽默不可，故演讲需要幽默。

另外，幽默也需要演讲，或者说需要说话。幽默虽属于人们思想的产物，但它毕竟要被人表达出来，才能发挥它固有的作用。例如娱乐于人、开导他人、自我辩解等等。

一个构思巧妙的幽默，被人们说出来时不一定是幽默——这全看说幽默的人是否善于把它表达出来。这绝不是故弄玄虚，却是生活中常见的事实。同一幽默的故事的不同表达，其效果相距甚远。

那么，讲成功的奥秘在何处？这里简略地提几点：

(1) 在讲幽默之前切莫自己先笑起来，也不要作言过其实的应允或过分的谦虚。如上文“准会叫你们每位笑掉大牙、笑痛肚子”等等，而应该开门见山。

(2)在幽默中，情节是最重要的，而人物是十分次要的，因此，介绍人物要尽量简单。如幽默小故事“谁的画”，介绍人物短短的一句话，情节的描述也十分简练：

美国大画家惠斯勒，有一天随朋友去访问伦敦的某个百万富翁。一走进那华丽的客厅。他发现墙壁上挂着一幅他自己绘的画。他仔细地看了看，对于这幅多年前的作品，很不满意。

于是，取出画笔和颜料，在那画上用快笔加以修改。

“你这是干什么，”主人一见，大为震惊地说，“你是谁，敢在我的画上乱涂！”

“你的画，”惠斯勒不动声色地回答说，“你以为付了钱就成为你的了吗？”

(3)切忌平铺直叙，不能用同一速度和调子来表达，在讲关键的词和段时，如上文的“你以为付了钱就成为你的了吗”速度应减慢，并且要加重语气。

(4)既不可没精打采，又不可矫揉造作。即使是讲一两句话的小幽默，也要表现出你的兴趣，多做快活动作。

除以上几点外，方法还有很多，如眼睛要与听从的眼睛始终保持联系；用词，特别是表示动作的词汇要尽力简单等等，都应予以注意。

创造自己的幽默感

要使自己也成为幽默家,就要把他人的幽默人格变为自己的幽默人格。幽默不是从天上掉下来,也不是用金钱能买得到的,关键在于,我们在运用幽默之前,首先要努力创造并逐步发展自己的幽默感。

一天,德国著名作家、诗人海涅收到一个朋友寄来的一封分量很重的欠邮资的信。他取这封信时,付了一定数目的钱。拆开封皮一看,原来是一大捆包装纸,把包装纸一层一层地揭开后,里面有一张小纸条:

"我很好,你放心吧,你的N。"

海涅的朋友很快也收到一个欠邮资的包裹,包裹很重,他以为里面一定有贵重的东西,为取这个包裹,他不得不付出一大笔现金。原来包裹里面装的是一个大石头,石头下面也有一张纸条:

"当我知道你很好时,我心里的这块石头也就落地了。"

看了上述这则"这块石头也就落地了"的幽默,我们不禁会捧腹大笑,诗人海涅竟会幽默到这样的程度。透过这滑稽的故事,我们看到了海涅幽默的人格。他在待人处事方面是意味深长的,给人一种轻松的欢笑感,在语言方面给人一种风趣感,在增强幽默感方面又给人以启发。

在日常生活、工作中,也要加强自己的趣味和游戏精神,怀着好玩有趣的情绪多多表露自己:"我这个人也是有趣的!我们一起欢笑,互相信任,我能够取笑自己,而决不会取笑别人!"

你自己充满了趣味,一旦被周围的人所发现,他们就会喜欢你、信任你,更重要的是乐意和你来往、交谈。别人会觉得找到了一个可以倾诉的对象。他们自觉或不自觉地把烦恼和挫折的事儿告诉你,也不会担心被耻笑。当你把幽默当"礼物"送给别人,你就免不了会从他人那儿得到许多有用的东西,学到幽默。别人信任你,乐于同你在一起,同你一道工作,那么与此同时,你便有了向上的力量,如虎添翼,通向成功。

总而言之,尽管每个人成功的得力点不尽相同,但不少人都是将好玩有趣的精神变为幽默而取得成功的。只要我们持之以恒地努力,学会用幽默帮助别人,人家也会来帮助我们,我们是完全可以加强自己的幽默感,将幽默变成自己的人格的。

一分钟小幽默大智慧

◎ 讽狂妄者

波尔森在研究古希腊文学方面造诣精深，成为学术界的权威。

有一位对这方面感兴趣的年轻学者曾鲁莽地建议和波尔森合作研究。波尔森耐心地听完了他的分析，对他的不自量力和狂妄很不满意，便对他说："你的建议极有价值，把我所知道的和你所不知道的加在一起，那就是一部巨著。"

大智慧 未读遍天下书，不可信口雌黄。

◎ 奇妙的贺词

埃迪·坎托是一位受人欢迎的美国喜剧演员。他的合作人，制片家欧文·撒尔贝格是他的好朋友。

一天，他听说撒尔贝格生了个儿子，便赶忙发了一封贺电，电文写道："祝贺你的最新产品问世，它在被剪辑以后肯定会更好看。"

大智慧 每一个人刚出生时都是一个新产品，都是没有定型的、有希望的，如果教育得好，"剪辑"得好，这个新产品就会成功地迸发出自身的能量。否则，等待它的只有被淘汰的命运。

◎ 荣幸

一位刚刚荣升的上校到前线视察他将要接管的部队，他走到队列中一位有点羞涩的士兵面前时停了下来，说："小伙子，头抬高点，即使在大人物面前也要挺起胸来。让我们握握手，你可以写信告诉家人，说你同上校握过手了，他们一定会为此感到骄傲的，小伙子，你爸爸是干什么的？"

士兵说："报告长官，我爸爸是将军。"

大智慧 千万不要因为别人的一时地位低下而看不起别人，即使他没有显赫的家世，也可能在不远的将来凌驾于你之上。

◎ 上帝的轿车

口若悬河的推销员向波尔太太推销《少儿百科全书》，他说这套书能解答孩子们提出的任何问题。这时，恰巧波尔太太的小儿子亨利来了。推销员拍着小亨利的头说："孩子，你随便问我一个问题，让我给你妈妈示范一下，看我怎么从书上找到你想知道的答案。"

小亨利："上帝坐的是什么牌子的轿车？"

大智慧很多成年人都觉得儿童的思想单纯，容易掌握，因而常常会犯一个错误，就是在儿童面前充当百科全书。事实上儿童的想象力远远在答案之外。

◎ 太复杂了！

有一天，一个人带着一条狗到唱片公司，说自己是这条狗的经纪人，并说这条狗会唱歌跳舞云云，老板不相信，就叫小狗表演一次。音乐一响，小狗便跟着音乐载歌载舞，

老板目瞪口呆地看着小狗，觉得这一次捡到摇钱树了，于是赶快拿出合同希望与狗签约，没想到忽然冲出一条大狗，把小狗衔走了。

老板问："怎么回事？"

经纪人无奈地说："唉！那是它妈妈，它妈妈希望他儿子成为一名医生，演艺圈太复杂了！"

大智慧所有的父母都希望子女能在一个安全的环境中成长发展，为此甚至抹杀了很多孩子的天分。但是，有些行业本身的不严肃性也是重要原因。毕竟，安全比金钱重要。

◎ 提问问题

小汤姆喜欢提问题。有一天，他又问了爸爸一个问题，他爸爸不知怎样回答，便说："别问我那么多问题，今天你差不多问了一百个问题了。我小时候问我爸爸的问题，加起来还没有你今天问的一半呢。"

"喔，对啦，爸爸，您当时如果多提些问题，也许就能更多地回答我的问题了。"小汤姆说。

大智慧我们常常无法回答孩子提出的问题，但这并不是我们拒绝孩子的理由。对于儿童的好奇心而言，鼓励它比抹杀它更有利于孩子的发展。许多时候，我们应该鼓励孩子去自己寻找答案。

◎ 小羔羊的毛

一个小男孩第一次到牧场，见到了小羊羔。他鼓足勇气去抚摸了一只，然后发出了惊喜的喊声："它的毛是用毯子做的！"

大智慧 对于孩子的教育，自然科学和人文教育都是很重要的，是让孩子全面发展的保证，也是培养他们适应环境的能力。

◎ **校服的颜色**

一个纽约人来到赌城拉斯维加斯开会，顺便带了九岁大的儿子去看表演。舞台上几个女郎身上只有几片蓝色和灰色的布片，九岁的儿子叫道："哇！哇！好棒啊！"父亲急得不知如何处理这局面，但这男孩又兴奋地叫道："她们穿着和我们校服一样颜色的衣服！"

大智慧 孩子眼中的世界远远比我们眼中的纯洁。童心是这个世界上最珍贵的东西之一，尽力给孩子一个纯净的成长环境，让他们保持童心，是我们的责任。

◎ **圆明园是谁烧的**

历史课上，老师在讲《火烧圆明园》一课，小明一直在打瞌睡，老师便进行了课堂提问："小明，圆明园是谁烧的?"小明吓得睡意全无，惊慌答道："不是我烧的。"

次日家访，老师说起此事："我问小明，圆明园是谁烧的？他居然说不是他烧的。"这时，小明的妈妈急忙答道："我家小明一向老实，他说不是他烧的就一定不是他烧的。"小明的爸爸站了起来，满脸不高兴地说道："烧就烧了，多少钱？赔就是了。"

大智慧 我们不要错误地认为钱是解决一切问题的办法。对孩子该宠的时候就宠，该教育的时候一定要严格教育，因为"历史就是一面镜子"。

◎ **第一名**

毕业典礼上，校长宣布全年级第一名的同学上台领奖，可是连续叫了好几声之后，那位学生才慢慢地走上台。

后来，老师问那位学生说："怎么了？是不是生病了？还是没听清楚？"

学生答："不是的，我是怕其他同学没听清楚。"

大智慧 名与利是多少人的捆绑、多少人的心结？我们被教育要争气、要出头，但是争气出头的，不过是少数人，沉默的大众毕竟还是多数。想一想，有那么多人都和你我一样，不也是很让人宽慰的一件事吗？

◎ **公母白鼠**

一家建筑公司的经理忽然收到一份购买两只小白鼠的账单，不由好生奇怪。原来这两只老鼠是他的一个部下买的。他把那部下叫来，问他为什么要买两只小白鼠。

部下答道："上星期我们公司去修的那所房子要安装新电线。我们要把电线穿过一根十米长、但直径只有二点五厘米的管道，而且管道砌在砖石里，并且弯了四个弯。我们当中谁也想不出怎么让电线穿过去，最后我想了一个好主意，我到一个商店买来两只小白鼠，一公一母。然后我把一根线绑在公鼠身上并把它放到管子的一端。另一名工作人员则把那只母鼠放到管子的另一端，逗它吱吱叫。公鼠听到母鼠的叫声，便沿着管子跑去救它。公鼠沿着管子跑，身后的那根线也被拖着跑。我把电线拴在线上，小公鼠就拉着线和电线跑过了整个管道。"

大智慧 想象力是科学的一种神秘附属物。毕加索说："每个孩子都是艺术家，问题在于你长大成人之后是否能够继续保持艺术家的灵性。"

◎ **真心话**

节日里妻子邀请了一些朋友来家里聚餐，进餐之前，妻子转向六岁的女儿问："你想带领饭前祷告吗？"

女儿说："我不知道说什么。"

妻子启发道："就说你听过的妈妈说过的话。"

女儿低下头说道："主啊，该死的我为什么要邀请这些人来聚餐呢？"

大智慧 父母是孩子的表率，应该注意生活中的点滴。良好的家庭教育是孩子完备人格的保证。

◎ **爸爸**

周末早上，丈夫还在拥被高卧，他的朋友托尼却已来访，我连忙对三岁的女儿说："快，快去叫爸爸。"

女儿望着我，迟疑了一会儿，走到托尼面前，怯生生地喊了一声："爸爸。"

大智慧 对待儿童的教育，我们常常用成人的思维去考虑问题，用简单的方式粗线条地解决儿童的问题，这个夸张的结论提醒我们，面对儿童，应该处处注意。

◎ **做梦**

一个老师白天睡觉，醒来却编造谎言欺骗学生说："我在梦中见过周公。"第二天,他的学生仿效他,趴在桌上睡觉。老师特别生气,用戒尺把学生打醒,问他:“你大白天为什么睡觉?”学生说:“我也去拜见周公嘛。”老师说:“周公说了些什么?”学生说:“昨天没有见过你的老师。”

大智慧 身教胜于言传,榜样的力量是无穷的,不要用自己的不良行为去玷污孩子纯洁的心灵。

◎ 我比你小得多!

爸爸:“你知道为什么我要处罚你吗,阿瑟?”

男孩:“不知道,爸爸,为啥?”

爸爸:“因为你打了一个比你小的男孩子。”

男孩:“那么,爸爸,请别打我!”

爸爸:“为什么?”

男孩:“因为我比你小得多!”

大智慧 身教重于言传,成长中的孩子更多的是用眼睛看,而不是用耳朵听。所以,说给孩子十次道理不如当父母的躬行一次更有影响。

◎ 新婚之夜

吉米和凯西是新婚的一对,在他们蜜月的第一晚,凯西在浴室里梳洗。吉米一边脱着衣服一边对着自己说:“我到底怎么告诉她呢? 我要怎么告诉我新婚的妻子说我有双世界上最臭的脚呢?”然后他把袜子脱了丢到床底下。当凯西由浴室内走出来时,太胆怯不敢面对妻子的吉米穿过妻子跑到浴室里去。凯西坐在床角对自己说:“我要怎么告诉他呢?我要怎么告诉我新婚的丈夫说我有张世界上最臭的嘴呢?我必须告诉他。”就在这时吉米从浴室走了出来。凯西对着他跑过去,给了他一个非常热情的吻,吻完后说:“亲爱的,我得告诉你一件事。”吉米说:“我知道,你刚才吃了我的袜子。”

大智慧 当充分认识到自己缺点的时候,往往是最能理解他人的时候。

◎ 笨贼一箩筐

警察问一个被当场抓住的小偷:“为什么你偏要到这家商店偷东西?”

小偷回答说:“因为这家商店离我的住处很近。你知道,目前社会上非常乱,我不敢过久地离开自己的家。”

大智慧 在自己的身上,你总会发现这个社会的缩影。如果对社会有要求,不妨先要求自己。

◎ 胡子的赞词

一位贵族夫人傲慢地对法国作家莫泊桑说:“你的小说没什么了不起，不过说真的,你的胡子倒十分好看,你为什么要留这么个大胡子呢?”莫泊桑淡淡地回答:“至少能给那些对文学一窍不通的人一个赞美我的东西。”

大智慧社会分工越来越细,行业种类越来越多。我们不了解和不熟悉的东西也越来越多。当你可能陷入一种必须对你不知道的东西发言的境地的时候,千万不要用有限的知识去“张冠李戴”。

◎ 有力证据

一位病人向医生诉说左脚痛得很。医生说:“这大概跟你年龄老有关系。”

“不可能,”病人说,“我的右脚与左脚是同岁的,为什么右脚不痛?”

大智慧很多时候,我们自己的想当然未必是正确的。而别人给我们忠告以后,我们还是用自己的想当然去反驳,就更是错上加错。

◎ 更换

顾客很不高兴地对侍者说:“你们的螃蟹怎么都没有爪子呀?”

侍者得意地说:“这说明螃蟹是活的,这是刚才它在厨房搏斗的结果。”

顾客:“那好吧,请你替我换一只刚才搏斗的胜利者来。”

大智慧生活中不要轻易做那些自作聪明的托词。因为其结果必然是这样的:往往你还没来得及为之得意,就发现那其实是你给自己设下的陷阱。

◎ 不同之处

雅典将军伊菲克拉斯特出身贫苦。有一次阿莫迪斯(雅典的功臣,曾在公元前514年击败海皮亚斯暴君,因此受人敬重,子孙后代都享有一定的特权)的一个后裔嘲笑伊菲克拉斯特是鞋匠的儿子。将军回敬道:“你说对了,我们是不一样。我们之间的不同在于,我们家族从我开始振兴,而你们家族从你开始衰亡。”

大智慧一个家族或一个民族的兴旺,需要几代人的努力;而一个家族或一个民族的衰败,一代人就够了。

◎ 六只脚更快

有个差役绰号“飞毛腿”，被派去送一个紧急的文件。官员唯恐他跑慢了，专门拨给他一匹快马。可他不愿意骑马，而是紧跟着快马步行，累得气喘吁吁。别人问他：“这么要紧的大事，为什么不骑上快马呢？”他回答说：“六只脚跑，难道不比四只脚更快些吗？”

大智慧 任何事物都是相对的，同时又是复杂的，受到多种因素制约，并不是腿越多跑得就越快。那种简单的一一对应的关系，应用到现实生活中往往不可行。

◎ 打猎时间

丈夫两手空空地打猎回来了。为了不被妻子责骂，他从商店里买回一只野兔。妻子将信将疑地问道：“那兔子腿上写着‘10.50’的标签是怎么回事？”

“呃……那个吗……哦，那是我打到这只兔子的时间。”

大智慧 当我们自以为巧妙地耍了小聪明，殊不知，小聪明身后的大陷阱也紧随而来，最终，我们还是深陷其中！

◎ 猫戴念珠

猫偶尔在脖子上戴上了一串念珠，被老鼠看见了。老鼠以为猫吃斋念佛了，欢呼雀跃，到处宣扬说：“猫吃素了。”还领着它的子孙们向猫致谢。猫见了老鼠，大叫一声，一连捕杀了好几只小老鼠。大老鼠急忙逃命，回到窝里，惊魂未定地说：“没想到猫吃素后更厉害。”

大智慧 我们认识事物时，不仅要看现象，更要看本质。不要被表面形式迷惑，沾沾自喜，丧失了应有的判断力。

◎ 多言无益

有人问墨子：“多说话有没有益处？”

墨子回答他：“青蛙、蛤蟆整天日夜不停地叫，叫得口干舌燥也没人注意到它的存在，可是公鸡每天按时啼叫，一啼天下就知道是天亮了。可见话说多了并没有好处，只要说的是时候就行了。”

大智慧 有些人为了表现自己很有知识，动不动就说大话，自吹自擂，结果说破了嘴皮子也没人理会，还会惹人厌；有些人平常不太开口，可是一说起话来头头是道，条理分明，让人打心底里佩服，这样的人才是我们应该学习的对象。

◎ 为何而学

有个人一心一意想升官发财，可是从年轻熬到白发，却还是个小公务员。这个人为此极不快乐，每次想起来就掉泪，有一天竟然号啕大哭。

办公室有个新来的年轻人，觉得很奇怪，便问他到底什么原因难过。他说："我怎么不难过？年轻的时候，我的上司爱好文学，我便学做诗、学文章，想不到刚觉得有点小成绩了，却换了一位爱好科学的上司。我赶紧又改学数学、研究物理，不料上司嫌我学历太浅，不够老成，还是不重用我。后来换了现在这位上司，我自认文武兼备，人也老成了，谁知上司喜欢青年才俊。我……我眼看年龄渐高，就要被迫退休了，一事无成，怎么不难过？"

大智慧 研究学问、学习技能，应该是为充实自己，千万不能为了迎合别人的意旨，白白糟蹋了一生宝贵的光阴。

◎ 蝎子和青蛙

一天一只蝎子站在河边，它想过河，但是它不会游泳。这时它看到一只青蛙，它就对青蛙说："你能背我过河吗？"青蛙说："不行，这样的话你会攻击我的。"蝎子说："不会的，如果我攻击你，我也会掉到河里淹死。"

于是，青蛙同意背蝎子过河。当它们游到河的中间时，蝎子攻击了青蛙。就在它们都快要沉入河底时，青蛙问蝎子："你为什么要攻击我？"蝎子回答："这是我的本性。"

大智慧 记住，罪恶的想法和行为就是你的蝎子，小心蝎子蜇了你。无论"蝎子"如何向你承诺，它的本性还是想把你拖下水。

◎ 演讲稿的长与短

有人问美国第二十八任总统伍德罗·威尔逊，准备一份十分钟的讲稿得花多少时间。威尔逊答："两星期。"

"准备一份一小时的讲稿呢？"

"一星期。"

"两小时的讲稿？"

"不用准备，马上就可以讲。"

大智慧 越是精粹的东西越是需要长时间的磨砺、提炼，可以在10分钟内传达的所有信息，其价值远高于两个小时的拖沓言辞。

◎ 愿望

青年问一老者："您已年近古稀，年轻时候的愿望都实现了吗？"

老者："年轻的时候，父亲责备我时总揪我的头发。当时我想，要是没有头发就好了。今天，这个愿望算是实现了。"

大智慧 年轻就是希望和激情，就是奋发和努力——什么都不是问题——除了自寻烦恼，不务正业——莫等闲，白了少年头，空悲切！

◎ 飞机

在一次军事演习中，某小队奉命在指定地点等待直升机的到来，但是，飞机始终未到。这时，队长看见一老妇在田里种菜。于是，他上前询问。为了让老妇明白，他说："大娘，您看到一只铁鸟飞过吗？"大娘想了想，说："铁鸟没看到，直升机倒是看到过一架。"

大智慧 这个世界上，究竟谁比谁聪明多少呢？但有些人就是认为自己比别人精明很多——遗憾的是，他们连聪明反被聪明误这样的道理都不懂！